KB047065

스켑틱

스켑틱

회의주의자의 사고법

마이클 셔머 지음 이효석 옮김

나의 여동생 티나에게

목차

III 유사과학과 헛소리

IV 초자연적 현상

V 외계인과 UFO

VI 변경 지대의 과학과 대체의학

VII 심리학과 뇌

VIII 인간의 본성

IX 진화와 창조론

X 과학, 종교, 기적, 그리고 신

이성의 눈으로
세상을 보라

1980년대 초, 지금은 세상을 떠난 하버드대학교의 진화생물학자이
자 고생물학자인 스티븐 제이 굴드Stephen Jay Gould(1941-2002)의 우아
하고 흥미로운 에세이들을 읽기 시작했다. 처음에는 그의 초기 에
세이 모음집인《다윈 이후Ever Since Darwin》와《판다의 엄지The Panda's
Thumb》를 읽었고, 나중에는 그가《내추럴히스토리Natural History》에 매
달 기고한 글들을 읽었다. 이후 나는 일반 대중을 위해 과학 이야기
를 써야겠다는 강한 열망을 품어왔다. 흔한 "인기 위주의 과학popular
science"이 아니라 굴드가 에세이에서 보여준 것처럼 과학적 발견 속에
숨어 있는 더욱 심오한 진실을 전달하고 싶었다. 굴드는 에세이 모음
집 중 하나인《마라케시의 거짓말하는 돌The Lying Stones of Marrakech》에
이렇게 썼다. "지난 수년 동안 이 글들을 쓰면서 이런 인문학적 '시
도'가 단순히 실용적인 도구를 넘어 문학적 글쓰기와 흥미로운 과학
적 사실을 충실히 결합함으로써 두 영역의 편협한 구분을 초월해 장
점만을 취한 특별한 무언가가 되도록 노력했다. (이는 능력 있는 작가
의 참신한 표현이 과학의 영역에서 절대로 해가 되지 않기 때문이며, 또 자
연의 참모습이 가진 흥미진진함을 보여주는 것이 문학의 영역에서 예외가

되어서는 안 되기 때문이다.)" 이처럼 학제를 넘나드는 굴드의 능력은 그가 남긴 업적의 폭과 깊이의 일부에 불과하다. 나 역시 이런 그의 방식을 내 글의 목표로 삼아왔다.

2002년 학술지 《과학의 사회적 연구Social Studies of Science》에서 나는 굴드가 25년 동안 매달 기고한 300편의 에세이를 분석해 이들이 데이터와 이론, 시간의 화살과 시간의 순환, 적응주의와 반적응주의Adaptationism-Nonadaptationism, 단속주의와 점진주의Punctuationism-Gradualism, 우발성과 필연성Contingency-Necessity이라는 다섯 가지 주제에 속한다는 것을 보였다. 그중에서도 가장 흥미로운 것은 데이터와 이론이 어떻게 서로에게 영향을 미치는지를 보인 첫 번째 주제이다. 굴드는 나에게도 감명을 준 자신의 영웅 찰스 다윈Charles Darwin(1809–1882)의 다음과 같은 말을 종종 인용했다. "모든 관찰 결과는 어떤 이론을 지지하거나 부정하는 증거가 될 수 있다는 사실을 누구도 인정하지 말라는 것이 얼마나 이상한 일인가?" 그가 이 말을 하게 된 배경을 나는 내가 "다윈의 언명Darwin's Dictim"이라 이름 붙인 이 책의 첫 에세이에서 설명했다. 당시 그는 그저 수집한 데이터만을 발표하고 이를 이론으로 만들지 말라는 비판을 듣고 있었다. 그러나 진화론의 아버지인 그는 사실들은 그 자체로는 아무런 의미가 없으며, 이론이라는 관점을 통해서만 의미를 가진다는 것을 알았다. 관찰 결과와 관점, 데이터와 이론은 바로 과학에 꼭 필요한 쌍둥이이다.

데이터와 이론의 상호작용은 이 책의 처음과 끝을 관통하는 핵심 주제다. 굴드는 2001년 1월 300편의 에세이를 끝으로 연재를 마무리했다. 《사이언티픽아메리칸Scientific American》에 실린 나의 첫 에세이는 그해 4월에 실렸지만, 출판에 필요한 석 달의 시간 때문에 나

는 그 첫 에세이를 1월에 썼고, 적어도 내 마음속으로는 하나의 지적
전통을 이어가고 있다고 생각한다. 이 책에 실린 75편의 에세이는 첫
6년 3개월 동안, 건강과 운이 따라 준 덕에 한 번도 쉬지 않고 쓴 것
이며, 2026년 4월이면 300편에 도달할 것이니 적어도 몇 권의 책이
더 나올 것이다. 나는 데이터와 이론이라는 주제 안에 다시 열 가지
소주제를 만들었다.

과학 _ 이 장의 첫 에세이인 "다윈의 언명"은 데이터와 이론이 왜
반드시 상호작용해야 하는지를 예를 들어 설명함으로써 책 전체의
분위기를 잡는다. 그리고 일반적인 과학 원칙과 논쟁을 다루는 에세
이들로 넘어간다. 예를 들어 과학자는 자신이 틀렸을 때 어떻게 말해
야 하는지("내가 틀렸다 I was wrong"로 시작하라), 그리고 그냥 틀린 것이
아니라 더 심하게 틀렸다는 것이 어떤 뜻인지, 과학주의 scientism는 무
엇이며 왜 사람들이 스티븐 호킹 Stephen Hawking(1942-2018)과 같은 과
학의 슈퍼스타를 우러러보는지, 한 분야에서 가장 뛰어난 과학자와
얼핏 매우 뛰어나 보이는 아마추어를 어떻게 구별할 수 있는지, 어떻
게 글과 그림을 이용해 과학을 설명할 것인지, 그리고 과학에서 실험
결과의 재연 replication이 무엇을 의미하는지 등을 다룬다.

회의주의 _ 이 장에 실린 에세이들은 달착륙이 거짓이라는 주장
이나 9/11테러 음모론자의 주장 등을 분쇄하는 고전적인 회의주의의
주제와 과학에서 정통적 관점과 비주류 관점 사이의 민감한 균형, 언
제 미심쩍은 생각에 회의적 태도를 지녀야 하는지, 그리고 허튼소리
를 판별하는 비법 등을 다룬다.

유사과학과 엉터리 _ 단순히 정설이 아닌 주장과 완전히 미친 주
장은 다르며, 이 장에 실린 에세이들은 왜 똑똑한 사람들이 후자의
주장에 빠지는지, 왜 과도하게 열린 자세로 다른 주장을 대하는 것
이 늘 바람직한 태도가 될 수 없는지, 왜 사람들이 사기에 속아 넘어
가는지, 그리고 왜 잘못된 주장이 살인을 일으킬 만큼 위험한지 등을
다룬다.

초자연적인 현상 _ 이 장의 글들은 존재하지 않는 것들을 다룬다.
말인즉 초자연적인 현상은 존재하지 않는다는 뜻이다. 이 세상에는
자연적인 현상 혹은 아직 우리가 설명하지 못하는 신비한 현상만이
존재한다. 죽은 자와 이야기하는 것, 초능력과 염력, 바이블 코드, 사
람의 목소리처럼 들리는 잡음, 비틀스 앨범 속의 가짜 패턴 등을 어
떻게 설명할 수 있는지, 그리고 회의주의자가 뉴에이지의 본산을 방
문했을 때 어떤 일이 벌어졌는지를 이야기한다.

외계인과 UFO _ 이 주제는 수많은 미심쩍은 주제 가운데 내가
가장 선호하는 것으로, 사실 여기에는 두 가지 질문이 동시에 존재한
다. 하나는 "외계인이 정말 있는가"이며 다른 하나는 "외계인이 지구
에 온 적이 있는가"이다. 이 두 질문에 대한 답은 각각 "그럴 것이다"
와 "그렇지 않을 것이다"이다. 이 장에 실린 에세이들은 외계의 지성
을 찾는다는 것이 무슨 의미인지, 그리고 우리가 이들을 만났다면 이
를 어떻게 알 수 있는지, 왜 우리가 아직 ET의 대답을 듣지 못하는
지, 외계인을 찾는 과정에서 시간 여행은 무엇을 의미하는지, 그리고
외계인에게 유괴되는 것이 어떤 느낌인지를 다룬다.

경계의 과학과 대체의학 _ 옳고 그름이 빤히 보이는 것들이 아니라 당장은 불분명해 보이지만 만약 그것이 참이라면 세상을 혁명적으로 바꿀 수 있는, 그런 아이디어를 가장 흥미로운 아이디어라고 생각한다. 이 장에서는 불사를 약속하는 나노 기술, 냉동 보존술, 복제, 감기의 치료 등 새로운 세상을 약속하지만 거의 완성되지 않는 여러 치료법을 다룬다.

심리학과 뇌 _ 심리학 학위가 있는 나는 항상 우리의 뇌가 어떻게 작동하는지, 특히 왜 우리는 그렇게 쉽게 사실이 아닌 것을 믿는 실수를 하는지에 관심이 있다. 이 장에 실린 에세이들은 우리의 세상에 대한 믿음과 관련된 심리학의 여러 측면을 다루며, 그중에서도 우리의 직관이 어떤 상황에서 문제를 일으키는지를 다룬다.

인간의 본성 _ 우리가 누구이며, 왜 우리는 그렇게 생각하고 행동하는가는 근본적으로 진화 과정에서 만들어진 우리의 생물학적 본성 때문이다. 이 장에 실린 에세이들은 매우 논쟁적인 과학 이론, 특히 다음과 같은 질문들을 다룬다. 인간은 선한 존재일까, 악한 존재일까? 인간은 생물학적으로 사랑에 빠지고 전쟁을 하도록 만들어져 있을까? 마음의 비밀을 풀어서 사랑과 애착을 이해할 수 있게 될까? 도대체 행복이란 무엇이며, 과연 과학은 이를 측정할 수 있을까?

진화론과 창조론 _ 내가 대학에 다니던 시절부터 창조론이 사라지기를 바라는 과학자와 자신들의 이론을 일반인, 특히 학생들의 마음속에 심기 위해 새로운 전략을 계속해서 진화시켜온 창조론자 사이에는 주기적으로 정치적, 문화적 논쟁이 벌어졌다. 이 장에 실린 에세이들은 그 논쟁을 과학에서 정치에 이르는 각기 다른 측면에서 다룬다.

과학, 종교, 기적, 그리고 신 _ 진화론을 자신들의 종교적 신념에 대한 위협으로 여기는 특정한 창조론을 제외하고는, 오늘날 과학의 모든 분야를 통틀어 과학이 종교, 기적, 신과 어떤 관계에 있는지보다 논쟁적인 문제는 없을 것이다. (특히 신이 존재하는지, 존재하지 않는지와 같은 문제가 한 예가 될 것이다.) 이는 온갖 다양한 주장을 펼치는 과학자와 철학자들이 한 번씩 건드리는 영원한 주제로 보인다. 내가 이 칼럼을 쓰기 시작한 15년 전 이후 내 책상에는 거의 매주 이와 관련된 새 책이 올라온다. 어쩌면 우리는 풀 수 없는 문제를 풀기 위해 너무 많은 노력을 들이고 있는지도 모른다. 그렇지 않을까? 이 마지막 장은 그 문제를 다루고 있으며, 또한 과학과 종교의 관계에 대한 본질적인 접근 방식을, 나의 강한 의견과 함께 다룬다.

《사이언티픽아메리칸》에 매달 에세이를 쓰는 것은 내 삶에서 가장 일관성 있는 즐거움 중 하나다. 매달 나는 150년 이상의 역사를 자랑하는 (이는 그들이 이 일을 잘 안다는 뜻이다) 이 잡지의 편집 원칙을 고려한 몇 가지 기준에 따라 선택된 새로운 주제나 이야깃거리에 대해 생각하게 될 일을 기대한다. 그 주제에는 사람들이 관심을 가지는 새로운 발견이나 실험 결과, 조사 결과, 그리고 과학 관련 기사나 책 등이 포함되며, 나는 이들을 나의 데이터-이론 관점에 맞추어 실제 세상과 어느 정도 관련이 있는 더욱 깊은 이론적 배경으로 연결하기 위해 노력한다.

에세이를 쓰는 동안《사이언티픽아메리칸》의 훌륭한 편집자들, 특히 존 레니John Rennie, 마리에트 디크리스티나Mariette DiChristina, 프레드 구털Fred Guterl과 같이 뛰어난 이들의 도움으로 난관을 헤쳐나올 수 있었다. 이들은 모두 완벽한 균형을 가진 편집자의 손으로 내 글에 모호한 점이 없도록 만들어주었다. 나는《사이언티픽아메리칸》의 팩트 체커들에게 특별한 고마움을 표하고 싶다. 특히 애런 섀턱Aaron Shattuck은 그대로 실렸다면 내가 매우 곤란해질 실수들을 잡아주었다.

사이클을 타는 사람들끼리 하는 말이 있다. 세상에는 두 종류의 사이클 선수가 있는데, 사고를 당한 사람과 앞으로 당할 사람이라는 것이다. 글 쓰는 사람에 대해서도 이런 말을 할 수 있을 것이다. 지금 교정이 필요한 사람과 앞으로 교정이 필요할 사람이라고 말이다.《사이언티픽아메리칸》에 실은 칼럼과 그 칼럼들을 모은 이 책은 최고 수준의 편집이 없었다면 불가능했을 것이다. 나는 그들에게, 그리고 내 칼럼을 지지해준《사이언티픽아메리칸》의 독자들에게 모든 감사와 영광을 돌린다.

이 책의 분량과 내용에 대해 마지막으로 하고 싶은 말이 있다. 이 에세이들이 발표된 이후 내가 새로 알게 된 내용을 바탕으로 적절히 수정하고 내용을 추가했다는 점이다. 또한 원래 에세이는 그림과 함께 한 페이지에 들어가야 했기에 700단어라는 제한이 있었다. 따라서 이 책에는 원래 실렸던 길이보다 조금 더 긴 분량의 에세이를 실을 수 있었다. 나는 보통 800단어에서 1000단어 길이의 글을 쓴 후, 언젠가 그 글을 그대로(말 그대로 "감독판"이다) 다 실을 날이 오리라 생각하며 고통스럽게 분량을 줄이곤 했다. 물론 이 말이 700단어 길이의 글에 어떤 문제가 있다는 것은 아니다. 단지 내가 원래 이 에 세이의 주제대로, 이성의 눈으로 세상을 바라보기 위해 내 생각을 표 현하거나 설명할 때 몇 개의 문장을 추가해 조금 더 편안한 글을 쓸 수 있었다는 뜻이다.

I 　　 과학

1 다채로운 조약돌과 다윈의 언명

과학은 데이터와 이론의 정교한 조화이다.

1861년 찰스 다윈이 《종의 기원On the Origin of Species》을 출판하고 채 2년이 지나지 않았을 때, 영국과학진흥협회British Association for the Advancement of Science에 앞서 열린 한 학회에서 누군가 다윈의 책은 너무 이론적이며 "그는 발견한 사실들을 그대로 나열하기만" 해야 했다고 비판했다. 다윈은 지지자 중 한 명이었던 친구 헨리 포셋Henry Fawcett 에게 사실과 이론의 적절한 관계를 설명하는 편지를 썼다.

> 약 30년 전, 사람들은 지질학자는 세상을 관찰해야지 이론을 만들어서는 안 된다고들 이야기했네. 나는 누군가가 그 주장에 대해 "지질학자는 채석장에서 자갈을 세며 색깔이나 묘사해야 한단 말인가"라고 말한 걸 잘 기억하네. 모든 관찰 결과는 어떤 이론을 지지하거나 부정하는 증거가 될 수 있다는 사실을 누구도 인정하지 말라는 것이 얼마나 이상한 일인가!

서양의 역사에서 찰스 다윈만큼 자연에 관한 심오한 통찰을 발휘한 이는 거의 없으며, 다윈의 수많은 통찰 가운데 나는 바로 위의 말, 특히 겸손한 어투의 마지막 문장이야말로 과학의 본질을 말하기에 세상에서 가장 적절한 표현이라고 생각한다. 과학적 관찰 결과는 어떤 이론이나 가설, 모델을 검증하는 데 쓰일 때 비로소 가치를 지닌다. 데이터는 절대 스스로 말하지 않으며, 아이디어라는 색안경을 통해 해석되어야만 한다. 즉 인식percept에는 개념concept이 필요하다.

루이스 리키Louis Leakey와 매리 리키Mary Leakey가 인류의 조상을 찾기 위해 아프리카로 간 것은 어떤 기존의 데이터 때문이 아니라 인간의 기원에 관한 다윈의 이론 그리고 인간은 유인원과 매우 비슷하며 유인원은 아프리카에 살기 때문에 인류 조상의 화석 역시 아프리카에 있을 것이라는 다윈의 주장 때문이었다. 그들은 인식이 아니라 개념을 바탕으로 판단을 내린 것이다. 이들의 발견을 통해 다윈의 이론은 더 튼튼해졌고, 이는 우리가 흔히 생각하는 과학의 작동 방식과는 정반대의 순서이다.

만약 이 칼럼의 또 다른 주제가 있다면 ―(지질학의 비유로 말하자면) 표층 지형 아래의 지층― 그것은 과학이 데이터와 이론, 사실과 가설, 관찰 결과와 관점의 절묘한 혼합물이라는 것이다. 과학이 고정되고 독단적인 지식의 합이 아니라 유동적이며 역동적이라는 사실을 받아들인다면, 이 데이터와 이론이라는 두 층위가 인간 지식의 역사 속에 유구하게 존재해왔다는 사실과 과학의 발전 과정에서 불변의 존재였다는 사실을 분명히 알 수 있다. 우리는 인간의 조건에 대해 아르키메데스적인 순수하고 객관적인 관점, 곧 신의 관점을 가질 수 없는 만큼 자신의 편견과 취향에서 완전히 벗어날 수 없다. 우리는 결국 신이 아니고 인간이다.

20세기 초반의 과학철학자와 과학사학자는 대부분 직업 과학자면서 철학과 역사를 따로 공부한 이들이었고, 이들은 과학을 각각의 참여자가 지식의 성전에 벽돌을 하나씩 쌓아나가는, 곧 현실의 완벽한 이해를 향해 나아가는 행진 혹은 진실을 향해 점점 수렴하는 곡선으로 묘사했다. 물리학, 그리고 심지어 사회과학에서조차 모든 수식을 소수점 여섯 자리까지 들어맞도록 정확하게 만들 수 있으리라 믿었다. 그러나 20세기 후반, 철학자와 역사학자가 과학철학자와 과학사학자의 자리를 차지한 후, 해체deconstruction라는 포스트모더니즘이 득세했고, 이들은 과학을 환원주의라는 광기에 빠진 유럽인 백인 남성들이 과학만능주의와 기술중심주의적 전문용어로 대중을 억누르며 해석의 주도권을 차지한 상대주의적 게임이라 설명했다. 그들 중 일부는 실제로 이런 식으로 이야기했으며 아이작 뉴턴Isaac Newton의 《자연철학의 수학적 원리Philosophiæ Naturalis Principia Mathematica》를 "강간 지침서rape manual"이라 부르기도 했다.

다행히도, 지적인 흐름은 사회 운동과 마찬가지로 정반합의 형태를 띠며, 과학에 대한 이와 같은 두 가지 극단적인 관점은 유행에 뒤떨어진 것이 되었다. 물리학은 더는 모든 것을 소수점 여섯 자리까지 설명하려는 고상한 꿈을 꾸지 않으며, 사회과학은 물리학을, 뉴저지의 한 친구의 말을 빌자면 "까맣게 잊었다". 하지만 과학은 계속 발전하며 과학에서 어떤 관점은, 그 관점을 가진 이의 피부색, 성별, 국적과 무관하게 다른 관점보다 분명히 우수하다. 비록 과학적 데이터는 철학자들의 말처럼 "이론에 기반"을 두지만, 또한 과학은 자기 교정 기능을 내재하고 있다는 점에서 예술, 음악, 종교, 그리고 인간의 다른 표현 방식과는 진정으로 다르다. 만약 당신이 당신 이론의 허점을 찾지 못하고, 당신이 가진 편견을 눈치채지 못할 뿐 아니라 당신의 관점이 왜곡되었다고 느끼지 못한다 하더라도 다른 누군가는 이를 해낼 것이다. 과거의 N선과 E선(르네 블랑들로가 발견했다고 주장한 X선과 다른 방사광—옮긴이), 중합수polywater(중합 형태의 가상의 물—옮긴이)와 거짓말탐지기(마이클 셔머는 텔레비전 프로그램에 출연해 거짓말탐지기를 얼마나 쉽게 속일 수 있는지를 보인 적이 있다—옮긴이)를 생각해보라. 과학의 역사는 버려진 이론의 흔적으로 가득하다.

앞으로 이어질 칼럼에서 우리는 이렇게 이론과 데이터를 가로지르는 과학의 경계를 탐험할 것이다. 그 과정에서 우리는 내가 다윈의 언명이라고 이름 붙인 이 표현을 명심할 것이다. "모든 관찰은 어떤 이론을 지지하거나 부정하는 증거이다."

2   대조와 연속성

동양과 서양에서 과학은 정치적으로 사용되었다.

기원전 5세기경, 오늘날 부처로 잘 알려진 고타마 싯다르타는 양극단 사이의 중도를 통해 얻게 되는 깨달음의 가치를 설파했다.

> 부처는 두 극단을 피함으로써 통찰력과 지식을 얻을 수 있고 평안함과 더 높은 지식, 깨달음과 열반에 이르는 중도의 깨달음을 얻었다. 이것이 바르게 보기, 바르게 생각하기, 바르게 말하기, 바르게 행동하기, 바르게 생활하기, 바르게 정진하기, 바르게 깨어 있기, 바르게 집중하기의 팔정도이다.

2500년 뒤 물리학자 머리 겔만Murray Gell-Mann(1929-2019)은 소립자 구조를 여덟 개 입자의 여덟 가지 가능한 변화로 표현할 수 있다는 점에 착안해 이를 팔정도Eightfold Way라고 불렀다. 나는 캘리포니아공과대학교(칼텍Caltech)에서 "양자역학과 허튼소리"라는 그의 강연을 들었는데, 그는 강연 중에 이 이름이 자신의 농담이었으며 이를 이해하지 못한 뉴에이지 쓰레기 책들이 자신의 이론을 통해 동양의 신비주의와 서양의 과학을 잇는 정교한 상상의 연결고리를 만들었다고 언급했다. 물론 동양과 서양의 세계관이 어떤 더 심오한 구조 속에 연결되어 있을 것이라는 직감을 가질 수는 있을 것이다. 하지만 예를 들어 양자역학의 '불확정성 원리'를 들고, 화성의 궤도가 마치 전자의 궤도처럼 누군가가 관찰하기 전까지는 태양 주위에 무작위로 퍼져 있으며, 관찰을 통해 화성의 파동함수가 붕괴되고 어느 한 지점에 화성이 나타날 것이라고 주장한다면 어떨까? 그 주장은 틀렸다. 양자 효과는 거시적으로는 관찰되지 않는다. 미시세계와 거시세계를 그대로 대응할 수는 없다. 서양과 동양의 어렴풋한 유사성 또한 세상을 설명하는 방법의 수가 한정되어 있기 때문에 우연히 어떤 것들이 서로 비슷하게 닮은 것일 뿐이다.

나는 최근 베이징에서 열린 국제과학소통학회International Conference on Science Communication에 참석해 다양한 측면에서 동양과 서양의 대조contrast와 연속성continuities을 발견했다. (참고로, 중국에서 과학의 소통이란 자연사박물관에서 피임과 같은 주제에 대해 자막이 불필요할 정도로―물론 나는 읽지 못했지만―생생한 그림으로 설명하는 것을 말한다.) 현대적 고층 빌딩에 위치한 중국과학기술협회에서 열린 이 학회에서 오버헤드프로젝터, 슬라이드, 비디오, 파워포인트 프로젝터가 고장이 잦았다는 점은 아이러니한 일이다. 도시에는 자동차, 버스, 택시보다 자전거가 훨씬 더 많았으며 직장인들은 이 급변하는 기술사회의 일터로 나아가기 전에 도심의 공원에 모여 마음을 다스리는 고대 권법인 태극권을 수행했다.

관광지에서도 그러한 대조는 계속되었다. 공산주의가 최악의 모습을 보인 장소였던 천안문광장 인민대회당 관광을 마친 관광객들은 조잡한 공예품을 파는 상인으로 가득 찬 지하 통로를 통해 밖으로 나가야 하는, 최악의 자본주의적 모습을 보게 된다. 중국과학기술관에는 낡고 빛바랜 아이맥스 영화 〈우주로의 꿈The Dream Is Alive〉을 물이 샌 자국이 있고 타일이 벗겨진 천장에 상영했다. 박물관에는 못이 수북이 박힌 침대는 질량이 분산되어 누워도 위험하지 않다는 것을 보이는 기발한 공기압 실험장치가 있었는데 아쉽게도 작동하지 않았다. 심지어 지난 500년 동안 황제와 황후, 후궁과 내시, 시종들이 돌아다녔던 자금성에서 나는 궁전의 내부 장식과 너무나 대조되는 점포를 발견했다. 바로 스타벅스였다! 물론 나는 그곳에서 커피를 마셨다.

그러나 내가 1위안(1달러는 8위안이다)을 걸고 말하자면, 대조와 연속성의 예로 가장 적절하게 느껴진 것은 명나라 6대 황제인 정통제正統帝가 1442년 지은 고관상대古觀象臺였다. 천구 좌표를 따라 놓인 베이징의 도로 중 동서를 잇는 대로에, 한때는 높은 빌딩이었던 이 건물의 지붕에 위치한 천문대에는 육분의, 경위의, 사분의, 경위의식, 몇 개의 반지구armilla, 그리고 중국의 천문학자들이 행성의 움직임을 파악하고 일식과 혜성의 위치를 기록했으며 은하수와 성단의 위치를 표시한 천구본이 있었다. 이곳은 그 시대의 켁 천문대Keck Observatory(하와이 마우나케아 정상에 위치한 대형 천문대—옮긴이)로 1년의 길이를 실제 값과는 26초밖에 차이 나지 않는 365.2425일로 측정할 수 있었다. 이곳에 전시된 아름답게 세공된 청동 기구들은 맥도날드보다 더 빨리 세워지고 있는 북경 고층 빌딩들의 철제 기둥과 뚜렷한 대조를 보였다.

그러나 이 천체 기구들을 자세히 살펴보면, 몇 가지 동서양의 연속성을 통해 존재하는 흥미로운 대조를 볼 수 있다. 예를 들어 반지구의의 고리는 순수한 중국 기구에서 발견되는 365.25 등분이 아닌, 메소포타미아 기하학의 전통에서 유래한 숫자인 360등분으로 되어 있다. 금속 천구의는 수많은 작은 홈으로 파인 은하수를 표시하고 있으며 가장 유명한 별자리인 오리온자리에 밤하늘에서 가장 밝은 별인 시리우스 방향을 가리키는 허리띠의 삼태성, 왼쪽 위의 적색거성 베텔기우스Betelgeuse, 대각선 반대 방향의 리겔Rigel과 함께 새겨져 있다. 나는 허리띠 아래 소삼태성과 오리온성운Orion Nebula까지도 발견할 수 있었다.

하지만 나는 곧 이 천구의의 문제를 찾았다. 오리온이 반대 방향을 향하고 있던 것이다. 베텔기우스는 오른쪽이 아닌 왼쪽 위에 있어야 했고, 시리우스는 허리띠의 왼쪽에 있어야 했다. 나는 이 천구의에 하늘의 안과 밖이 뒤집혀 있다는 것을 깨달았다. 천문고고학자 에드 크루프Ed Krupp는 모든 천구의가 "초월적 시점", 곧 바깥에서 안을 바라보는 방식으로 만들어져 있다고 말한다. 이곳의 천구의들은 청나라가 중국을 지배하던 1673년, 벨기에의 예수회 선교사 페르디낭 페르비스트Ferdinand Verbiest(1623-1688)가 별들의 위도와 경도를 측정하기 위해 만들었으며 크루프는 이것이 "명백하게 서양의 전통이 동양의 별자리 표시법과 섞인" 결과라고 이야기한다.

마지막으로, 이 천문대가 만들어진 진짜 이유 또한 동양과 서양, 옛것과 새것의 대조와 연속성을 보여준다. 이 시기에는 이 정도의 과학적 정밀도가 필요하지 않았다. 크루프는 천문학의 정치적 역사에 관한 흥미로운 책《천문학자, 주술사, 그리고 왕Skywatchers, Shamans, and Kings》에서 "천문학은 자연의 진실한 거울이기에 국가의 사회·정치적 의제를 나타내는 도구로서의 공식적인 지위"를 가졌다고 말한

다. 천문학의 정확도는 "황제의 힘을 하늘을 통해 확인"하는 것이었
다. 황제는 천상의 신인 상제의 아들로 여겨졌고, 따라서 국가가 지원
하는 천문학은 황제와 우주의 질서 사이의 관계를 보여주며 황제가
대표하는 하늘과 땅, 성과 속, 대우주와 소우주의 관계를 분명히 해
야 했다. 중국이라는 국명은 세상의 중심이라는 뜻이며 "하늘 평화의
문"이라는 뜻을 가진 천안문을 통해 방위를 따라 지어진 자금성으로
들어가면 정북을 향한 "최고 조화의 방"이라는 뜻의 태화전으로 이어
진다. 황제는 이 방에서 새 달력을 발표하고 새해와 동지를 선포한다.

　　한편, 과학소통학회 기간에는 중국과 미국의 과학단체를 대표
하는 이들과 미국 국무부 차관 사이의 가벼운 형식적인 대담이 있
었다. 참을성 있게 통역을 통해 이들의 대담을 듣는 동안, 나는 이러
한 행위가 의미하는 바를 갑자기 깨달았다. 과학은 오늘날 실제 세상
을 파악하는 가장 뛰어난 도구이기 때문에 과학을 이야기하는 것은
성과 속을 연결하는 것이다. 즉, 수백 년 전 군주제 유럽과 중국 제국
사이에서든, 오늘날 자본주의 미국과 공산주의 중국 사이에서든 국
가는 이 과학을 통해 정치적인 힘을 확인하며, 따라서 과학은 공식적
인 국가의 일이 된 것이다. 팔정도처럼 어떤 동서양의 대조는 황당한
것이지만, 이런 정치적 본성은 그렇지 않다. 이 때문에 서구의 한 고
대 철학자는 이렇게 말한 것이다. "인간은 정치적 동물이다."

3   내가 틀렸군요

이 한 문장은 종종 진짜 과학자와
가짜 과학자를 구별할 수 있게 해준다.

내 친구 제임스 랜디 James Randi (초능력 사냥꾼으로 유명한 캐나다 출신의 마술사—옮긴이)의 장난스러운 분석에 따르면, 누군가가 박사학위를 받으면 졸업장 양피지에서 분비된 화학물질이 뇌에 유입되어 학위 수여자가 다시는 "잘 모르겠네요 I don't know"와 "내가 틀렸군요 I was wrong"를 말하지 못하게 막아버린다고 한다. 이것이 모든 박사들에게 일어나는 일인지는 모르겠으나, 하나의 반례로《사이언티픽아메리칸》2001년 7월호에 실린 중국 과학에 대한 나의 칼럼에서 1달러가 80위안이라고 쓴 것이 오류(바로 앞 칼럼에서 언급했듯이 1달러는 8위안이다)임을 고백한다. 그때는 베이징을 막 방문한 후였고 나의 중국인 동료에게 그 글을 한 번 읽어달라고 했음에도 여전히 이런 실수가 발생했다. 다행히 많은 독자들이 그 실수를 지적해주었다.

달 착륙 조작에 관한 폭스 프로그램의 주장에 대해 2001년 6월호에 내가 쓴 글의 실수는 더 심각하다. 나는 달 착륙선이 배기가스를 분사하지 않은 이유가 달에는 공기가 없기 때문이라고 썼지만 그것은 정확한 답이 아니다. 배기가스가 없던 주된 이유는 공기가 없었기 때문이 아니라 달착륙선의 LEM 엔진이 매우 깨끗하게 연소되

는 자연 점화성 연료(디나이트로젠 테트록사이드dinitrogen tetroxide와 에어
로진 50AeroZine 50)를 사용했기 때문이다(우주왕복선의 거의 보이지 않는
로켓 불꽃과 부스터에 사용되는 고체연료의 선명한 연기를 비교해보라). 독
자들은 이에 대해서도 매우 건설적인 비판을 남겨주었다.

　　이러한 비판적인 피드백은 확실한 근거 앞에서 "내가 틀렸군요"
라 말하게 되는 용기(비록 마지못해서라 하더라도)와 함께 과학의 활력
소가 된다. 당신이 누구인지, 혹은 당신이 당신의 생각이 얼마나 중
요하다고 생각하는지와 상관없이 실제 증거와 충돌한다면 그것은
틀린 것이다. (물론 당신의 이름이 아인슈타인, 파인먼, 혹은 폴링이라면
처음에는 사람들이 좀더 호의적으로 당신의 말을 들을 것이다. 그러나 할리
우드 영화 전문가들의 말처럼, 대규모 홍보 행사의 효과는 고작 일주일에 불
과하며 그 이후의 성패는 오직 영화 자체에 달려 있다.)

　　반면, 가짜 과학자들은 건강한 과학에 필연적으로 뒤따르는 비
판적 논평을 피하기 위해 동료들의 검토 과정을 피한다. 예를 들어,
임마누엘 벨리코프스키Immanuel Velikovsky가 1950년에 처음 제안한 행
성 간의 충돌에 관한 논쟁적인 이론을 보자. 벨리코프스키는 과학자
가 아니었으며 권위 있는 학술지인《사이언스》에 논문을 제출한 후
이에 따른 동료 심사 과정을 거절했다. "한두 명의 심사자가 금성의
저고도 대기가 산화하고 있다는 나의 설명에 수정을 요청했다. 나는
쉽게 대답할 수 있었다. … 하지만 앞으로 계속 내용을 고쳐 써야 하
리라는 생각에 질리기 시작했다."

　　거의 사반세기가 지난 1974년, 미국과학진흥협회(AAAS) 연례
회의에서 칼 세이건Carl Sagan(1934-1996)에 의해 그의 이론을 다룬 특
별 세션이 조직된 후 벨리코프스키는 "1950년대 지구와 천체 과학에

관한 모든 책이 완전히 다시 쓰여야 하는 반면, 나의 저서《대격변의 지구Earth in Upheaval》와《충돌하는 세계Worlds in Collision》는 조금도 개정할 필요가 없다. … 누구도 내 책에서 한 문장도 바꿀 수 없다"고 큰소리쳤다. 학계 동료들의 검토를 받지 않고 자신의 오류를 인정하지 않는 태도는 건강한 과학의 대척점에 서는 길이다.

반면 존경할 만한 훌륭한 태도는 2001년 5월 11일 자《사이언스》에 게재된〈동아시아 현대인의 아프리카 기원〉보고서에서 찾아볼 수 있다. 중국과 미국의 유전학자들로 구성된 조사팀은 아시아와 오세아니아의 163개 집단 1만 2127명 남성을 표본으로 Y염색체에 있는 세 개의 유전자 표지를 추적했다. 그들은 모든 피실험자들이 3만 5000년 전에서 8만 9000년 전 사이에 존재했을 아프리카의 한 부족으로 거슬러 올라가는 유전자 돌연변이를 세 유전자 표지 중 하나에 가지고 있음을 발견했다. 그들은 "이 결과는 동아시아 현대인의 해부학적 기원에 그 지역 원주민이 최소한의 기여도 하지 못했음을 의미한다"는 조심스러운 결론을 내렸으나 이는 사실상 아프리카 원주민이 현대 인류의 유일한 조상이라는 "아프리카 기원설"의 확실한 승리를 뜻한 것이다. 또한 이는 현대 인류의 조상이 수십만 년 전 여러 지역에서 동시다발적으로 출현했다는 "다지역 기원설" 이론을 거의 파기해야 할 정도로 중대한 발견이다. 이 발견은 초기 미토콘드리아 DNA 연구, 화석 기록, 그리고 네안데르탈인들이 동시대 인간과 교배하지 않았음을 보인 DNA 연구와 일치한다.

다지역 기원설의 주된 옹호자 중 한 사람인 캘리포니아주립대학교 버클리캠퍼스의 인류학자 빈센트 사리치Vincent Sarich(1934-2012)는 자신의 신념과 이론을 열정적으로 옹호하기로 유명하다. (나는 그를 알고 있으며 그가 자신의 생각을 쉽게 포기하지 않는 사람이라는 사실을 확인해줄 수 있다.) 그러나 스스로 "다지역 기원설의 추종자"라 일컫는 그는 이 새로운 연구 결과를 본 뒤 이렇게 고백했다. "나는 일종의 깨달음을 통해 전향했다. 오늘날 살아 있는 인간은 다지역 기원설이 이야기하는 고대의 Y염색체 혈통을 가지고 있지 않다. 오래된 미토콘드리아 DNA 혈통도 없다. 두말할 필요가 없다. 나는 완전히 생각을 바꾸었다." 이 고백은 매우 커다란 지적 용기가 필요한 것이다. 그는 곧 "내가 틀렸군요"라고 말한 것이다.

사리치의 전향이 잘못된 것인지는 이번 발견을 지지하거나 혹은 부정하는 새로운 발견이 나올 때까지 지켜봐야 할 것이다(그리고 궁지에 몰린 다지역 기원설의 한 열렬한 옹호자는 내게 빈센트는 진정한 다지역 기원설 지지자가 아니며 이번 연구는 어떠한 반증도 되지 못한다고 말했다). 요점은 과학이 권위에 대한 교조적 순종이며 옹졸한 고집쟁이들의 인맥으로 이루어졌다고 비난하는 창조론자들과 사회비평가들이 틀렸다는 것이다. 과학은 끊임없이 변화하고 있으며, 기존의 이론은 새롭게 발견되는 증거들에 의해 공격을 받는다. 과학자들은 실제로 자신의 의견을 바꾼다.

4 과학의 주술사, 호킹

스티븐 W. 호킹의 60세 생일을 맞아 우리는
인간의 본성의 깊숙한 내면을 알려주는
하나의 사회 현상을 생각해볼 수 있다.

1998년 칼텍에 신이 방문했다.

정확히 말하면, 과학계의 신이 스티븐 호킹의 몸을 빌려, 이제는
익숙한 그의 컴퓨터 음성으로 공개 강연을 한 것이다. ("미국식 억양이
어색해서 죄송합니다." 그는 농담을 좋아한다.) 1100명이 들어가는 강당
이 금방 가득 찼고, 400명은 다른 강의실에서 화면으로 그의 강연을
들었다. 그리고 수백 명이 잔디밭에 앉아 이 과학계의 성인이 자신의
사도들에게 들려주는 교리를 스피커를 통해 귀담아들었다.

강연은 8시 예정이었지만 이미 오후 세 시부터 강당 옆 건물로
뱀처럼 줄이 늘어서기 시작했다. 다섯 시에는 근처 항공우주국(NA
SA) 제트추진연구소(JPL)의 과학자 수백 명이 칼텍과 주변 대학의
대학생들과 함께 시원한 음료를 들고 프리스비를 날리며 강당 주변
을 에워쌌다. 이곳을 지나가는 사람들은 아마 팝스타 보노Bono나 브
리트니 스피어스Britney Spears의 공연이 있는 줄 알았을 것이다.

그가 전동 휠체어를 타고 복도를 따라 강연장에 모습을 드러내
자 모든 이들이 그가 나타난 것만으로 기립박수를 보냈다. 강연은 그
의 주 연구 분야인 빅뱅, 블랙홀, 시간, 그리고 우주에 대한 것이었고,

질문 답변 시간에는 신학적인 질문이 추가되었다. 양자역학, 끈이론, 급팽창이론에 대한 질문이 드문드문 있었지만 많은 이들이 "시간은 어떻게 시작되었나요?", "빅뱅 이전에는 무엇이 있었나요?", "우주는 왜 존재하나요?"처럼 더욱 거대한 질문을 던지면서 그의 심오한 답변을 원했다. 그는 이런 몇 가지 질문들에는 답을 주려 했지만, 사람들의 질문 수준은 더 높아졌다. 그리고 이 초월적인 지성에게 주어질 수 있는 가장 거대한 질문이 등장했다. "신은 존재하나요?"

이 궁극의 질문에 호킹은 한참을 꼼짝하지 않고 가만히 앉아 시선을 컴퓨터 화면 위에서 이리저리 옮겼다. 물리학자 킵 손Kip Thorne 이 사람들에게 호킹이 어떻게 컴퓨터로 답변을 만드는지를 설명하는 동안 몇 분이 지나갔다. 그 영원과 같은 시간이 지나고 마침내 찡그린 웃음과 함께 마치 신탁 같은 컴퓨터의 목소리가 울려퍼졌다. "나는 신에 관한 질문에는 답변하지 않겠습니다."

호킹은 어떻게 과학계의 성인이 되었을까? 나는 그가 과학주의라는 하나의 사회적 현상이 구체화된 형태라 생각한다. 과학주의는 모든 현상을 자연과학으로 설명하며 경험주의와 이성을 이 과학의 시대에 맞는 삶을 위한 두 기둥으로 삼는 것을 의미한다.

과학주의는 일반인과 전문가 모두 읽을 수 있는 교양과학이라는 새로 등장한 도서 장르에서 가장 쉽게 찾을 수 있으며 칼 세이건, 스티븐 제이 굴드, 리처드 도킨스Richard Dawkins, 에드워드 O. 윌슨Edward O. Wilson, 재레드 다이아몬드Jared Diamond 등 이 시대와 대중을 위해 글을 쓰는 과학자들의 책에서도 발견할 수 있다. 과학주의는 물리학자 찰스 퍼시 스노Charles Percy Snow(1905-1980)가 과학과 인문학이 서로에 대해 알지 못하는 현상을 말한 "두 문화"의 심연을 이어주는

다리이다. 과학주의는 과학적 발견을 철학적, 사상적, 신학적으로 해
석하는 새로운 지식인과 지식계급을 만들어냈다.

과학주의라는 장르의 연원은 수백 년 전의 갈릴레오 갈릴레이
Galileo Galilei(1564-1642)와 토머스 헨리 헉슬리 Thomas Henry Huxley(1825-
1895)로까지 거슬러 올라간다. 1960년대 수학자 제이콥 브로노우스
키 Jacob Bronowski(1908-1974)의《인간 등정의 발자취 The Ascent of Man》에
이르러 현대적 과학주의가 시작되었고 1980년대 칼 세이건의《코스
모스 Cosmos》에 의해 본격적으로 열렸으며, 1990년대 스티븐 호킹의
《시간의 역사 The History of the Time》는 영국《선데이타임즈》의 하드커버
베스트셀러 목록에 200주 동안 오르는 기록을 세우는 동시에 30개
이상의 언어로 번역되어 1000만 부 이상이 팔리는 소위 대박을 쳤
다. 호킹의 최신작《호두껍질 속의 우주 The Universe in a Nutshell》는 이미
《뉴욕타임스》베스트셀러 목록에 올라 있다.

호킹의 명성은 그의 저서 또한 크게 기여한 과학주의 문화의 힘
과 그가 신학적인 질문에도 어느 정도 답할 수 있게 만든 우주의 궁
극적 본질에 대한 그의 창조적 통찰력, 그리고 무엇보다도, 한 인간
에게 닥친 거의 극복 불가능해 보이는 신체적 장애에 맞서는 위대한
정신력이 더해진 결과이다.

특히 호킹의 개인적 성공과 과학주의 전반의 부흥은 이 시대의
중요한 특징을 말해준다. 첫째, 과학주의의 권위를 모든 과학 분야가
골고루 나눠 갖지는 않는다. 우주론과 진화론은 전통적으로 종교와
신학이 독점해온 궁극적인 질문에 관한 학문이다. 과학주의는 초자
연적인 설명을 대체하는 자연적인 답변을 과감하게 제시하며, 과거
의 전통적 문화에서 채워줄 수 없었던 영적 필요를 채워준다. 둘째,

우리는 기본적으로 사회적인 위계구조를 가진 영장류이다. 우리는 지배자에게 복종하고, 노인을 공경하며, 주술사의 명령을 따른다. 과학의 시대에 우리의 존경을 받는 이들은 과학주의의 주술사이다. 셋째, 우리는 언어 능력을 가진, 이야기를 좋아하고 신화를 만드는 영장류다. 과학주의는 인류의 이야기에 새로운 토대가 되었고 과학자들은 우리 시대의 신화를 만드는 이들이 되었다.

스티븐 호킹의 60세 생일을 맞아 우리는 이 과학의 주술사와 우리 시대 과학주의가 만든 빛나는 문화를 축하하는 것이다.

후기

이 책을 내는 2015년, 스티븐 호킹은 73세가 되었고 여전히 활발하게

논문을 내고 책을 쓰며 동료들과 토론하고 대중 강연을 할 뿐 아니라
이 칼텍에 많은 팬을 가지고 있다.

(스티븐 호킹은 2018년 3월 14일, 76세를 일기로 생을 마감했다─옮긴이)

5 누구의 말을 믿을 것인가?

과학계가 새로운 두 가지 과학 이론을 그 창시자를 기준으로
다르게 대하는 모습은 과학 발전의 사회적 특성을 잘 보여준다

최근 두 명의 저자가 각자의 이론을 바탕으로 과학계를 뒤흔들 것이
라 말하는 두 권의 책을 펴냈다. 다음은 그 두 권의 서문 일부이다.

이 책은 지난 20년 동안의 노력으로 만들어낸 새로운 종류의 과학 이
론을 총정리한 것이다. 이렇게 긴 시간이 걸릴 것이라고는 전혀 예상
하지 못했지만, 또한 내가 가능하리라 생각했던 것보다 훨씬 더 많은
것을 발견했고 이제 사실상 거의 모든 과학 분야를 다루며, 완전히
새로운 내용 또한 포함되어 있다. 나는 나의 발견이 이론과학의 역사
에서 상당히 중요한 발견 중 하나라고 생각한다.

이 결과는 지난 30년 동안 순전히 나 홀로 만들어낸 것이다. 이 책을
읽는 사람은 알게 되겠지만, 이 이론은 과학계 바깥의 인물이 발견할
수밖에 없는 것이다. 이 이론은 기존의 사고방식과 거의 완벽하게 배
치되며, 따라서 이러한 이론적 체계의 한 조각도 완고한 제도권 과학
계는 발견할 수 없었다.

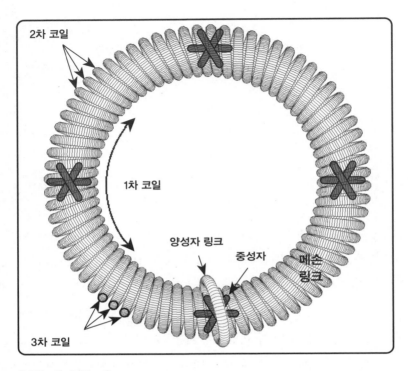

원자 구조의 서클론 모델
제임스 카터의 이론은 원자에서 은하에 이르는 우주의 모든 구성요소를 "서클론", 곧 "핵의 물리적 상
태에 따라 결합된 속이 빈 반지 형태의 기계적 입자들"로 설명한다.

두 저자는 수십 년을 홀로 연구했다. 두 저자는 모두 과학계, 특히 물
리학의 기본을 뒤흔든다는 매우 과감한 주장을 내놓았다. 두 저자는
전통적인, 동료들의 평가에 의해 승인이 결정되는 과학 논문의 방식
이 아닌, 책으로 자신의 생각을 곧바로 대중에게 전달하는 방식을 택
했다. 두 책 모두 자연의 근본적인 구조를 밝혀준다는, 스스로 그린
수백 개의 그림과 도표를 담고 있다.

　단 한 가지 차이는 이 두 저자에 대한 사회의 반응이다. 한 명은

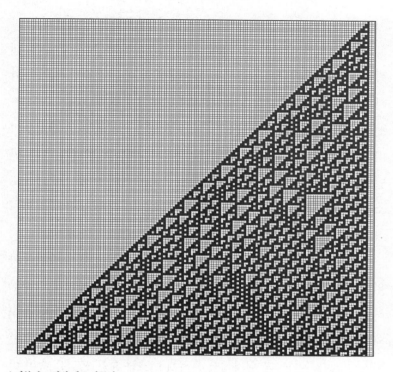

스티븐 울프럼의 세포 자동자
스티븐 울프럼은 이 우주의 복잡성을 몇 개의 간단한 계산 규칙과 알고리듬을 가진 하나의 커다란 세
포 자동자 컴퓨터로 설명할 수 있다고 주장한다. 위의 그림은 울프럼의 책 《새로운 종류의 과학》 32쪽
에 나오는, 규칙 번호 110번으로 검정색 사각형과 흰색 사각형의 상호작용을 150단계까지 진행했을
때의 그림이다.

《타임스》, 《뉴스위크》, 《와이어드》에 소개되었고, 그의 책에 대한 서
평이 《뉴욕타임스》에 실렸다. 반면, 다른 저자에게는 누구도 관심을
가지지 않았다. 단 한 가지 예외는 그의 그림이 남부 캘리포니아의
작은 미술관에서 열린 전시회에 걸린 것이다. 이러한 차이는 두 저자
의 약력에 기인한다.

　한 사람은 칼텍에서 스무 살에 물리학 박사학위를 받았고, 리

처드 파인먼Richard Feynman(1918-1988)에게 "경이로운 학생"이라는 말
을 들었으며, 맥아더 "천재" 상을 최연소로 받았다. 그는 한 유명 대
학에 복잡계를 연구하는 연구소를 설립했고, 이후 수백만 명의 과학
자와 엔지니어에게 도움을 준 컴퓨터 프로그램을 개발하기 위해 자
신의 소프트웨어 회사를 차렸다. 다른 한 명은 전복을 따는 잠수부이
며, 금광의 광부, 영화 제작자, 동굴 채굴자, 수리공, 발명가, 수중 인
양 장치를 디자인하고 만드는 회사의 소유주이며 트레일러 파크도
소유하고 운영하고 있다. 이제, 저 두 인용구가 각각 누구의 것인지
감이 오는가?

첫 번째 인용구는 이 우주 만물의 근본적인 구조가 세포 자동자
의 형태로 복잡성을 만들어내는 계산 규칙과 알고리듬이라고 주장
하는《새로운 종류의 과학A New Kind of Science》의 저자이며 칼텍 출신
의 천재인 스티븐 울프럼 Stephen Wolfram의 것이다. 두 번째 인용구는
"서클론circlon" 이론, 곧 원자에서 은하에 이르는 모든 물질은 속이 빈
반지 형태의 튜브를 바탕으로 이루어져 있다고 주장하는《또 다른
물리학 이론The Other Theory of Physics》의 저자이자 전복 잠수부인 제임
스 카터 James Cater의 것이다.

울프럼의 주장이 옳은지는 아직 밝혀지지 않았지만, 결국은 과
학이라는 경쟁 시장에서 검증이 시도되고 결론이 나올 것이다. 그러
나 어떤 과학자도 카터의 이론을 진지하게 고려하지 않고 있으며, 따
라서 그의 이론이 참인지는 결코 밝혀지지 않을 것이다. 그 이유는
과학 또한 다른 모든 인간의 지적 영역에서처럼, 그 주장만큼이나 누
가 그 주장을 하는가가, 적어도 처음 그 주장에 귀 기울이게 만드는
시점에서는 중요하기 때문이다. (만약 울프럼이 틀렸다면, 그의 이론 또

한 플로지스톤, 에테르, 그리고 서클론의 전철을 밟을 것이다.)

　　이런 면에서 과학은 보수적이고, 때로 엘리트적이다. 그러나 한 편으로, 너무나 많은 이들이 기존의 과학 이론을 뒤흔드는 새로운 이론을 발견했다고 주장하기 때문에, 과학은 규칙과 질서를 필요로 한다. 새로운 이론을 검증할 시간과 자원에는 제한이 있으며 따라서 스티븐 울프럼과 같은 인물 한 명에 100명의 제임스 카터가 있는 상황에서 모든 주장을 공평하게 대할 수는 없다. 수많은 그럴듯한 주장들 가운데 진짜 가치 있는 것을 걸러내는 과정이 필요하다. 회의적 태도가 필요한 순간이다. 우리가 제임스 카터와 같은 이들에게 흥미를 느끼는 이유는 그를 통해 과학이 어떻게 잘못된 길로 가게 되는지를 봄으로써 어떻게 과학을 올바른 길로 이끌지를 배울 수 있기 때문이다. 또한, 우리는 과학과 유사과학의 미묘한 경계를 돌아볼 수 있으며, 이는 다음 과학혁명이 이 경계에서 시작될 수 있기 때문에 특히 중요하다. 물론 거의 대부분의 아이디어는 플로지스톤처럼 쓰레기 과학의 더미에 쌓일 것이다. 단지, 이를 자세히 확인하기 전까지는 알 수 없을 뿐이다.

후기

제임스 카터의 서클론 이론은 웹사이트 www.circlon.com에서 확인할 수 있다. 과학 저술가 마거릿 베르데임 Margaret Wertheim은 《비주류의 물리학 Physics on the Fringe》이라는, 카터와 같은 "비주류 과학자"들을 다룬 책을 썼다. 웹사이트도 있다. physicsonthefringe.com

6   과학의 길을 밝히는 촛불

대중 매체에 널리 퍼져 있는 유사과학이 만들어낸 암흑을
〈케이블 사이언스 네트워크〉라는 촛불로 밝히자.

갈릴레오가 평범한 사람들이 사용하는 말로 과학을 설명함으로써
누구나 과학의 과실을 즐길 수 있게 만든 이래, 과학은 전문가들을
위한 것이며 대중에 이를 유포하는 일은 과학의 격을 낮추는 일이라
고 생각하는 배척주의자excluder와 어떤 수준의 과학이든 이에 대한
명확한 설명이 필요하며 대중이 과학의 발전 과정과 결과물을 이해
하는 것이 중요하다고 생각하는 포용주의자includer 사이의 긴장은 존
재해왔다.

    20세기 대부분의 시간 동안 배척주의자들은 과학계를 주도하면
서 이따금 등장하는, 세금을 내는 일반인들에게 과학을 소개하는 이
들을 따돌렸다. 예를 들어 5억 명 이상이 시청한 〈코스모스〉 시리즈
를 만든 코넬의 천문학자인 칼 세이건은 미국국립과학원의 회원이
되지 못했으며, 그의 전기를 쓴 이는 과학원 내부자와의 인터뷰를 통
해 그 주된 이유가 그가 과학의 대중화에 너무 많은 시간을 썼기 때
문임을 보였다.

    그러나 지난 20년 동안 순수한 과학자들이 동료와 대중을 위해
자신의 연구와 이론을 책으로 발표하는 새로운 장르가 생겨났다. 스

티븐 제이 굴드의 책 대부분이 여기에 속하며 에드워드 O. 윌슨, 에른스트 마이어Ernst Mayr(1904-2005), 재레드 다이아몬드, 리처드 도킨스, 스티븐 핑커Steven Pinker 등의 저서 또한 그렇다. 사실 오늘날 사회에서 교양인으로 여겨지기 위해서는 문학, 예술, 음악에 대한 조예만으로는 부족하다. 과학을 어느 정도는 알아야 한다.

문제는 대부분의 사람이 과학 책이나 다큐멘터리를 통해 과학 지식을 얻지 않는다는 점이다. 물론 과학 마니아들은 〈노바Nova〉나 〈사이언티픽아메리칸프론티어〉와 같은 훌륭한 프로그램에서 과학 지식을 얻지만 대부분의 사람들은 과학 연구가 실제로 어떻게 이루어지는지, 혹은 왜 모순된 결과가 과학의 실패를 의미하지 않는지와 같은 미묘한 문제 대신 선정적인 의학적 발견이나 화려한 허블우주망원경의 사진을 소개하는 흥미 위주의 짧은 신문 기사, 아니면 저녁 뉴스 시간의 가십으로 과학을 접한다. 더 큰 문제는 대부분의 케이블 방송국이 시청률 경쟁을 위해 초능력, UFO, 달착륙 음모론 등의 유사과학을 종종 방영한다는 것이다.

다른 대부분의 과학자처럼 나 또한 그런 끔찍한 프로그램에 큰 불만을 가지고 있다. 우리는 케이블 TV 경영자에게 편지를 쓰지만 이는 거의 아무런 효과가 없다. 이 문제를 해결하는 한 가지 방법은 바로 과학자가 만드는 케이블 채널을 개설하는 것이다. 실제로 케이블 사이언스 네트워크Cable Science Network(CSN)가 지금 준비되고 있다. 지금 8000만 가정 이상에서 볼 수 있는, 비영리재단인 연방의회중계방송국Cable-Satellite Public Affairs Network(C-SPAN)과 같은 형태를 목표로 캘리포니아대학교 샌디에이고캠퍼스 뇌·인지 연구소의 로저 빙엄Roger Bingham이 앞장서고 있으며, 나 또한 고 칼 세이건의 부인인 앤 드

루얀Ann Druyan, 소크연구소의 뇌과학자 테리 세이노스키Terry Sejnowski
와 함께 힘을 모으고 있다. CSN은 하루 24시간, 7일 내내 과학을 방영
할 예정이며, 빙엄의 표현을 빌리면 "가십의 폭정"에서 우리를 해방시
킬 것이다.

　　의회가 인간 복제, 생화학 무기를 이용한 테러, 지구온난화, 고
령화 사회 등에 대한 청문회를 여는 것을 실시간으로 볼 수 있다면
대단하지 않을까? 다양한 학회에서 과학자들이 최첨단 과학기술에
대해 강연하는 것을 화면으로 볼 수 있는 것은 또 어떤가? 예를 들어
매년 수만 명의 뇌과학자들이 뇌의 작동 방식을 논의하기 위해 모인
다. 그들의 강연을 30초짜리 버전이 아니라 원래 강연 그대로 볼 수
있다면 얼마나 즐거울까? 나는 칼텍에서 매달 과학 강연을 개최하
며, 여기에는 앞서 언급한 핑커, 도킨스, 굴드와 같은 과학계 스타의
강연을 300명 이상이 경험한다. 이들의 강연을 30만 명이 볼 수 있다
면 얼마나 감동적일까?

　　CSN은 이 모든 것을 가능하게 하며 과학을 시민에게, 과학자와
정치인, 교사와 학생에게 지금까지와는 차원이 다른 방식으로 전달
할 것이다. 세이건은 과학을 "어둠 속의 촛불"이라 불렀다. CSN은 아
직 준비 단계에 있지만, 본격적으로 방송을 시작하게 되면 과학의 전
지구적 보급을 향하는 길을 밝히는 촛불이 될 것이다.

후기

CSN은 TSN(http://thesciencenetwork.org/)으로 이름을 바꾸었다. 〈더
사이언스네트워크채널〉은 수백만 명의 사람들에게 다양한 과학 관
련 주제로 학회, 강연, 인터뷰 등을 내보내고 있다. 특히 리처드 도킨

스, 샘 해리스, 닐 디그래스 타이슨, 로런스 크라우스, 대니얼 데닛, 션 캐럴 등이 참석한 비욘드빌리프콘퍼런스를 개최하기도 했다.

단순한 디자인, 알찬 내용

데이터를 그림으로 보여줄 때는 승합차 옆면에 붙일 수 있을 정
도로 단순해야 한다.

나는 오랫동안 만나고 싶었던 에드워드 R. 터프티Edward R. Tufte를 내
가 칼텍에서 주최하는 스켑틱학회 과학 강연 시리즈에 연사로 초청
했다.《뉴욕타임스》는 그의 간결한 글솜씨와 예술적인 삽화가 들어
간, 데이터 시각화에 관한 우아한 책을 두고 그를 "데이터의 레오나
르도 다빈치"라 부른 바 있다. 하지만 그만큼 유명한 이를 과연 우리
가 부를 수 있을까? 내가 그에게 이런 질문을 하자 그는 이렇게 답했
다. "파인먼의 밴을 보여주신다면 그것으로 충분합니다."

칼텍의 물리학자였던 고 리처드 파인먼은 여러 가지 면에서 유
명했다. 그는 로스앨러모스에서 원자폭탄을 만들었고, 노벨 물리학
상을 받았으며, 금고를 여는 취미가 있었고, 드럼을 연주했으며, 누
드화를 그렸고, 자신의 모험적인 삶을 멋진 이야기로 풀어내는 재주
가 뛰어났다. (《파인먼씨 농담도 잘 하시네요Surely You're Joking, Mr. Feynman》
에 자세한 내용이 나온다.) 그리고 여기 패서디나에서는 옆면에 신기한
그림이 그려진 파인먼의 1975년식 닷지 트레이즈맨 맥시밴 또한 유
명하다. 이 밴을 보는 많은 이들이 이 구불구불한 선이 무엇인지 궁
금해했다. 하루는 어떤 이가 운전자에게 왜 자동차에 파인먼 다이어

그램을 그려놓았는지 물었다고 한다. 파인먼은 "내가 리처드 파인먼
이니까요!"라고 말했다.

　　파인먼은 자신의 다이어그램을 1949년 발표한 〈양자전기동역
학에 대한 시공간적 접근Space-Time Approach to Quantum Electrodynamics〉 논
문에서 처음으로 소개했고, 이후 물리학자들은 양자 사건의 확률을
계산하는 데 이를 사용하게 되었다. 파인먼 다이어그램은 광자를 물
결선으로, 전자를 직선 혹은 곡선으로 표현하며 꼭짓점은 광자의 흡
수나 전자의 생성을 표현하는 복잡한 양자전기동역학Quantum Electro-
dynamics(QED)을 시각적으로 단순히 이해할 수 있게 만든 도식이다.
파인먼은 물리를 시각적으로 이해했으며, 물리법칙을 이런 식으로
묘사하기도 했다. "자연은 자신의 형태를 짜기 위해 가장 긴 실을 사
용하며, 따라서 자연이 짠 옷감의 아주 작은 부분으로도 옷감 전체
의 구조를 알 수 있다." 파인먼의 동료였던 프리먼 다이슨Freeman Dys-
on(1923-2020)은 그를 이렇게 회상한다. "파인먼 다이어그램이 발표
된 이후 물리학자들은 엄청난 자유를 얻었다. 이전에는 불가능했던
모든 종류의 계산을 마음대로 할 수 있게 되었다." 물리학자 한스 베
테Hans Bethe(1906-2005) 또한 동의한다. "파인먼 다이어그램이 대단한
이유는 이 방식을 통해 그전에 필요했던 여러 단계의 계산을 하나로
줄였다는 데 있다."

　　여기 실린 사진은 밴의 후문에 그려진 것으로, 시간은 아래에서
위로 흐른다. 윗부분을 종이로 가리고 서서히 올리면, 한 쌍의 전자
(직선)가 서로를 향해 움직이는 것을 볼 수 있다. 왼쪽의 전자는 광자
(물결선)를 방출하고, 왼쪽으로 반사된다. 광자는 오른쪽 전자에 흡
수되어 전자를 오른쪽으로 향하게 한다. (범퍼에 붙은 "투바 아니면 꽝

파인먼의 밴 옆에 선 마이클 셔머(위)와 에드워드 터프티(아래)

Tuva or Bust!"스티커는 투바인민공화국이라는 당시 소련의 일부였던 한 나라를 "수도 이름이 K-Y-Z-Y-L이라니 얼마나 재미있을까!"[모음이 없다는 의미이다—옮긴이]라며 여행하려 했던 파인먼의 시도를 보여준다. 하지만 그는 투바에 가지 못했다.) 두 번째 사진은 터프티가 하나 이상의 광자가 방출되고 흡수되는 다른 파인먼 다이어그램을 찍는 장면이다.

파인먼 다이어그램은 에드워드 터프티가 그의 세미나(www.ed-wardtufte.com)와 책(《양적 정보의 시각적 표현The Visual Display of Quantitative Information》, 《시각적 설명Visual Explanations》, 《정보의 시각화Envisioning Infor-mation》)에서 강조한 분석적 디자인의 전형이다. "적절한 데이터 그림은 구조, 과정, 동역학, 인과관계를 이해하는 데 도움을 주는 지식을 전달한다." 인간은 매우 시각적인 동물이며 생각할 수 없는 것을 보고, 볼 수 없는 것을 생각한다. 눈과 뇌는 서로 분리될 수 없다. "근거를 시각적으로 표현할 때는 정량적 근거의 원칙에 따라야 한다. 명확하고 정확한 그림은 명확하고 정확한 사고를 이끈다."

나는 명확하고 정확한 사고의 대가와 명확하고 정확한 그림의 대가가 만난 것을 기념해 파인먼-터프티 원리를 만들었다. "데이터의 시각화는 밴의 한쪽 면에 그려질 수 있을 정도로 단순해야 한다."

터프티는 챌린저호 사건 때 항공우주국(NASA)을 위해 티오콜Thiokol(폭발한 고체연료 제조사)이 만든 13장의 차트에서 챌린저호 우주선의 폭발 원인을 "분명한 근인은 초기 연습 비행에서 추운 날씨와 O링 손상의 관계를 파악하지 못한 것"이라고 분명하게 지적한 바있다. 터프티는 컬럼비아호 폭발에 대해 "한 장의 발표 슬라이드 안에 여섯 단계의 층위가 있었고, 때문에 왼쪽 날개의 손상이 원인이라는 결론조차 모호하게 보이게 만든 '관료주의적 하이퍼리얼리즘의 파워포인트 잔치'와 관계가 있다"고 생각한다. 터프티가 말한 것처럼, 파인먼은 1963년 출판한 고전《파인먼의 물리학 강의The Feynman Lectures on Physics》에서 천체물리에서 양자전기동역학에 이르는 모든 물리 분야를 장과 절이라는 단 두 단계만으로 구성했다.

　　터프티는 자신의 디자인 원리를 여섯 개로 정리한다. "(1) 출처와 데이터 특성을 남길 것, (2) 끝까지 적절한 비교를 놓치지 말 것, (3) 인과관계의 구조를 드러낼 것, (4) 그 구조를 양적으로 표현할 것, (5) 분석적 문제가 가진 본질적인 다변수적 특성을 이해할 것, (6) 대안적 설명을 조사하고 평가할 것." 간단히 말하면, "정보의 시각화는 근거, 비교, 인과 요소를 가져야 하고 설명적, 양적, 다변수적, 탐구적, 회의적 관점에서 이루어져야 한다."

　　회의적. 내가 터프티에게 그가 하는 일의 목표를 물었을 때 그는 "단순한 디자인, 알찬 내용"이라 말했고, 이는 이 칼럼에도 매우 적절한 말이다. 누구나 목적을 필요로 하며, 마침 "회의적"의 의미에도 적합한 "단순한 디자인, 알찬 내용"은 이 칼럼 시리즈의 적절한 목적이 될 것이다.

후기

터프티는 시카고에 있는 입자가속기 연구소인 페르미랩에서 파인먼 다이어그램과 파인먼의 밴을 주제로 한 전시회를 열었고, 그 내용은 시머스 블래클리와 랠프 레이튼이 정리해놓았다. http://bit.ly/1nu-SlEn

8 신념을 바꾼다는 것

인간에 의한 지구온난화의 증거는
어떻게 이 회의적 환경주의자의 생각을 바꾸었는가?

2001년 케임브리지대학교 출판사는 비외른 롬보르Bjørn Lomborg의 《회의적 환경주의자The Skeptical Environmentalist》를 출간했고, 나는 이 내용이 칼텍에서 열리는 회의주의 공개 강연 시리즈에서 토론회를 열기에 딱 맞는 주제라 생각했다. 문제는 모든 수준 높은 환경단체에서 참가를 거부했다는 것이다. "우리는 토론할 것이 없어요." 누군가는 내게 말했다. "우리는 그 책에 권위를 부여할 생각이 없습니다." 다른 이의 말이다. 한 유명한 환경주의자는 내가 만약 그 토론회를 개최한다면 내 명성이 돌이킬 수 없게 추락할 것이라 경고했다. 나는 물론 토론회를 개최했다.

나는 경험적으로 환경 운동에 존재하는 심각한 문제들을 알고 있다. 허머 자동차 대리점에 불을 지르거나 벌목 장비를 파괴하는 이들은 환경 테러리스트이자 범죄자이다. 지구가 멸망할 것이라 말하며 기부를 요청하는 환경 그룹은 신뢰를 잃을 뿐이다. 1970년대 학부생이었던 나는 1990년대에는 인구 폭발로 전 세계가 기아를 겪을 것이며 주요 광물과 철광석, 석유가 고갈될 것이라 배웠고 실제로도 그렇게 믿었지만, 그런 이야기는 순전히 엉터리였던 것으로 드러났다.

환경주의는 정치에 휩쓸린 과학이었고 나는 회의적 환경주의자가 되었다.

하지만 인간이 지구온난화의 원인이라는 주장에 대해서는, 다시 데이터가 정치적 주장들을 이겼고 다양한 증거들이 같은 주장을 지지하는 것을 보며 나는 생각을 바꾸었다. 내가 가장 주목한 것은 2006년 2월 8일, 세상에서 환경주의에 가장 동의하지 않을 집단인 복음주의 기독교인들을 대표하는 86명이 탄소 배출량의 "감소를 위한 국가적 법제화"를 요구하며 복음주의 기후변화 대처위원회를 만든 일이다. 전미복음주의협회의 수석 로비스트인 리처드 시직Richard Cizik은 2002년 옥스퍼드에서 열린 지구온난화 학회 참석 후 "기독교로 개종한 것과 그리 다르지 않은 개종을 경험했다"고 말했다.

이후 나는 캘리포니아 몬터레이에서 열린 TED(Technology, Entertainment, Design)에서 전 부통령 앨 고어Al Gore가 자신이 제작한 지구온난화에 대한 다큐멘터리인 〈불편한 진실An Inconvenient Truth〉에 기초한, 내가 지금까지 본 것 중 가장 훌륭하게 지구온난화의 증거들을 정리한 발표를 보았다. 우리 인간에게 시각은 가장 중요한 감각이며, 따라서 무언가를 믿으려면 보아야 한다. 극지방의 얼음이 사라지는 과정을 본 것은 나의 회의적 태도를 바꾸게 하기에 충분했다.

이후 네 권의 책을 읽은 뒤 나는 태도를 확실히 바꾸게 되었다. 고고학자 브라이언 페이건Brian Fagan의 《긴 여름The long Summer》(2004)은 인간이 어떻게 일시적인 온화한 기후를 맞아 문명을 만들었는지에 관한 책이다. 지리학자 재레드 다이아몬드의 《문명의 붕괴Collapse》(2005)는 어떻게 자연적인 혹은 인간에 의한 환경의 파괴가 문명의 붕괴를 가져오는지를 보여주었다. 언론인 엘리자베스 콜버트

Elizabeth Kolbert의《재해의 현장에서 Field Notes from a Catastrophe》(2006)는 그녀가 인간의 활동에 의한 기후의 변화와 동물의 멸종을 연구하는 환경과학자와 함께 전 세계를 돌아본 흥미진진한 여행기이다. 생물학자 팀 플래너리 Tim Flannery의《기후 창조자 The Weather Makers》(2006)는 회의적 환경론자였던 그가 이산화탄소의 증가를 보여주는 확실한 증거 앞에서 환경주의자로 바뀐 과정을 보여준다.

이는 이산화탄소 골디락스 Goldilocks (높지도 낮지도 않은 최적의 값—옮긴이)의 문제이다. 지난 빙하기 당시 지구는 매우 추웠고 이산화탄소 농도는 180ppm이었다. 농업혁명과 산업혁명 사이에 이산화탄소 농도는 적절한 수준인 280ppm을 기록했다. 오늘날 이산화탄소 농도는 380ppm에 달하며, 금세기가 끝날 때는 450ppm에서 550ppm에 이를 것으로 예측된다. 이는 지구의 온도를 높일 것이다. 온도가 화씨 211도에서 212도로 바뀔 때 물이 액체에서 증기로 바뀌는 것처럼, 환경은 이산화탄소의 농도에 따라 크게 바뀔 수 있다.

플래너리에 따르면, 우리가 2050년까지 이산화탄소 배출량을 70퍼센트 감소시키더라도, 2100년 지구의 평균 기온은 섭씨 2도에서 9도가 올라갈 것이다. 그린란드의 빙하는 녹을 것이다. 2007년 3월 24일자《사이언스》에 실린 보고서는 그린란드 빙하가 1996년 측정된 속도의 두 배인 1년 224±41세제곱킬로미터의 속도로 줄어들고 있다고 말한다. (로스앤젤레스가 1년 동안 사용하는 물은 1세제곱킬로미터이다.) 만약 그린란드와 남극 서부의 빙하가 녹는다면, 수면은 5미터에서 10미터 상승할 것이며, 해안가에 사는 5억 명은 살 곳을 찾아나서야 할 것이다.

기후 온난화는 그 문제 자체의 복잡성 때문에 한때 환경적 회의주의의 대상이었으나 이제는 아니다. 지금은 회의주의에서 벗어나 이를 지지할 때이다.

후기

나는 2014년 8월 《사이언티픽아메리칸》에 여전히 기후변화는 일어나고 있으며, 이것이 인간에 의한 것이지만 가난, 질병, 기아 등 똑같이 중요하면서 더 긴급한 문제들이 있다는 내용의 칼럼을 썼다.(http://bit.ly/1sS7K3y) 당연하게도, 나는 이 칼럼을 썼을 때만큼이나 많은 항의 편지를 받았다. 종교와 정치를 제외하면 (어쩌면 그것도 장담할 수 없다) 과학 저술가에게 기후변화만큼 어느 편에 서느냐와 무관하게 논쟁의 대상이 되는 주제는 없을 것이다.

9   조작, 실수, 재연

법원이 과학에서 재연의 의미를 결정하게 될지 모른다.

이론들이 늘 충돌하고 반전이 끊이지 않는 과학의 세계에서 논쟁의 승자를 결정짓는 것은 한쪽 가설을 더 지지하는 증거가 축적되는 데 필요한 시간이었다. 적어도 지금까지는.

2006년 4월 10일, 경제학자 존 로트John Lott는 경제학자 스티븐 레빗Steven Levitt과 그의 책《괴짜경제학Freakonomics》을 출판한 하퍼콜린스를 명예훼손으로 고소했다. 이는 레빗이 로트가 1998년에 쓴 《총이 많을수록 범죄는 줄어든다More Guns, Less Crime》의 결과를 "재연하지" 못했다고 말한 데 따른 것이다. 로트는 미국의 주 단위로 달라지는 총기를 "감춘 상태로 소지하는" 법을 바탕으로 자세한 통계적 분석을 통해 총기를 감춘 상태로 소지할 수 있도록 한 주에서는 그렇지 않은 주에 비해 강도, 강간, 살인이 통계적으로 유의미하게 감소했음을 보였다.

이런 정치적 요소가 다분한 연구가 늘 그렇듯이, 로트의 책은 커다란 논쟁을 낳았고 이 주제와 관련해 다양한 학회 발표와 논문이 뒤따랐으며, 이 중 어떤 연구는 로트와 같은 결론이 나온 반면, 어떤 연구는 그렇지 않았다. 예를 들어, 예일대학교와 스탠퍼드대학교에서 연속으로 펴내는 《로리뷰》에는 로트와 그를 비판하는 진영의 논문이 실렸다. http://papers.ssrn.com에서 찾을 수 있다.

《괴짜경제학》에서 레빗은 1990년대의 범죄율 하락을 설명하는 자신만의 이론을 내놓았다. 바로 로 대 웨이드Roe v. Wade 사건(여성의 낙태 권리를 인정한 미국 연방대법원 판결—옮긴이)으로, 레빗은 가난하고 열악한 환경에서 태어난 아이는 범죄자가 될 가능성이 더 크다고 보았다. 로 대 웨이드 사건 이후, 수백만 명의 가난한 싱글맘은 미래의 잠재적 범죄자를 낳는 대신 낙태를 할 수 있었고, 20년 뒤 잠재적인 범죄자 수는 크게 줄었으며, 범죄율 또한 낮아졌다는 것이다. 레빗은 로 대 웨이드 사건보다 낙태를 2년 먼저 합법화한 다섯 개의 주에서 범죄율 하락이 다른 45개 주보다 먼저 일어났음을 통계적 분석을 통해 보였다. 또 1970년대 낙태율이 높은 주들에서 1990년대 범죄율이 큰 폭으로 하락했음을 보였다. 마지막으로, 레빗은 잠재적 범죄자의 수를 줄어들게 한 세 가지 다른 이유를 들었다. 바로, 수감자의 증가, 경찰의 증가, 그리고 코카인 시장의 몰락이다.

레빗은 로트의 가설은 인정하지 않았고, 30쪽 정도의 한 챕터 중 한 단락에 이렇게 썼다. "로트의 분명 흥미로운 가설은 참이 아닌 것으로 보인다. 다른 학자들이 그의 결과를 재연하려 노력했지만, 그들의 연구에서 총기소지법은 범죄율을 낮추지 않았다."

로트의 고소장에는 "'재연replicate'은 객관적이고 분명한 의미"를 가지고 있으며 바로 다른 학자들이 "로트가 분석한 것과 같은 동일한 데이터와 동일한 분석 방법을 사용해 같은 결과를 얻으려" 했을 때 쓸 수 있는 단어라는 것이다. 곧, 레빗이 다른 이들이 재연에 성공하지 못했다고 말함으로써, 레빗은 "로트가 데이터를 조작했다고 주장"했다는 것이다.

　나는 레빗에게 그가 재연을 어떤 의미로 사용했는지 물었다. 그는 "나는 그 용어를 다른 대부분의 과학자들이 하는 것처럼, 같은 결과를 얻었느냐는 의미로 사용"했다고 말했다. 곧 동일한 방법이 아니라 동일한 결과를 의미했다는 것이다. 그럼 레빗은 로트가 결과를 조작했다는 것을 의미했을까? "아니에요, 그런 의미로 쓰지 않았습니다." 사실 로트가 데이터를 조작했다고 주장한 이도 있다. 그래서 나는 로트에게 왜 레빗을 고소했는지 물었다. "인터넷에서 무명에 가까운 사람이 어떤 주장을 하는 것과 경제학 교수가 저명한 출판사에서 나온 책에서 어떤 주장을 하는 것은, 특히 그 책이 100만 부가 넘게 팔리는 상황이라면 완전히 다른 일입니다. 레빗은 유명인이고 안타깝게도 그의 주장은 중요하게 다루어집니다. 《괴짜경제학》을 읽은 많은 이들은 정말 다른 연구자들이 내 연구를 재연하지 못했는지 내게 묻기도 했습니다."

　"재연"은 어떻게 쓰이느냐에 따라 다른 의미를 가진다. "실험 방법의 재연"이라면 로트가 사용한 의미지만 "결과의 재연"에서는 그 실험의 결과를 확인한다는 뜻이며, 이번 경우에서라면 총을 더 많이 가질수록 범죄가 더 줄어드는가 하는 것이다. 문제는 오늘날의 여러 과학실험과 데이터 세트에 대한 통계적 처리가 너무 복잡하기 때문에 최초의 연구 혹은 이를 재연하는 연구에서 의식적인 조작이 아닌 무의식적 실수가 발생할 수 있고, 이 때문에 재연에 실패할 수 있다는 것이다.

　로트 씨, 이 법적 장벽을 허물고 변호사가 없는 과학으로 돌아갑시다. 결과를 재연하는 것은 가설을 검증하는 것이지, 방법론을 그대

로 따라 하는 것은 아니며, 과학은 동료들 간의 이런 자유로운 비판
속에서 발전할 수 있습니다.

후기

연방 판사는 《괴짜경제학》에 연구자들이 로트의 결과를 재연하지
못했다고 쓴 것은 명예훼손이 아니라고 레빗의 손을 들었다. 그러나
이메일과 관련한 주장에 대해서는 로트의 손을 들었고, 그 결과 레
빗은 자신의 주장을 철회하는 이메일을 써야 했다. 자세한 내용은
http://bit.ly/1lC5AH5과 http://bit.ly/Y2j70a를 참고하라.

10 처음부터 끝까지 틀렸어

모든 틀린 이론이 다 같지는 않다.

20세기의 소송 변호사였던 루이스 나이저Louis Nizer(1902-1994)가 "우아한 조롱은 천 마디 욕설의 가치가 있다"고 말한 것처럼, 순수문학에서 짧고 재치있는 문장은 하나의 장르가 되었다. 고급문화에는 새뮤얼 존슨Samuel Johnson(1709-1784)의 "그는 자신만 멍청한 것이 아니라 다른 사람들까지도 멍청하게 만들었다", 마크 트웨인Mark Twain(1835-1910)의 "나는 장례식에 참석하지 않았지만, 그 장례식에 반대하지 않는다는 친절한 편지를 보냈지", 윈스턴 처칠Winston Churchill(1874-1965)의 "그는 내가 싫어하는 모든 미덕을 가졌지만, 내가 경애하는 어떤 악덕도 가지고 있지 않았다" 등이 있다. 대중문화에는 그루초 막스Groucho Marx(1890-1977)의 "완벽하게 멋진 저녁이었습니다. 아, 오늘 말고요"가 있다.

　　과학자들 또한 동료를 영리하게 엿 먹이기를 꺼리지 않는다. 아마 과학계에서 받을 수 있는 가장 치욕적인 평가는 이론물리학자 볼프강 파울리Wolfgang Pauli(1900-1958)가 어느 논문을 두고 한 말일 것이다. "이 논문은 맞지 않다. 심지어 틀리지도 않았다." 나는 이 표현을 파울리의 금언이라 부르겠다.

컬럼비아대학교의 수학자인 피터 보이트Peter Woit는 초끈이론을 비판한 최근 자신의 책의 제목으로 파울리의 금언을 따왔다.《심지어 틀리지도 않았다Not Even Wrong》(2006)(우리나라에는《초끈이론의 진실》로 번역되었다―옮긴이). 보이트는 초끈이론이 그저 검증 불가능한 가설에 기반하는 것을 넘어, 이 이론을 지지하는 이들의 명성과 이론이 가진 수학적 심미성에 과도하게 의존한다고 주장한다. 과학에서 만약 어떤 아이디어가 틀렸다는 것을 보이는 것이 불가능한 경우 그 아이디어는 틀릴 수 없다. 곧, 우리가 어떤 아이디어가 틀렸는지를 알 수 없다면, 그때 우리는 심지어 틀리지도 않았다고 말하는 것이다.

심지어 틀리지도 않았다. 이보다 더 나쁜 평가가 있을까? 있다, 바로 그냥 틀린 것보다 더 크게 틀렸다는 평가다. 또는 내가 아이작 아시모프Isaac Asimov(1920-1992)의 원칙이라 부르는 그것은 그가 쓴《틀림의 상대성Relativity of Wrong》(1988)에 이렇게 잘 설명되어 있다.

> 사람들이 지구가 평평하다고 생각했을 때, 그들은 틀렸다. 지구가 구체라고 생각했을 때, 그들도 틀렸다(지구는 완벽한 구형이 아니라는 뜻이다―옮긴이). 하지만 당신이 지구가 구체라고 생각한 사람들이 지구가 평평하다고 생각한 사람과 같은 정도로 틀렸다고 생각한다면, 당신은 이 두 집단을 합친 것보다 더 틀린 생각을 가진 것이다.

아시모프의 원칙에는 과학이란 지식의 축적을 통해 진보하며 과거의 실수 위에 만들어지는 것으로, 때로 과학자들은 틀리기도 하지만, 데이터가 쌓이고 이론이 만들어지면서 점점 덜 틀리게 된다는 생각이 들어 있다.

반대로 모든 틀린 이론은 똑같다는 말은 이론들 간에 차이가 없다는 생각에서 나온 것이다. 이는 "과학에 대한 강한 사회구성주의strong social construction of science"라는 이름의 이론으로, 과학은 사회적, 정치적, 경제적, 종교적, 이데올로기적 문화의 지배를 받으며, 특히 권력을 가진 자들에 의해 만들어진다는 이론이다. 이 이론에서 과학자들은 과학 논문을 생산하는 지식 자본가들이며, 여기서 과학 논문이란 현실을 강화하는 주류 이론을 검증하는 (따라서 일반적으로 이를 지지하는 결과가 나오는) 실험 결과를 보고하는 역할을 한다.

극단적인 경우, 특히 사회과학 분야에서 이 이론은 참이다. 19세기 초, 의사들은 노예가 노예 상태에서 탈출하려는 강한 의지를 보이는 흑인도망병drapetomania 또는 주인에게 불복종하는 흑인불복종병dysathesia aethiopica을 발견했다. 19세기 말에서 20세기 초 사이에는 인종 간의 인지 능력을 과학적으로 측정해 흑인이 백인보다 열등하다는 결론을 내리기도 했다. 20세기 중반, 정신과 의사들은 동성애를 질병으로 분류하게 만드는 근거들을 발견했다. 그리고 최근까지도, 여성은 과학을 배우고 기업을 경영하는 타고난 능력이 부족하다고 간주되었다.

그러나 이런 어처구니없는 예들조차 자연과 인간 세상을 설명하는 과학의 특별한 능력을 의심하게 만들지 못한다. 실재는 존재하며 과학은 그 실재를 밝히고 묘사하는, 인류 역사에서 지금까지 존재한 도구 중 가장 뛰어난 도구이다. 진화론의 경우 생명의 역사를 설명하는 데 비록 그 과정과 속도에 대한 치열한 논쟁은 존재하지만, 심지어 틀릴 수도 없는 창조론에 비하면 (파울리의 금언이 보여주듯)

절대적으로 우수하다. 리처드 도킨스는 진화론-창조론 논쟁을 보고 이렇게 말했다. "두 반대되는 주장이 같은 열의를 가지고 주장된다고 해서 진실이 반드시 그 사이에 존재하는 것은 아니다. 두 주장 중 하나가 그저 틀린 것일 수 있다."

그저 틀린 것이다. 과학은 편견과 무관하고 문화의 지배를 받지 않는다고 생각하는 사람들은 그저 틀린 것이다. 과학이 전적으로 사회적으로 구성된다고 생각하는 사람들도 그저 틀린 것이다. 하지만 당신이 과학에는 편견이 없다는 사람들과 과학이 사회적으로 구성된다는 사람들이 같은 정도로 틀렸다고 생각한다면, 당신의 생각은 심지어 그냥 틀린 것보다 더 크게 틀린 것만 못한 것이다.

II 회의주의

11 달착륙 음모론이라는 헛소리

타블로이드 텔레비전 쇼는 우리에게 무비판적 사고가
어떤 문제가 있는지를 말해준다.

자유라는 가치를 수호하기 위해 치러야 할 대가에는 자유를 위협하
는 이들에 대한 경계심을 언제나 유지해야 한다는 것 외에도 종종 표
현의 자유라는 핑계로 행해지는 어이없는 헛소리를 참아야 한다는
것이 있다. 물론 그것 또한 견뎌야 하겠지만 그럼에도 2001년 2월 15
일, 폭스채널이 대대적인 광고와 함께 방영한 〈음모론: 우리는 정말
달에 갔을까?〉와 같은 프로그램을 보자면 분통이 터지지 않을 수 없
다. 폭스는 이 프로그램에서 NASA가 영화 촬영장에서 모든 일을 꾸
몄다고 주장한다.

　이런 엉터리 같은 주장을 반박하는 데 소중한 시간을 사용해서
는 안 되겠지만, 누구나 자신의 주장을 펼칠 자유가 있는 사회에서
우리 회의주의자들은 엉터리 주장에 곧잘 열광하는 소비자들로 상
징되는 비이성주의를 감시하고 바로잡아야 하는 감시견이 되어야
한다. 이를 위해서는 그 주장이 틀렸다고만 말할 것이 아니라, 왜 그
런 의문이 들었을지를 생각하며 그 의문에 대한 답이 무엇인지를 제
시해야 할 것이다. 폭스가 방영한 프로그램은 하나의 예로, 이런 면
책조항을 먼저 걸고 시작한다. "이 프로그램은 논란의 여지가 있는

주제를 다루고 있습니다. 여기 제시된 가설들은 유일한 설명이 아닙니다. 시청자들은 모든 정보를 바탕으로 판단을 내리시기 바랍니다." 물론 그들은 모든 정보를 제공하지 않았다. 그러니 쇼의 시작 부분에 제시된 통계, 곧 미국인의 20퍼센트가 인류의 달착륙을 믿지 않는다는 것이 사실일 경우를 대비해 그들의 주장을 하나씩 검토해보자.

주장 _ 달에서 찍은 사진에는 두 개의 광원이 있다. 하늘에는 태양이라는 하나의 광원만 존재하므로, 다른 광원은 스튜디오의 조명이다.
답 _ NASA와 공모자들이 그렇게 바보 같았을 것이라는 허무한 가정은 둘째 치고, 실제로 달에는 세 개의 광원이 존재한다. 바로 태양, 태양을 반사하는 지구, 그리고 역시 태양을 반사하는 달 그 자체이다. 특히 달은 우리가 달 위에 서 있을 경우 아주 강력한 반사체가 된다.

주장 _ 우주비행사가 국기를 꽂는 장면에서 분명하게 볼 수 있듯이, 공기가 없는 달에서 국기가 펄럭이고 있다.
답 _ 국기가 흔들린 것은 우주비행사가 구멍에 이를 꽂아 고정하기 위해 만질 때뿐이다. 그가 손을 떼자마자 흔들림은 멈추었다. 국기가 펼쳐져 있는 것은 NASA가 상단에 깃발을 고정하는 금속 막대를 꿰매 놓았기 때문이다.

주장 _ 달착륙선 아래에 엔진의 분사로 인한 흔적이 없다.
답 _ 달 표면에는 몇 인치 두께의 먼지가 있을 뿐, 그 아래에는 달착륙선 엔진에 영향을 받지 않는 단단한 표면이 있다.

주장 _ 달착륙선의 위쪽 절반이 달에서 이륙할 때 지상에서 보는 것과 같은 불꽃이 없다. 달착륙선은 마치 위에서 케이블로 끌어올리는 것처럼 하늘로 올라간다.

답 _ 우선, 착륙선의 이륙 영상에는 먼지와 다른 입자들이 휘날리는 것이 분명하게 나타나 있다. 한편, 달에는 산소가 없기 때문에 어떤 연료를 사용해도 우주선 뒤편에 불꽃 꼬리가 생기지 않는다.

주장 _ 우주비행사들이 연습에 사용하는 달착륙선은 너무 불안정해 보인다. 연습 장치가 충돌할 때 닐 암스트롱은 충돌 몇 초 전에 겨우 빠져나와 살 수 있었다. 진짜 달착륙선은 훨씬 크고 무거워 착륙시키는 것이 불가능하다.

답 _ 오직 연습만이 완벽을 만들기 때문에, 이들은 끝없이 연습했다. 예를 들어, 자전거는 익숙해지기 전까지는 근본적으로 불안정한 기계이다. 게다가 달의 중력은 지구의 6분의 1밖에 되지 않으므로 무게는 그리 중요하지 않다.

주장 _ 달에서 찍은 사진에는 하늘에 별이 하나도 보이지 않는다.

답 _ 지구에서 찍은 사진에도 별은 보이지 않는다. 밤하늘의 별을 사진에 담으려면 셔터를 긴 시간 열어야 한다. 별빛은 보통 사진에 찍히기에는 너무 약하다.

주장 _ 지구를 둘러싼 밴앨런대Van Allen Belt의 방사선은 우주비행사를 태워버릴 수 있다.

답 _ 만약 당신이 아폴로 우주선이 그랬던 것처럼 충분히 빠르게 밴

앨런대를 통과한다면 방사선은 큰 위험이 되지 않는다.

달착륙 음모론을 퍼뜨리는 이들은 위의 주장들 외에도 아폴로 1호 화재로 사망한 거스 그리섬 Gus Grissom (1926-1967)이 조작을 폭로하기 직전이었다는 이야기와 여러 우주비행사에 대한 "살인", 조종사들이 겪은 "사고"들을 더해 이야기를 꾸며내고 있다. 이 모든 헛소리를 살펴보면, 다른 대부분의 음모론처럼, 이들 또한 자신의 주장을 뒷받침하는 증거는 없이 "그들이 무언가를 숨기고 있다"는 형태의 부정적 증거만이 있다는 것을 알 수 있다. 나는 만약 달착륙이 정말로 조작이었다면 당연히 그 사실을 알고 있을 G. 고든 리디 Gordon Liddy (1970년대 백악관에서 근무했던 전직 FBI 요원으로 워터게이트와 관련해 옥고를 치렀다—옮긴이)에게 이 음모론에 대해 물어본 적이 있다. 그는 《가난한 리처드의 연감 Poor Richard's Almanack》(18세기 벤저민 프랭클린이 가명으로 출간해 미국에서 베스트셀러가 된 책—옮긴이)에 나오는 한 문장을 인용했다. "세 명이 알고 있는 사실이 비밀로 남으려면 그중 두 사람이 죽어야만 가능하다." NASA의 과학자 수천 명이 평생 이 비밀을 숨길 수 있으리라는 것은 말도 안 되는 소리이다.

그리하여, 나는 시청률을 노리고 이런 엉터리 프로그램을 방영한 타블로이드 쓰레기 채널인 폭스에게는 분노의 비난을, 인간을 달에 보내는 거의 불가능해 보이는 문제를 멋지게 해결한 NASA에게는 열렬한 찬사를 보내는 바이다. 이제 우리는 화성과 그 너머의 별들로 가서 깃발을 꽂고 사진을 찍어야 한다. 애드 아스트라 Ad astra!

후기

이 책의 1장 세 번째 칼럼에 쓴 것처럼, 달착륙선에서 불꽃이 없었던
이유는 이들이 청정 연소 연료인 자연 점화성 추진체(디나이트로젠
테트록사이드와 에어로진 50)를 사용했기 때문이다. 달착륙 음모론자
에 대한 반응 중 가장 흥미로운 반응은 버즈 올드린Buzz Aldrin이 자신
을 따라다니며 괴롭히는 바트 시브렐Bart Sibrel에게 주먹을 날린 것으
로 여기에서 볼 수 있다. (원문의 링크는 바트 시브렐에 의해 삭제된 것으
로 나온다. 유튜브에서 Buzz Aldrin Punches Moon Landing Denier로 검색
하면 찾을 수 있다—옮긴이)

유사과학의 헛소리
팩트 체크 1

과학과 유사과학의 경계는 어떻게 정해지는가?

대학에서 과학과 유사과학에 대해 강의하면서 그들이 믿고 있는 여러 사실에 의문을 제기할 때 나는 "왜 우리가 당신을 믿어야 하죠?"라는 질문을 꼭 받는다. 나는 이렇게 답한다. "나를 믿어서는 안 됩니다." 그리고 어떤 주장이든 그 주장이 유효한지를 확인하는 기본적인 질문을 스스로 할 수 있어야 한다고 말한다. 나는 그 질문들을 "헛소리 판정 장치 Baloney Detection Kit"라는 용어를 만들어낸 칼 세이건을 존경하는 마음으로, 헛소리 판정법이라 부르겠다. 어떤 주장이 헛소리인지를 확인하기 위해, 곧 과학과 유사과학을 구분하기 위해 나는 다음의 열 가지 질문을 자신에게 던질 것을 제안한다.

1 얼마나 신뢰할 수 있는가? _ 대니얼 케블스 Daniel Kevles가 책《볼티모어 사건 The Baltimore Affair》에서 확실하게 보여준 것처럼, 학문적 사기를 조사한다는 것은 정상적인 과학의 발전 과정에서 필연적으로 발생하는 실수나 게으름과 의도적인 부정행위를 구별해야 하는, 곧 어떤 경계를 결정하는 문제이다. 의회가 주축이 된 독립적인 위원회에서 노벨상 수상자인 데이비드 볼티모어 David Baltimore의 실험실 연구

노트를 바탕으로 그들에게 부정이 있었는지를 조사했을 때 놀랄 만
큼 많은 실수가 발견되었다. 하지만 과학 연구는 사람들이 생각하는
것보다 훨씬 무질서한 방식으로 이루어진다. 연구 노트는 볼티모어
가 의도적으로 데이터를 조작하지 않았음을 보였고, 그는 혐의를 벗
을 수 있었다.

2 비슷한 주장을 자주 하는 사람인가? _ 유사과학자들은 종종 사실을
무시하는 습관이 있기 때문에 이상한 주장을 자주 하는 사람은 일반
적인 반항아가 아닐 가능성이 있다. 물론 위대한 사상가들 또한 때로
자신의 창의적 통찰을 바탕으로 사실을 무시하는 경우가 있으므로
이를 판단하기 위해서는 정량적인 평가가 필요하다. 코넬대학교의
토머스 골드Thomas Gold는 급진적인 주장으로 유명하지만, 그의 주장
은 종종 다른 과학자들이 그의 주장에 귀를 기울이게 만들 만큼 옳았
다. 예를 들어, 그는 석유가 화석 연료가 아니라, 지구 내부에 고온으
로 존재하는 생태계의 부산물이라 주장한다. 내가 만나본 어떤 지구
과학자도 그의 주장을 진지하게 생각하지는 않지만, 그렇다고 그들
은 골드를 사기꾼이라 여기지는 않는다. 우리가 찾아야 할 것은 그가
실제 데이터를 일관되게 무시하거나 왜곡하는가 하는 것이다.

3 다른 이들이 그 주장을 검증했는가? _ 유사과학자들의 주장은 검증
을 대부분 받지 않거나, 아니면 자신과 같은 편에 속한 이들로부터
만 검증을 받는다. 우리는 누가 그 주장을 검증했는지, 그리고 그 검
증자는 다시 누구에 의해 검증되었는지를 보아야 한다. 상온 핵융합
소동의 문제는 스탠리 폰스Stanley Pons와 마틴 플라이시먼Martin Fleis-

chman(1927~2012)의 실험이 잘못된 것이 아니라 그들이 다른 실험실의 검증을 받기 전에 기자회견을 열어 발표했다는 것이며, 특히 다른 실험실에서 재연에 실패했음에도 자신들의 주장을 고수했다는 점이다.

4 그 주장이 기존의 지식과 부합하는가? _ 특별한 주장은 더 큰 맥락의 세상에 대한 지식과도 일치해야 한다. 피라미드와 스핑크스가 1만 년보다 더 오래전, 인류보다 앞서 존재한 문명이 세운 것이라고 주장하는 이들은 그 앞선 문명과 관련된 어떤 증거도 제시하지 않는다. 그 문명은 어떤 유물을 남겼나? 그들이 남긴 예술작품, 무기, 의복, 도구, 쓰레기가 존재하는가? 앞선 문명을 주장하기 위해서는 기존의 고고학 지식과 부합해야 한다.

5 그 주장을 반증하기 위해 노력한 이가 있었나? _ 아니면 그 주장을 보강하는 증거만 수집되었나? 이는 확증편향confirmation bias이라 불리는 것으로 그 주장에 맞지 않는 증거는 거부하거나 무시하고 이를 확증하는 증거만을 찾으려는 인간의 경향을 말한다. 확증편향은 너무나 강력하고 일반적이기 때문에 누구도 여기에서 완전히 자유로울 수 없다. 바로 이 때문에 확인과 재확인, 검증과 재연, 그리고 주장을 반증하려는 시도로 구성되는 과학적 방법이 그렇게 중요한 것이다.

13장에서 나는 과학이 어떻게 유사과학을 판정하는지를 보여줄 나머지 다섯 개의 헛소리 판정법에 대해 설명하겠다.

13 유사과학의 헛소리 팩트 체크 2

과학과 유사과학의 경계는 어떻게 정해지는가?

과학의 경계를 탐험하다 보면 우리는 종종 과학과 유사과학의 경계를 어디에 두어야 할지에 관한 "경계 문제"를 마주치게 된다. 그 경계는 곧 지식의 지리학이 만드는 경계로, 주장들이 차지하는 영역 사이에 그어지는 경계이다. 그러나 지식의 집합은 학문의 영역보다 더 모호한 것으로, 경계는 마치 구름처럼 흐릿하다. 즉 선을 어디에 그을 것인가가 늘 확실한 것은 아니다.

12장에서 나는 어떤 주장이 말이 되는 소리인지 아니면 헛소리인지를 판정하는 다섯 개의 판정법을 소개했다. 나머지 다섯 개 판정법과 함께 우리는 이 과정이 결국 어떤 주장을 어느 영역에 속하게 할 것인가의 경계 문제에 해당한다는 것을 보게 될 것이다.

6 다양한 증거들이 이 새로운 주장으로 수렴하는가? _ 아니면 다른 결론을 향하는가? 예를 들어 진화론은 서로 독립적인 여러 분야의 증거들이 이를 지지하는 방향으로 수렴하면서 증명되었다. 어떠한 화석 하나, 혹은 생물학이나 고생물학 증거 하나만으로는 "진화evolution"를 확증하는 증거가 될 수 없다. 하지만 수만 개의 증거 조각들이 생명

의 진화를 수렴적으로 증거한다. 창조론자들은 이러한 수렴성을 쉽게 무시하며, 사소한 예외나 지금 시점에서 설명되지 않는 현상에 초점을 맞춘다.

7 기존의 논리와 연구 방법을 사용하는가? _ 아니면 이를 버리고 자신이 바라는 결과를 주는 다른 방법을 사용하는가? UFO 지지자들은 몇몇 대기 이상 현상과 목격자들의 증언이 아직 설명되지 않는다는 이유로 대다수의 UFO 증언(90~95퍼센트)이 쉽게 설명된다는 사실을 무시하는 오류를 범하고 있다.

8 관찰된 현상에 대해 다른 설명, 곧 대안을 제공하는가? _ 아니면 현재의 설명을 부정하는 데만 매달리는가? 이는 전통적인 논쟁 전술이다. 상대의 주장을 비판하면서 절대로 자신이 무엇을 주장하는지는 이야기하지 않음으로써 비판을 피하는 것이다. 그러나 과학에서는 이런 전략이 통하지 않는다. 예를 들어 빅뱅 회의론자들은 이 우주론 모델에 여러 증거가 수렴한다는 사실을 무시하면서 몇 가지 문제를 지적하지만, 다수 증거들에 부합하는 다른 우주론 모델을 제시하지는 못하고 있다.

9 그들이 제시하는 새로운 설명이 기존의 설명만큼 다양한 현상을 설명하는가? _ HIV-AIDS 회의론자들은 HIV가 아니라 생활습관이 AIDS의 원인이라 주장한다. 하지만 그들은 HIV가 AIDS의 원인이라 말하는 다양한 증거들을 무시하고 있으며, 또한 HIV가 사고로 수혈용 혈액에 오염된 직후 혈우병 환자들에게 AIDS가 증가함으로써 보인 유

의미한 상관관계를 무시한다. 무엇보다도, 그들이 제시하는 대안은 HIV 이론 외에 다른 데이터를 거의 설명하지 못한다.

10 개인적 신념이나 편견이 그 결과에 영향을 주지는 않는가? _ 모든 과학자는 사회적, 정치적, 이데올로기적 신념을 가지고 있으며, 이는 그들이 데이터를 해석하는 데 무의식적으로 영향을 줄 수 있다. 그러나 과학계의 동료 평가 제도를 거치면서 그러한 편견과 신념의 영향은 제거되며, 만약 저자가 이를 거부할 경우 논문과 책으로 출간될 수 없다. 바로 이 점 때문에 누구도 지적 진공 상태에서 홀로 연구해서는 안 되는 것이다. 학계는 자신의 연구에 반영된 편견을 스스로 발견하지 못하더라도, 다른 이가 발견하도록 만들어져 있다.

지금까지 본 것처럼 헛소리를 판정하거나 혹은 과학과 유사과학의 경계선을 긋는 일에 쉬운 방법은 존재하지 않는다. 하지만 우리는 답을 가지고 있다. 과학은 확실성과 불확실성 사이의 모호한 비율을 다룰 수 있다. 진화론이나 빅뱅 우주론에 진실일 가능성을 0.9만큼 부여한다면, 창조론이나 UFO 음모론에는 0.1을 부여할 수 있을 것이다. 그 사이에는 경계에 있는 주장들이 있다. 초끈이론에 0.7을 부여한다면, 인체 냉동 보존술에는 0.2를 부여할 수 있다. 이 모든 경우에 대해 우리는 열린 마음과 유연한 자세로, 새로운 증거들이 등장할 때마다 기존의 가정들을 재고할 것이다. 바로 이 사실 때문에 사람들은 과학을 때로 허무하고 그들을 좌절시키는 것으로 생각한다. 하지만 동시에 바로 이런 과학의 특성이 과학을 인류의 지성이 만들어낸 가장 뛰어난 결과물로 만드는 것이다.

14   은둔 과학자와 괴짜

50년 전 마틴 가드너는 현대적인 회의주의 운동을 시작했다.
안타깝게도 그가 우려했던 많은 것이 오늘날에도 여전히 건재하다.

1950년, 마틴 가드너Martin Gardner(1914-2010)는《안티오크리뷰Antioch Review》에 오늘날 우리가 유사과학자라 부르는 〈은둔 과학자The Hermit Scientist〉라는 제목의 글을 썼다. 그는 25년이 넘는 세월 동안《사이언티픽아메리칸》에 수학 퍼즐 칼럼을 실은 칼럼니스트였고, 이 글은 회의주의자인 자신을 드러낸 첫 글이었다. 1952년, 그는 이 내용을 확장해《과학의 이름으로In the Name of Science》라는 제목에 "과학의 제사장과 광신도들에 대한 흥미로운 조사An Entertaining Survey of the High Priests and Cultists of Science, Past and Present"라는 부제를 단 책을 펴냈다. 그 책은 거의 팔리지 않았고, 재고로 쌓여 있다가 1957년《과학의 이름 아래 이루어지는 유행과 오류Fads and Fallacies in the Name of Science》라는 제목으로 재출간한 이후 지금까지도 팔리고 있으며 지난 반세기를 대표하는 회의주의의 고전이 되었다.

50년 전, 젊은 가드너는 "은둔 과학자"란 홀로 연구하며 주류 과학자들의 인정을 받지 못하는 자라고 말했다. "그러한 무시는 물론 자신의 천재성에 대한 확신을 강하게 만들 뿐이다." 그러나 가드너의 예측은 절반만 맞았다. "지금의 벨리코프스키와 허바드에 대한 떠들

현대 회의주의 운동의 "경전"이 된 마틴 가드너의《과학의 이름으로》

썩한 논쟁은 곧 잦아들 것이고 그들의 책은 도서관 귀퉁이에 놓인 채 먼지만 쌓이게 될 것이다." 임마누엘 벨리코프스키(성경의 내용을 과학적으로 설명하기 위해 금성이 혜성이었다고 주장해 1950년대 인기를 끌었던 대중 저술가—옮긴이) 추종자들은 이제 비주류 문화의 틈에서 극소수의 괴짜로만 남은 반면, L. 론 허바드L. Ron Hubbard는 사이언톨로지Scientology의 성자가 되었고, 세계적인 종교의 창시자가 되었다.

　　1952년, 가드너는 또한 초기의 비행접시 열풍이 외계인 산업으로 변모할 거라는 사실을 알지 못했다. "1947년 처음으로 비행접시가 발견된 이래, 외계인이 지구를 관찰하고 있다고 확신하는 이들이 셀 수 없이 많아졌다." 당시에도 오늘날처럼 증거가 없다는 사실이 대중의 믿음을 막지 못했다. 특히 당시의 UFO 지지자들이 이런 증거의 부재를 설명했던 방법 또한 오늘날의 UFO 지지자들처럼 음모론이었다. "나는 비행접시에 대한 책을 읽은 많은 이가 정부가 환상의 비행체에 대한 '진실'을 공개하지 않는다고 진지하게 비판하는 것을 들었다. 이들은 군과 정치 지도자들이 미국 국민을 전혀 믿지 못한다며 정부의 '비밀주의'를 비난한다."

50년 전에 이미 가드너는 1920년대 사회비평가였던 헨리 루이스 멘켄Henry Louis Mencken(1880-1956)이 남긴 말인 "미국 어디에서든 기차를 타고 가다 객실 바깥으로 계란을 던지면 근본주의자 한 명을 맞힐 수 있을 것이다"를 인용하면서 어떤 신념들은 절대 사라지지 않을 것 같다는 사실에 슬퍼했다. 가드너는 앞으로 종교적 미신이 약해졌을 때 "지금 미국 남부에 있는 수천 명의 생물 교사가 직장을 잃을까 두려워 진화론을 가르치지 못하고 있다는 사실을" 쉽게 잊어버리게 될지 모른다고 경고했다. 오늘날에도 캔자스주는 창조론의 바이러스를 북쪽으로 퍼뜨리기 위해 홀로 치열하게 싸우고 있다.

다행히 가드너가 첫 유사과학 비판 서적을 출판한 이후 몇 가지 진전이 있었다. 그 책에 실린 이야기 중 지구 평면설, 지구 공동설, 벨리코프스키, 아틀란티스Atalantis와 레뮤리아Lemuria, 앨프리드 윌리엄 로손Alfred William Lawson, 로저 뱁슨Roger Babson, 트로핌 리센코Trofim Lysenko, 빌헬름 라이히Wilhelm Reich, 알프레드 코르지브스키Alfred Korzybski에 대한 것은 이제 흘러간 이야기가 되었다. 하지만 아쉽게도 책의 3분의 2 이상을 차지하는 동종요법, 자연요법, 정골요법, 환자의 홍채를 통해 신체를 진단하는 홍채진단술, 음식으로 병을 치료할 수 있다고 믿는 이들, 암 완치와 다른 여러 형태의 의학적 사기, 에드거 케이시Edgar Cayce, 피라미드의 신비한 힘, 필체 분석, 초능력과 염동력, 윤회, 수맥, 이상한 성 이론, 집단적 인종 차이 등에 대한 내용은 오늘날에도 여전히 유효하다.

그가《은둔 과학자》를 쓰게 된 동기도 전혀 바뀌지 않았다. 가드너는 루이지애나주 상원의원인 더들리 J. 르블랑Dudley J. LeBlanc이 발명한, 모든 병을 치료하는 "기적의" 비타민 미네랄 강장제 하다콜Had-acol에 대해 그루초 막스의 르블랑 인터뷰를 언급한다. 그루초가 르블랑에게 하다콜이 어디에 좋은지를 물었을 때 르블랑은 평소의 그답지 않게 솔직히 답했다. "지난해 나한테 550만 달러를 벌어주었지."

내가 특별히 가치 있게 생각하는 것은 과학과 유사과학의 차이에 대한 가드너의 통찰력이다. 한쪽 극단에는 거의 확실히 틀린 생각인 "갓 수정된 태아가 엄마의 목소리를 들을 수 있다는 식의 영혼의 존재를 인정하는 듯한" 생각이 있다. 경계선 위에는 "작업 가설로는 쓰일 수 있지만 아직은 충분한 데이터가 없어 매우 논쟁적인 이론"이 존재하며 가드너는 여기에 적합한 예로 "우주가 팽창한다는 이론"을 들었다. 그리고 다른 쪽 극단에는 "지구가 둥글다거나, 인간과 다른 동물이 먼 사촌이라는, 거의 확실하게 참인 이론"이 있다.

어떤 이가 진짜 과학자가 아니라는 것을 어떻게 판단할 수 있을까? 가드너는 다음과 같은 기준을 제시한다. "유사과학자의 가장 중요한 특징은 그들이 거의 전적으로 홀로 연구한다는 점이다." 그들은 자신의 아이디어를 동료들에게 발표하고, 학회에 참석하고, 자신의 충격적인 발견을 세상에 공표하기 전에 동료 평가를 먼저 거친 뒤 논문지에 실어야 한다는 과학의 일반적인 작동 방식을 이해하지 못한다. 물론 그들에게 이 사실을 말해주면 그들은 자신의 생각이 보수적인 학계가 받아들이기에는 너무 급진적이라고 말한다. "유사과학자의 두 번째 특징은 자신을 더 고립시키게 만드는 편집증적 경향이 있다는 것이다." 이는 다음과 같은 여러 방식으로 나타난다.

(1) 자신을 천재라 생각한다. (2) 동료들을 예외 없이 무지한 멍청이들로 여긴다. (3) 자신이 부당하게 박해받고 차별받고 있다고 믿는다. 학회는 자신의 강연 요청을 거절하며, 학회지는 논문 출판을 거절하거나 혹은 "적들"에게 검토를 맡긴다. 이는 모두 비열한 음모의 일부이다. 그는 이런 사태가 자신의 연구에 문제가 있기 때문이라고는 전혀 생각하지 않는다. (4) 당대의 가장 뛰어난 과학자, 혹은 가장 확실한 이론을 반박하려는 강박을 가지고 있다. 뉴턴이 가장 위대한 물리학자이던 시절, 수많은 유사과학자가 뉴턴의 이론에 반대하는 다양한 이론을 내놓았다. 오늘날 그 대상은 알베르트 아인슈타인 Albert Einstein(1879-1955)으로 바뀌었다. (5) 그들은 보통 자신이 직접 만들어낸 복잡한 전문용어를 사용하는 경향이 있다.

우리는 과학의 경계선 위에 존재하는 여러 가설을 다룰 때 위의 기준들을 기억할 필요가 있다. 가드너는 이렇게 결론을 맺는다. "이런 흐름이 계속된다면, 우리는 앞으로 전혀 상상하기 힘든 이론들을 주장하는 다양한 종류의 유사과학자들을 계속 만나게 될 것이다. 그들은 인상적인 책을 쓰고, 영감을 주는 강연을 펼치며, 자신의 추종자들을 모을 것이다. 추종자는 단 한 명일 수도 있고, 어쩌면 100만 명에 이를 수도 있다. 어떤 경우이든, 우리는 우리 자신과 이 사회를 위해 늘 경계를 늦추지 말아야 한다." 마틴, 당신의 말대로 그렇게 하고 있어요. 회의주의자들은 당신이 이룬 모든 일을 기억하며, 당신의 그 명령을 명예롭게 따를 것입니다.

15 회의주의는 아름다워

"회의주의자"의 원래 의미에 대한 고찰

시인들은 때로 과학자들보다 훨씬 간명하게 인간의 본성에 대한 깊은 통찰을 표현한다. 예를 들어 알렉산더 포프Alexander Pope(1688-1744)는 《인간론Essay on Man》에서 인간에 대한 깊은 통찰을 간결한 시구로 표현했다. 예를 들어, 그는 인간이 가진 이중적인 특성을 다음과 같이 썼다.

> 이 좁은 중간계에 떨어진,
> 음침하지만 지혜롭고 야만적이지만 위대한 존재…
> 그는 망설인다; 움직여야 할지 멈춰야 할지
> 자신이 신인지, 짐승인지
> 정신과 육체 중 무엇을 따라야 할지
> 태어났지만 죽어야 하며, 생각하지만 틀릴 뿐이다.

포프는 이 시구에 많은 것을 담았다. 인간은 지혜로우면서도 야만적이고, 음험하면서도 위대하며, 신이면서도 짐승이다. 하지만 이 마지막 절에서 그는 과학이 맞닥뜨린 중대한 도전을 드러낸다. 우리의 모

든 추론은 무가치하며, 결국에는 오류인 것으로 밝혀지게 될까? 우
리는 이러한 두려움을 늘 가지고 있으며, 바로 이 점 때문에 회의주
의는 미덕이 된다. 우리는 우리의 추론에 오류가 있을 수 있다고 늘
생각해야 한다. 영원한 경계는 자유를 지키기 위해서만 필요한 것이
아니라(토머스 제퍼슨이 말했다고 알려진 "영원한 경계는 자유의 대가다
Eternal vigilance is the price of liberty"를 말한다—옮긴이), 생각 자체에도 필요
하다. 이것이 회의주의의 본질이다.

　　민망하게도, 나는 회의주의Skeptic라는 단어를 어떻게 정의할 것
인지, 혹은 적어도 다른 이들이 어떤 뜻으로 사용하는지를 전혀 신
경 쓰지 않았다. 스티븐 제이 굴드가 내 책인《왜 사람들은 이상한 것
을 믿는가Why People Believe Weird Things》의 서문에 이 단어가 "사려 깊은"
이라는 뜻의 그리스어 스켑티코스Skeptikos에서 온 단어라고 말했을
때 이를 깨달았다. 내가 같은 이름의 잡지(《스켑틱Skeptic》)의 편집과
출판을 맡은 지 5년이나 지난 후의 일이다. 스켑틱의 어원을 찾아보
면, 라틴어에는 "탐구하는" 혹은 "성찰적인"이라는 뜻의 스켑티쿠스
scepticus가 있다. 고대 그리스어에는 "감시자" 혹은 "목표로 삼다"는 뜻
도 있다. 즉 회의주의는 사려 깊고 성찰적인 탐구라 할 수 있다. 회의
주의적이 되는 것은 비판적 사고라는 목적을 가지는 것이다. 회의주
의자는 생각의 오류를 감시하는 이들이며, 잘못된 생각의 랠프 네이
더Ralph Nader(미국 소비자 운동의 대부—옮긴이)라 할 수 있다.

　　이 단어의 유래는 어떻게 "회의주의"가 "냉소주의"나 "허무주의"
와 비슷한 의미를 가지게 되었는지 조금 힌트를 주지만, 그럼에도 회
의주의자를 "냉소적"이라거나 "허무주의적"일 것이라 여기는 오늘날
의 오해는 전혀 사실이 아니다. 어떤 단어의 용법에 대한 오늘날의

가장 믿을 수 있는 출처인《옥스퍼드 영어사전》은 "회의주의"의 첫
번째 뜻을 이렇게 이야기한다. "고대 그리스의 피론과 그의 추종자
들처럼 어떤 종류의 진짜 지식이 존재할 가능성을 의심하는 자, 어떤
종류의 명제든 그 진실성을 확실하게 보증할 근거가 없다고 생각하
는 사람." 이 정의는 철학에서는 옳을지 모르지만, 과학에서는 아니
다. 어떤 명제가 진실일 확률을 말해주는 적절한 근거는 분명히 존재
한다. 사실 나는 여기서 "확실하게"를 "확률"이라는 단어로 바꾸었다.
왜냐하면, 우리가 '사실'을 100퍼센트 확실한 신념으로 정의할 경우
과학에는 그런 논쟁의 여지가 없는 명백한 사실은 존재하지 않기 때
문이다. 과학에서 '사실'의 정의로 가장 적절한 것은 굴드가 내린 다
음과 같은 정의이다. "잠정적인 동의를 보류하는 것이 어리석은 행동
이라 여겨질 정도만큼 확인된 어떤 것."

　　초끈이론은 아직 불확실한 것이라 할 수 있지만, 지동설은 그렇
지 않다. 생명의 진화를 점진설이 잘 설명하는지 단속평형설이 잘 설
명하는지는 논쟁의 여지가 있을지 모르지만, 생명이 진화를 통해 탄
생했다는 사실은 그렇지 않다. 그 차이는 확률에 있으며, "회의주의
자"의 두 번째 뜻에 그 개념이 반영되어 있다. "특정한 분야에서 지식
이라 불리는 것의 타당성에 의문을 가지는 사람." 그렇다. 우리는 모
든 것을 의심하는 이가 아니라, 특정한 무언가를, 곧 근거와 논리가
부족한 것들을 의심하는 사람이다. 안타깝게도 일부 회의주의자들
은 이 단어의 세 번째 용법에 빠지기도 한다. "자신에게 주어지는 어
떤 주장이나 명백한 사실을 받아들이기보다는 습관적으로 의심하는
경향이 있는 사람; 회의주의적 기질을 가진 사람." 왜 어떤 사람은 기
질적으로 다른 이들보다 더 회의주의적인지는 또 다른 에세이의 주

제가 될 수 있겠지만, 여기서는 그 역, 곧 어떤 사람들은 기질적으로 어떤 주장이건 의심하기보다는 습관적으로 믿는 경향이 있다는 것을 말하는 것으로 충분할 것이다. 이 양극단은 바람직하지 않으며, 이들 모두 논리적인 오류를 범하게 될 것이다.

우리가 회의주의적 혹은 과학적 태도라 말할 때의 "회의주의자"와 가장 맞는 용법은 네 번째 정의일 것이다. "진실을 추구하는 자, 아직 확신에 도달하지 못한 탐구자." 회의주의는 "구하라 그리하면 얻을 것이다"가 아니라 "구하기 위해서는 열린 마음을 가져라"이다. 전자는 인지심리학에서 "확증편향"이라 부르는 오류의 전형적인 사례가 되기 쉽다. 열린 마음을 가진다는 것은 어떤 것일까? 그것은 기존의 정설과 새로운 학설 사이에, 기존 체재에 대한 전적인 신뢰와 새로운 아이디어에 대한 맹목적 추구 사이에, 그리고 극단적으로 새로운 아이디어라도 충분히 받아들일 수 있을 정도로 열린 마음을 가지는 것과 너무 쉽게 새로운 아이디어들을 받아들임으로써 자기 자신을 잃을 정도로 열린 마음이 되는 것 사이에 균형을 찾는 것이다. 회의주의는 바로 그 균형을 찾는 일이다.

16

절묘한 균형의 조건

과학에 존재하는 기존의 정설과 새로운 학설 사이의 본질적인
긴장감을 이해하기 위해서는 과학에 대한 이해가 필요하다

천문학자 칼 세이건은 1987년 "회의주의자가 짊어져야 할 부담The
Burden of Skepticism"이라는 강연에서 과학에서의 정설과 새로운 학설 사
이에 존재하는 본질적인 긴장감을 이렇게 간결하게 정리했다.

> 나는 두 상반된 요구 사이의 절묘한 균형을 취하는 것이 필요하다고
> 생각합니다. 우리에게 주어진 모든 가설에 대해 가능한 한 가장 회의
> 적인 태도로 꼬치꼬치 따져보는 것과 이와 동시에 새로운 아이디어
> 에 무한히 열린 마음을 가지는 것입니다. 만약 우리가 회의적인 태도
> 만을 취한다면, 어떤 새로운 아이디어도 받아들일 수 없게 될 것입니
> 다. 반대로, 눈곱만큼의 회의적 태도도 없이 헛소리에도 쉽게 넘어갈
> 정도로 마음을 열어둔다면, 우리는 유용한 아이디어와 쓸모없는 아
> 이디어를 구별할 수 없게 될 것입니다.

우리는 왜 어떤 이는 기존의 정설을 선호하고, 다른 이들은 새로운
학설을 좋아하는지 물을 수 있다. 혹시 여기에 전통을 따르고자 하
는, 혹은 새로운 변화를 추구하는 성격적, 기질적 경향이 있는 것은

아닐까? 이는 과학의 역사에서 왜 어떤 이들은 급진적인 아이디어를 지지했고 다른 이들은 이에 반대했는지를, 그리고 오늘날 혹은 미래의 어느 시점에 누가 기존의 학설을 지지하고 최신 이론에 반대할지를 답할 수 있기 때문에 매우 중요한 질문이다.

데이비드 스위프트David Swift는 1990년 출간한《SETI 선구자들: 외계의 지적 생명체를 찾는 과학자들의 이야기SETI Pioneers: Scientists Talk about Their Search for Extraterrestrial Intelligence》에서 그들 중에 세이건을 포함해 맏이가 유독 많다는 사실을 발견했다. 하지만 이 발견이 통계적으로 유의미한 것일까? 스위프트는 이를 확인하지 않았지만, 캘리포니아주립대학교 버클리캠퍼스의 심리학자 프랭크J. 설로웨이Frank J. Sulloway와 내가 이를 확인해보았다. SETI 선구자 그룹에서 형제의 수를 바탕으로 계산한 그들 중 맏이의 수 기댓값은 여덟 명이었지만, 실제로는 열두 명이었다. 이 차이는 신뢰도 95퍼센트 수준에서 통계적으로 유의미한 결과이다.

이 사실은 무엇을 의미할까? 설로웨이는 1996년 펴낸《타고난 반항아Born to Rebel》에서 196건의 통제된 출생 순서 연구 결과를 바탕으로 출생 순서가 성격의 다섯 가지 요인 모델에 다음과 같은 영향을 미친다는 것을 보였다.

성실성 _ 맏이들이 더 책임감 있고, 성취 지향적이며 계획적이다.
친화성 _ 늦게 태어난 이들이 더 여유 있고, 협력적이며 인기가 있다.
경험에 대한 개방성 _ 맏이들이 더 순종적이고 전통을 따르며 부모의 말을 따른다.
외향성 _ 맏이들이 더 외향적이고 고집이 세며 리더십을 발휘할 가능성이 크다.

신경성 _ 맏이들이 더 질투가 많고 불안해하며 두려움이 많다.

위와 같은 기준에 따라 세이건의 성격을 측정하기 위해, 설로웨이와 나는 그의 가족, 친구, 동료 들에게 40가지 문항을 9단계로 평가하는 표준 성격검사를 가지고 그를 평가해달라고 부탁했다. 검사 문항은 "나는 칼 세이건을 … 한 성격이라 생각한다"와 같은 식으로 되었으며, 근면한지 게으른지, 감성적인지 현실적인지, 고집이 센지 남의 말을 잘 듣는지, 정리정돈을 좋아하는지 무질서한지, 반항적인지 순응적인지 등을 물었다. 그 결과를 바탕으로 설로웨이가 구축한 7276명의 사람들과 비교해 그가 어떤 범위에 존재하는지를 보았다.

대부분의 맏이들과 비슷하게, 세이건은 성실성(야망, 책임감)에서 상위 88퍼센트라는 높은 점수를 받았고, 친화성(감성적, 겸손)에서 하위 13퍼센트라는 낮은 점수를 받았다. 하지만 경험에 대한 개방성(새로운 것에 대한 선호)은 다른 맏이들과 달리 상위 97퍼센트로 거의 극단에 위치했다. 이유가 뭘까? 우선, 개방성에는 출생 순서 외에도 문화적, 사회적 요인의 영향이 존재한다. 세이건은 사회적으로 진보적인 유대인 가정에서 자랐고, 조슈아 레더버그Joshua Lederberg(1925-2008)와 허먼 조지프 멀러Hermann Joseph Muller(1890-1967) 같은 과학계의 혁명가들로부터 교육을 받았다. 둘째, 개방성에는 "지적"인 요소가 있으며 맏이들은 IQ가 높고 노벨상을 더 많이 타는 등 일반적으로 지적인 면에서 더 뛰어나다.

여기에 전통과 변화 사이의 절묘한 균형을 이해할 수 있는 열쇠가 있다. 높은 개방성 덕에 세이건은 SETI의 선구자가 되었지만, 높은 성실성 덕에 그는 UFO에 회의적이다. 실제로 세이건은 개방성 덕에 몇 가지 급진적인 아이디어에 도박을 걸었지만, 동시에 성실성 덕에 너무 멀리 나아가 괴짜로 전락하지는 않았다. 그의 낮은 친화성은 그가 다른 바보들에 의해 고통받는 것을 막아주었는데, 이는 회의주의자가 가져야 할 매우 고귀한 품성이다.

이러한 분석을 보충하는 의미로 셀로웨이와 나는 스티븐 제이 굴드의 친구와 동료 여덟 명에게 같은 질문지를 돌렸고, 평가자 간 신뢰도 0.92를 포함한, 세이건의 것과 거의 같은 결과를 얻었다.

세이건과 굴드는 가까운 친구이자 동료였을 뿐 아니라, 친족의 배경이나 성장 과정에서 얻은 문화적 경험 말고도 유사한 회의주의적 태도를 가졌다. 이런 이들을 통해, 우리는 절묘한 균형을 유지하기 위해서는 극도로 열린 마음을 가지면서도 높은 성실성을 가져야 하고, 또 낮은 친화성으로 드러나는 현실적 태도를 유지해야 한다는 가설을 세울 수 있다.

물론 자신의 성격적 특성을 항상 드러내는 이는 없다. 이러한 특성에는 다양한 경향 또한 존재한다. 하지만 이를 통해 우리는 왜 어떤 이들은 기존의 정설을 선호하고, 다른 이는 새로운 학설을 선호하는지를 이해할 수 있다. 그 둘 사이의 균형을 통해 과학은 효율적으로 동작하게 되었으며, 또한 과학의 발전은 균형이 왜 필요한지를 우리에게 알려준다. 얼마나 재귀적인가!

17

나는 옳고 너는 틀렸다

프랜시스 베이컨과 실험심리학자들은 과학의 사실들이
왜 자명하지 않은 것인지 보여준다.

근대 과학의 산파 중 한 명이었던 프랜시스 베이컨Francis Bacon(1561-
1626)은 과학적 방법을 통해 "대혁신Great Instauration"의 길을 열어야 한
다는 내용의,《노붐 오르가눔Novum Organum》이라는 대담한 제목(이는
아리스토텔레스의《오르가논Organon》을 이은 "새로운 도구"라는 뜻이다)의
저작을 발표했다. 그는 스콜라철학의 비실증적 전통과 고대의 지혜
를 되살리고 보존하려는 르네상스적 태도를 모두 거부하고, 감각의
데이터와 논리적 이론의 결합을 추구했다.

　　자연의 모든 지식을 새로이 정립하려는 그의 목표에서 가장 큰
장애물은 사실을 있는 그대로 보지 못하게 만드는 인간의 심리적 장
벽이었고, 베이컨은 이를 네 가지 유형으로 나누었다. 동굴의 우상
(개인의 별난 특성), 시장의 우상(언어의 한계), 극장의 우상(기존의 신
념), 그리고 종족의 우상(인간 고유의 사고 오류)이다. "이 우상들은 인
간의 마음에 깊게 뿌리박혀 있다. 이들은 특별한 속임수를 쓰는 것이
아니라, 그저 부패하고 비뚤어진 마음 때문에 일어난다. 이들은 모든
예측과 이해를 왜곡하고 오염한다."

　　최근 실험심리학자들은 이러한 베이컨의 우상들, 특히 종족의

우상을 인지편향이라는 이름으로 확인하고 있다. 예를 들어 자기본위편향self-serving bias은 우리가 남들이 우리를 보는 것보다 자기 자신을 더 긍정적으로 본다는 사실을 말해준다. 여러 설문 조사에 따르면 대부분의 사업가는 자신이 다른 사업가보다 더 도덕적이라 믿는다. 사실 도덕적 본능을 연구하는 심리학자 또한 자신이 다른 심리학자보다 더 도덕적이라 생각한다. 대학입시위원회가 82만 9000명의 고등학교 졸업반을 대상으로 한 설문조사에 따르면, 스스로 "다른 이와 어울리는 능력"이 평균보다 못하다고 평가한 이는 0퍼센트였으며, 상위 10퍼센트로 평가한 이는 60퍼센트에 달했다. (그들이 모두 워비곤 호수 출신은 아닌 듯하다.[워비곤 호수 효과는 자신이 평균보다 더 낫다고 믿는 오류를 말하며, 풍자 작가 개리슨 케일러가 만들어낸 한 마을의 이름이다─옮긴이]) 1997년 〈US뉴스&월드리포트US News & World Report〉가 미국인들을 대상으로 천국에 갈 수 있을 것 같은 사람을 조사한 결과, 빌 클린턴은 52퍼센트의 지지를, 다이애나 왕비는 60퍼센트의 지지를, 마이클 조던은 65퍼센트의 지지를, 테레사 수녀는 79퍼센트의 지지를 받았지만, 응답자 자신이 천국에 갈 것이라 답한 이들은 87퍼센트에 달했다!

프린스턴대학교의 심리학 교수 에밀리 프로닌Emily Pronin과 그녀의 동료들은 다른 이의 여덟 가지 인지적 편향은 잘 구별하지만 자신이 같은 편향을 저지르는 것은 알아채지 못하는 경향을 일컫는 "편향의 맹점"이라는 또 다른 우상을 연구했다. 스탠퍼드대학교 대학생들을 대상으로 한 연구에서는 학생들에게 자신과 친구들을 친절함과 이기심이라는 측면에서 비교하라고 했을 때, 예상대로 자신을 더 높이 평가했다. 심지어 그들에게 "평균 이상" 편향이 존재한다는 것을 알려주고 그들의 첫 비교를 평가하라고 했을 때도 63퍼센트는 자신의 첫 비교 결과가 객관적이라 주장했고, 13퍼센트는 너무 겸손하게 비교했다고 말했다. 두 번째 연구에서 프로닌은 실험 대상자에게 임의로 그들의 "사회적 지능" 점수가 낮거나 높게 나왔다고 알려주었다. 놀랍지 않게도, 높은 점수를 받은 이들은 낮은 점수를 받은 이들보다 시험이 공정하고 유용했다고 평가했다. 또한 그들에게 시험에 대한 평가를 내릴 때 자신의 점수에 영향을 받았는지 물으니 자신보다 다른 이들이 훨씬 더 영향을 받았을 것이라 답했다. 세 번째 연구에서 프로닌은 실험 대상자에게 그들과 다른 대상자의 인지편향을 측정하기 위해 어떤 방법을 써야 할지를 물었다. 그들은 다른 대상자들을 평가하는 데는 일반적인 행동 이론을 사용해야 하지만, 자신을 평가하는 데는 내성적 접근introspection을 사용하는 경향이 있었다. "내성 착각"이라는 오류는 사람들이 다른 이들을 자신만큼 신뢰할 수 없다고 생각하는 경향이다. 나는 괜찮지만 너는 그렇지 않다는 것이다. 그녀는 이 착각에 대해 이렇게 설명했다.

당신이 아마 관심을 가질 법한 다른 편향이 있다. 나와 리 로스Lee Ross, 토머스 길로비치Thomas Gilovich가 "내성착각introspection illusion"이라 부르는 인지편향이다. 이는 다음과 같은 경향을 말한다. 우리는 자기 정신의 내용과 처리 과정에 대한 자신의 인식이 우리의 행동, 동기, 선호를 이해하는 이상적인 기준이라고 생각한다. 하지만 다른 이의 행동, 동기, 선호를 이해하는 데 있어서는 그가 인식하는 그 정신의 내용과 처리 과정을 이상적 기준으로 보지 않는다. 자신의 내성이 이상적인 기준이라는 이러한 "착각"이 편향의 증거를 내성적으로 찾게

하고 그 결과 자신은 편향되지 않았다고 추론하게 만드는 것이다. 왜
냐하면 편향은 대부분 의식적인 자각 바깥에서 일어나기 때문이다.

프로닌이 발견한 것은 어떤 이가 자신에게 편향이 있다는 것을 인정
할 때조차(예를 들어 특정한 진영의 일원일 때) "자신의 경우 독특한 깨
달음을 통해 이런 상태에 도달했다고 주장하며, 다른 진영이 잘못된
입장을 취하는 이유는 그러한 깨달음을 얻지 못했기 때문이라고 주
장"한다는 것이다.

　　캘리포니아주립대학교 버클리캠퍼스의 심리학자 프랭크 설로
웨이와 나는 사람들에게 자신이 신을 믿는 이유와 다른 사람이 신을
믿는 이유를 물어본 연구를 통해 "귀인편향attribution bias"이라 불리는,
또 다른 우상과 비슷한 심리적 왜곡을 발견했다. 일반적으로 대부분
의 사람은 자신이 신을 믿는 이유로 신의 설계나 세상의 복잡성과 같
은 지적인 이유를 든 반면, 다른 이들이 신을 믿는 이유로는 신이 주
는 안정감, 의미 부여, 모태 신앙과 같은 감정적인 이유를 들었다.

　　이러한 새로운 발견이 이미 400년 전 이를 알아낸 프랜시스 베
이컨을 놀래키지는 못할 것이다. "인간의 마음은, 사물의 모습이 있
는 그대로 비추는 투명하고 평평한 렌즈와는 거리가 멀다. 오히려 그
모습이 제대로 전달되지 않는, 온갖 미신과 사기로 가득 찬 마법의
렌즈와 비슷하다."

18

화씨 2777도

9/11은 다양한 음모론을 탄생시켰다.

프랑스의 유명한 좌파 운동가 티에리 메이상Thierry Meyssan의 9/11에
대한 음모론을 담은 책인《무시무시한 사기극L'Effroyable Imposture》이
2002년 베스트셀러가 되었을 때 나는 이런 "무시무시한 사기극"이
미국에서 사람들의 주목을 받으리라고는 상상도 하지 못했다. 하지
만 최근 공개 강연에서 또 다른 마이클 무어Michael Moore가 되고 싶
어 하는 한 영화감독은 나를 붙잡고 9/11은 부시와 체니, 럼스펠드,
그리고 CIA가 전 세계를 지배하는 새로운 국제 질서를 만들기 위해
G.O.D(금Gold, 석유Oil, 마약Drug의 머리글자)의 재정 지원을 받아 세계
무역센터와 펜타곤을 마치 진주만처럼 공격한 것이며, 이를 통해 전
쟁을 정당화할 수 있었다는 긴 설명을 늘어놓았다. 그는 증거들이 있
다며 앞면에는 숫자 1 대신 9-11이 쓰여 있고 뒷면에는 워싱턴 대신
부시가 있는, 웹사이트 주소로 가득한 가짜 1달러 지폐를 내밀었다.

　　실제로 구글 검색창에 "World Trade Center Conspiracy(세계무
역센터 음모론)"을 입력하면 64만 3000개의 웹사이트가 검색된다. 이
사이트들은 펜타곤은 미사일 공격을 받았고, 공군 전투기는 쌍둥이
빌딩과 충돌한 비행기 11편과 175편을 격추하지 말고 "대기하라"는

명령을 받았으며, 세계무역센터는 비행기가 충돌한 이후 미리 설치되어 있던 폭탄에 의해 파괴되었고, 펜실베이니아 상공에서는 의문의 흰색 제트기가 비행기 93편을 격추했으며, 뉴욕의 유대인들은 그날 집에 머무르라는 지시를 받았다는 (당연히 시온주의자와 친 이스라엘 세력 또한 등장한다) 등의 이야기를 하고 있다. "9/11 Truth Movement(9/11 진실 찾기)"라는 이름의 사이트에만도 이보다 훨씬 많은 이야기가 올라와 있다. 9/11 음모론을 다룬 책 또한 다양한데 예를 들어 짐 마스Jim Marrs의《인사이드잡Inside Job》, 데이비드 레이 그리핀David Ray Griffin의《새로운 진주만The New Pearl Harbor》, 조지 험프리George Humphrey의《9/11 거대한 환상9/11 The Great Illusion》등이 있다.《퍼퓰러메카닉스Popular Mechanics》2005년 3월호에는 이런 어이없는 9/11 음모론들의 주요 주장을 하나하나 분석한 가장 훌륭한 반박 기사가 실려 있다.

　　창조론, 홀로코스트 허구설, 이상한 물리학 이론 등 모든 음모론의 중심에는 설명 불가능한 몇 가지 현상을 제시함으로써 기존의 정설을 무너뜨릴 수 있다는 믿음이 있다. 그들의 주장을 논박하는 방법은 기존의 정설은 하나의 사실이 아니라 다양한 방법을 통해 얻은 여러 증거가 모두 이를 지지하기 때문에 유지된다는 것을 보이는 것이다. 모든 9/11 음모론의 "증거"는 바로 이런 오류를 범하고 있다.

　　예를 들어, 911research.wtc7.net에 따르면, 강철은 화씨 2777도에 녹지만, 비행기의 연료는 화씨 1517도에 연소한다고 나와 있다. 강철이 녹지 않으면, 건물도 무너지지 않는다는 것이다. Abovetopsecret.com은 이렇게 말한다. "비행기가 아니라 폭탄이 쌍둥이 빌딩을 무너뜨렸다." 아니, 틀렸다.《광물, 금속, 재료 학회지Journal of the Minerals, Metals, and Materials Society》에 실린 한 논문에서 매사추세츠공과대학

Massachusetts Institute of Technology(MIT) 기계공학과의 토머스 이거Thomas Eager 박사는 그 이유를 이렇게 설명한다. 강철은 화씨 1200도에서 강도가 50퍼센트로 줄어들며, 불길은 9만 리터의 비행기 연료가 소진된 뒤 카펫, 커튼, 가구, 종이 등 인화성 물질에 옮겨붙였다. 이들은 건물 전체를 불태워 화씨 1400도 이상이 유지되었다. 이 때문에 수평 방향으로 놓인 강철 트러스 양쪽에 수백 도의 온도 차가 생겨 트러스가 뒤틀렸고, 건물을 지탱하는 수직 강철 컬럼에 수평 트러스를 고정하던 앵글 클립이 끊어졌다. 트러스 하나가 끊어지자 다른 트러스들도 끊어졌고 한 층이 무너지자 팬케이크 효과에 의해 다음 층들이 무너지면서 50만 톤의 빌딩이 무너지게 된 것이다. 음모론자들은 건물이 옆으로 쓰러졌어야 한다고 말하지만, 사실 건물의 95퍼센트는 공기이며, 따라서 건물은 수직으로 무너진다.

모든 9/11 음모론 주장들은 이렇게 쉽게 반박할 수 있다. 예를 들어 펜타곤에 대한 "미사일 공격" 주장에 대해 나는 같은 시간에 사라진 비행기 77편이 어떻게 되었는지 물었다. "부시 정부의 요원들에 의해 그 비행기는 파괴되었고 승객들은 살해되었지요." 그는 진지하게 말했다. "그럼 당신은 그 음모에 가담한 수천 명 중 단 한 명도 내부고발자가 되어 텔레비전에 나가거나 책을 쓰는 방식으로 이 일을 밝히지 않는다고 생각하는군요?" 나는 되물었다. 그는 내가 UFO 연구자들에게 이 질문을 했을 때와 같은 대답을 주었다. 정부 요원이 그들을 처리했고, 죽은 자는 말이 없다는 것이다.

이 모든 것들을 헛소리bullshit(단어 그대로는 황소의 배설물을 의미한다—옮긴이)라 부르는 것은 배설물에 대한 적절한 형용사를 모욕하는 일이 될 것이다.

후기

9/11 음모론자들은 지금도 활발하게 활동 중이며 나와 여러 사람은
그들의 주장을 계속 깨부수고 있다. 예를 들어, 쌍둥이빌딩이 계획적
으로 철거되었다는 주장에 대해서는 잡지《스켑틱》에 실린 기사를
참고하라.

III   유사과학과 헛소리

19

왜 똑똑한 사람들이
이상한 것을 믿을까?

무언가를 믿기 전에 관련된 사실을 확인하는 이는 매우 드물다.

어떤 이론을 만들거나 지지할 때 인간은 얼마나 자신의 목적에 맞춰
사실들을 왜곡하는가! - 찰스 매케이, 《대중의 미망과 광기》(1852)

내 책 《왜 사람들은 이상한 것을 믿는가》의 내용으로 강연을 다니던
1998년 4월, 예일대학교에서 열린 강연에 심리학자 로버트 스턴버그
Robert Sternberg가 참석했다. 강연에 대한 그의 반응에서 나는 새로운
사실을 알게 된 동시에 답답함을 느끼기도 했다. 스턴버그가 한 다
른 이들의 이상한 믿음 이야기는 분명 재미있었는데, 이는 적어도 우
리는 외계인, 점성술, 초능력, 귀신과 같은 초현실적 현상을 믿을 만
큼 어리석지 않다고 서로 확신했기 때문이다. 하지만 스턴버그는 왜
똑똑한 사람들조차 그런 이상한 것들을 믿는지 내게 물었고, 나는 이
질문에 답하기 위해 내 책의 2판에 한 챕터를 추가했다. 그 내용은
이렇다. "똑똑한 사람이 이상한 것을 믿는 이유는 그들이 별로 똑똑
하지 않은 이유로 가지게 된 믿음을 자신의 똑똑함으로 쉽게 방어할
수 있기 때문이다."

많은 사람이 대부분의 시간 동안 다양한 이유로 가지게 되는 믿

음은 사실 (똑똑한 사람들이 더 잘 이용하는) 실험적 증거나 논리적 추론과 아무런 관계가 없다. 오히려 유전적 경향, 부모의 성향, 형제의 영향, 친구들로부터 받는 압박, 교육, 그리고 다양한 사회적·문화적 영향을 포함한 인생의 경험을 통해 만들어진 개인적 취향과 감정적 끌림 등이 특정한 믿음을 형성한다. 자신이 기존에 가지고 있던 믿음과 무관하게 사실을 나열하고 장단점을 고려해 가장 논리적이고 이성적인 믿음을 선택하는 사람은 거의 없다. 오히려 실제 사실을 자신이 평생 쌓아온 이론, 가설, 직감, 선입견과 편견의 왜곡된 필터를 통해 바라본다. 수많은 데이터 중에 자신이 이미 가지고 있던 믿음과 가장 잘 맞아떨어지는 데이터를 선택하며 다른 모순되는 데이터는 무시하거나 합리적으로 배제한다.

이는 확증편향이라 불리는 현상으로, 미국립과학재단이 2002년 4월 격년으로 내는 보고서를 통해 사람들의 과학에 대한 이해가 매우 낮게 나온 이유를 설명해준다. 이 보고서는 미국 성인의 30퍼센트가 UFO와 외계 문명이 보낸 우주선의 존재를 믿으며, 60퍼센트가 초능력의 존재를, 40퍼센트가 점성술이 과학적이라고, 32퍼센트가 행운의 숫자를, 70퍼센트가 자기장 치료가 과학적이라고, 그리고 88퍼센트가 대체의학이 질병을 치료하는 효과적인 방법이라고 믿고 있다고 이야기한다.

교육은 이러한 초자연적 현상에 대한 믿음을 막지 못한다. 초능력을 믿는 이는 고등학교 졸업자의 65퍼센트에서 대학 졸업자 60퍼센트로 줄어들고, 자기장 치료법은 고등학교 졸업자 71퍼센트에서 대학 졸업자 55퍼센트로 줄어들지만 여전히 이를 믿는 이들이 과반수를 차지한다! 게다가 대체의학은 오히려 고등학교 졸업자 89퍼센트에 비해 대학 졸업자는 92퍼센트로 대학 졸업자들이 더 믿는다.

또 다른 통계를 보면 이 문제의 심층적 원인을 추정할 수 있다. 미국인의 70퍼센트는 확률과 통계를 바탕으로 실험을 통해 가설을 검증하는 과학적 방법을 이해하지 못한다는 것이다. 이를 해결하는 한 가지 방법은 과학 교육을 늘리는 것이다. 과학적 방법을 이해하는 비율은 과학 교육을 많이 받은 이들(아홉 개 이상의 고교 및 대학의 과학/수학 수업을 들은 이들)의 경우 53퍼센트로, 적당하게 받은 이들(여섯 개에서 여덟 개의 수업을 들은 이들)의 38퍼센트, 적게 받은 이들(다섯 개 이하의 수업을 들은 이들)의 17퍼센트보다 높게 나타났다.

중요한 것은 과학의 결과를 가르치기보다 과학이 어떻게 작동하는지를 가르치는 것이다. 2002년 미국판《스켑틱》9권 3호에 실린 한 기사는 과학 지식(세계에 대한 사실들)과 초자연적인 것들에 대한 믿음에 상관관계가 없다는 것을 보였다. 논문의 저자들인 W. 리처드 워커W. Richard Walker, 스티븐 J. 호엑스트라Steven J. Hoekstra, 로드니 J. 포글Rodney J. Vogl은 이렇게 결론내렸다. "[과학 지식] 시험에서 높은 점수를 받은 학생들이라고 해서 점수가 높지 않은 학생들보다 유사과학적 주장에 더 혹은 덜 회의적이지 않았다. 그들은 자신들이 가진 과학 지식을 유사과학적 주장을 평가하는 데 사용하지 못하는 것처럼 보였다. 우리는 전통적인 과학 교육 방식에 그 원인이 일부 있다고 생각한다. 학생들은 어떻게 생각할 것인가가 아닌, 무엇을 생각할 것인가를 교육 받는다."

초자연적인 현상에 대한 믿음이 이렇게 널리 퍼진 이 상황을 개선하기 위해서는 학생들만이 아니라 모든 사람에게 과학이 무엇인지를 가르칠 필요가 있다. 과학은 서로 무관한 개개의 사실들을 모은 데이터베이스가 아니라, 언제든지 버려지거나 더 강하게 입증될 수 있는 검증 가능한 지식의 집합을 만들기 위해 과거와 현재에 존재하는 현상을 묘사하고 해석하는 일련의 방법들이라는 것이다. 과학은 가설의 검증에 기반을 둔 사고방식이다. 검증 과정에 타협이 있어서는 안 되며, 그럼에도 검증 결과는 임시적이고 확률적이라는 특징을 가지고 있다. 이런 가설의 검증을 통해 자연 현상에 대한 자연주의적 설명을 추구하는 사고방식이 바로 과학이다.

과학이 어떻게 작동하는지에 대한 근본적인 이해가 없다면, 아무리 똑똑한 사람도 유사과학이 부르는 유혹의 노래에 끝없이 홀리게 될 것이다.

20 세상에, 신비의 자석이라뇨!

18세기에 이루어진 동물자기최면술mesmerism에 대한 조사는
21세기의 자석 요법을 어떻게 받아들여야 하는지 보여준다.

1997년 8월 11일, ABC 〈월드뉴스투나이트World News Tonight〉의 "생체
자기 요법biomagnetic therapy"에 대한 보도에서 한 물리치료사는 이렇게
설명했다. "자석은 전기 에너지의 한 형태로 인체에 매우 큰 영향을
미칩니다." 자석을 89달러에 파는 어떤 이는 이렇게 주장했다. "모든
인간은 자성을 띕니다. 모든 세포에는 양극과 음극이 있습니다."

다행인 것은 이들이 판매하는 자석은 자력이 너무나 약해서 인
체에 아무런 해가 없다는 점이다. 하지만 안타깝게도, 이 자석이 미
국인들의 지갑을 열게 하는 힘은 너무나 강력해서 그 시장은 연 3억
달러에 이른다. 자석의 크기는 동전만 한 패치에서 킹 사이즈 매트리
스에 이르기까지 다양하며, 이들은 자기장이 혈액순환을 좋게 만들
고 혈액 중 철분에 의해 산소 공급을 늘린다고 전제하며 인체에 거의
무한한 효과가 있다고 주장한다.

이것은 환상적인 헛소리인 동시에 경제적 낭비이다. 자석 속의
철 원자는 고체 상태로 서로 밀집해 있다. 반면 혈액 속에는 헤모글
로빈 분자에는 단 네 개의 철 원자만이 있으며, 자력을 띠기에는 그
들의 거리 또한 너무 멀다. 피를 한 방울 떨어뜨려 자석에 대는 방식

으로 누구나 이를 실험해볼 수 있다.

　게다가 시중에 팔리는 치료용 자석은 자력이 너무 약해 피부를 뚫지 못한다. 종이 열 장 정도를 사이에 두고 그 자석을 냉장고에 한 번 붙여보라. 자석은 엔론의 주가보다 빨리 떨어질 것이다. 내가 제작에 참여하고 패밀리채널에서 방영한 〈미지의 것들에 대한 조사Exploring the Unknown〉 시리즈에서 우리는 두 개의 진짜 자석과 두 개의 가짜 자석을 피험자의 등에 붙이고 적외선 카메라로 피부 온도를 측정했다. 아무런 차이가 없었다. 이는 진짜 자석과 가짜 자석이 혈액순환에 어떤 영향도 미치지 못한다는 것을 말해준다.

　자석이 통증을 완화한다는 주장은 어떨까? 베일러의과대학은 50명의 환자를 대상으로 29명에게는 진짜 자석을, 21명에게는 가짜 자석을 주는 이중맹검 실험을 진행한 적이 있다. 진짜 자석을 받은 이들은 76퍼센트가 통증이 줄었다고 보고한 반면, 가짜 자석을 받은 이들은 19퍼센트만이 통증이 줄었다고 말했다. 그러나 이 실험은 45분 길이의 자기력 치료만 시도했을 뿐, 다른 종류의 통증 완화 방법을 고려하지 않았고, 통증이 얼마나 오래 감소하는지도 측정하지 않았을 뿐 아니라, 다시는 재연되지 못했다.

　자석 요법을 연구하는 과학자들은 1784년 루이 16세의 요구에 따라 벤저민 프랭클린Benjamin Franklin(1706-1790)과 앙투안 라부아지에Antoine Lavoisier(1743-1794)가 독일 출신의 의사인 프란츠 안톤 메스머Franz Anton Mesmer(1734-1815)가 발견한 "동물자기animal magnetism"를 조사한 후 펴낸《왕의 동물자기 조사 요구에 따른 위원회 보고서 Report of the Commissioners Charged by the King to Examine Animal Magnetism》(미국판 《스켑틱》 4권 3호에 영문 번역본이 실려 있다)를 읽어보면 좋을 것이다.

메스머는 눈에 보이지 않는 중력이 행성들을 움직이고 눈에 보이지 않는 자력이 철제 면도날을 자석에 붙게 만드는 것처럼 생명체 안에는 동물자기라는 보이지 않는 힘이 흐르며 이 흐름이 막히면 질병이 생긴다고 주장했다. 즉 이 흐름을 원활하게 함으로써 병을 치료할 수 있다는 것이다.

그의 주장을 검증하기 위해 이들은 먼저 자신들을 자화해보았으나 아무런 차이를 느끼지 못했다. 다음 하층민 일곱 명과 귀족 일곱 명에게 같은 실험을 하였다. 그 결과, 하층민 세 명만이 큰 차이를 느꼈다고 말했고, 이들은 그 이유를 암시 효과power of suggestion로 결론 내렸다. 피험자가 자기장의 존재를 인식하는 문제를 해결하기 위해 프랭클린과 라부아지에는 몇 명의 피험자에게 실제로는 자기장을 가하지 않으면서 마치 자기장 치료를 하는 것처럼 속였고, 다른 몇 명에게는 자기장을 가하면서 하지 않는 것처럼 속였다. 그 결과는 명백했다. 피험자가 느끼는 자기장의 영향은 전적으로 암시 효과에 불과했다.

두 번째 실험에서 프랭클린은 메스머의 대리인인 샤를 데스롱 Charles d'Eslon(1750-1786)에게 정원의 나무 한 그루를 자화하도록 했다. 이후 피험자에게 나무를 껴안아보며 어떤 나무가 자화된 것인지 맞히라고 하자, 피험자는 네 번째 나무를 껴안고 기절하고 말았다. 하지만 "자화된" 나무는 다섯 번째 나무였다. 다른 실험에서는 한 여성의 눈을 가린 상태에서 데스롱이 그녀에게 "영향을 미치고" 있다고 말하자 그녀는 정신을 잃고 기절해버렸다. 하지만 그때 데스롱은 아무 행동도 하지 않고 있었다. 또 다른 여성은 자신이 "자화된" 물을 감지할 수 있다고 주장했다. 라부아지에는 여러 컵에 물을 따랐고,

그중 한 컵의 물만 "자화"했다. 그녀는 자화되지 않은 컵을 만지고도 기절했고, "자화된" 물을 주었을 때는 "조용히 마신 뒤, 한시름 놓았다고 말했다."

위원회는 "동물자기 유체는 존재하지 않는다. 따라서 어떠한 효과도 있을 수 없다. 우리를 놀라게 하고 실험으로 검증하게 한 집단 치료에서 나타난 격렬한 반응은 감정적 고양, 독창적 행동, 무의식적인 모방이었다." 다시 말해, 그 효과가 정신적인 것일 뿐, 자기력에 의한 것이 아니라는 뜻이다.

오늘날의 회의주의자들은 이들이 "힘"의 근원에 불필요한 가정을 하지 않고, 매개변수를 조절함으로써 그 주장을 검증했다는 점을 이 역사적 사건에서 배울 수 있다. 물론 18세기나 오늘날에나 이러한 모순적인 증거에도 불구하고 추종자들은 이를 전혀 개의치 않는다는 슬픈 사실 또한 배울 수 있다.

21 괴물, 어디에나 있고
어디에도 없는

빅풋, 네시, 오고포고 목격담은 우리의 상상력에 불을 지핀다.
하지만 경험담은 증거가 되지 않는다.

1895년 프랑스의 소설가 아나톨 프랑스Anatole France(1844-1924)는 이
렇게 말했다. "우연은 신이 자신의 모습을 드러내고 싶지 않을 때 사
용하는 익명인지 모른다." 그럴 수도 있다. 하지만 다른 인간 행동의
관찰자는 이렇게 말했다. "때로, 담배는 그저 담배일 뿐이다."(모든 상
징에서 성적 암시를 찾았던 프로이트의 말이다―옮긴이) 유명인은 세 명
씩 세상을 떠난다는 말이 있긴 하지만, 2003년 1월 괴생명체의 존재
를 주장하던 대표적인 두 인물이 세상을 떠난 것은 우연이라 아니할
수 없다. 그 두 명은 재커로프jackalope(절반은 산토끼jackrabbit이며 절반은
북미영양antelope의 모습을 한 동물)라는 우스꽝스러운 생명체의 아버지
라 불리는 더글러스 헤릭Douglas Herrick(1920-2003)과 그보다는 덜 어
이없고 더 많은 사람이 인정하는 빅풋의 지지자인 레이 L. 월리스Ray
L. Wallace(1918-2002)다.

재커로프에 대해 사람들은 IQ가 50에서 72 사이의 사람들에게
만 사냥 허가증을 판매한다거나, 기념품점에서 희귀하지만 영양가
높은 재커로프 우유를 병에 담아 팔고, 또 다른 변종인 재커판다Jack-
apanda를 이야기하는 등 그저 즐거운 장난으로 여겼다. 반면 빅풋은

때로 신랄한 비판을 받기도 하지만 단순한 진화론적 이유만으로도 충분히 실존할 가능성이 있다는 평가를 받는다. 바로 오늘날에도 아프리카의 숲에는 덩치 큰 털복숭이 유인원이 돌아다니고 있으며, 수십만 년 전에는 인류의 조상과 함께 거대 유인원의 한 종인 기간토피테쿠스Gigantopithecus가 존재했기 때문이다.

따라서, 월리스의 가족이 그의 사후 그 모든 것이 농담을 좋아하는 어느 악의 없는 사기꾼의 장난이었다고 이야기했음에도, 여전히 빅풋이 존재할 가능성은 있다. 또한 빅풋 지지자들이 비록 월리스가 들고 다닌 발등에 끈을 맨 초대형 나무 신발을 하나의 증거로 받아들이는 실수를 하긴 했지만, 히말라야에 사는 예티 이야기나 북서 태평양 연안을 돌아다니는 새스쿼치Sasquatch에 대한 아메리카 원주민의 이야기가 월리스가 이 장난을 시작한 1958년보다 한참 전부터 있었던 것은 사실이다.

사실 20세기 내내 이루어진 빅풋이나 네스호, 챔플레인호, 오카나간호의 괴물들(순서대로 네시Nessie, 챔프Champ, 오고포고Ogopogo), 그리고 심지어 외계 생물에 대한 조사는 충분히 합리적인 행동이었다. 과학은 가능한 문제를 다루며, 때문에 다른 생명체들에 대해서는 인류의 제한된 조사 역량을 사용했던 반면, 재커로프는 그 대상이 되지 못했다. 그럼 지금은 왜 이런 괴생물체에 대한 연구가 필요하지 않게 되었을까?

아직 존재가 증명되지 않은 동물들을 연구하는 학문은 미확인 동물학cryptozoology이라 불린다. 1950년대 벨기에의 동물학자인 베르나르트 회벨만스Bernard Heuvelmans(1916-2001)가 만든 단어이다. 크립티드cryptid라 불리는 "미지의 동물"은 진흙에 남겨진 발자국, 희미한 사진, 거친 영상, 그리고 야밤에 나타났다 사라진 무언가에 대한 목격담으로 시작된다. 크립티드에는 앞서 이야기한 거대 영장류, 호수 괴물 외에도 바다뱀, 거대 문어, 조류, 심지어 현존하는 공룡(가장 유명한 예는 서부 아프리카의 호수와 늪지에 존재한다는 모켈레 음벰베Mokele Mbembe가 있다)을 포함해 매우 다양하다.

크립티드가 우리의 관심을 끄는 이유는 지역의 목격담이나 설화를 바탕으로 새로운 발견을 한 예가 충분히 많으며, 따라서 모든 주장을 그저 무시할 수는 없기 때문이다. 유명한 예들 중에는 1847년 발견된 고릴라와 1902년 발견된 마운틴고릴라, 1869년 발견된 자이언트판다, 1901년 발견된 기린의 사촌으로 목이 짧은 오카피, 1912년 발견된 코모도왕도마뱀, 1929년 발견된 보노보(혹은 피그미침팬지), 1976년 발견된 넓은주둥이상어, 1984년 발견된 자이언트게코, 1991년 발견된 부리고래, 1992년 베트남에서 발견된 사올라 등이 있다. 미확인동물학자들이 특별히 자랑스러워하는 동물은 1938년 잡힌 실러캔스로, 이 고대 생물처럼 생긴 물고기는 동물학자들이 백악기 이후 멸종했다고 생각한 종이었다.

물론 생물학 연감에는 새로운 곤충과 박테리아가 수시로 보고되지만, 위의 예들은 그 새로움, 크기, 그리고 앞서 이야기한 빅풋이나 네시와 같은 크립티드의 사촌들과 여러 면에서 유사하기 때문에 우리를 놀라게 한다. 하지만 잊지 말아야 할 것은 새로이 발견된 동물들의 사례가 한 가지 공통점을 가지고 있다는 것이다. 바로 실체를 보여주었다는 것이다. 새로운 종을 명명하려면 자세한 묘사가 가능해야 하고, 사진을 찍을 수 있어야 하고, 모델을 만들 수 있어야 하며, 과학자들이 이를 분석할 수 있는 완모식표본holotype(해당 종을 공식적으로 기재할 때 사용하는 표본―옮긴이)이 있어야 한다.

목격담은 조사와 연구를 시작하기에 적절하지만 목격담만으로 는 새로운 종을 인정할 수 없다. 프랭크 설로웨이의 말을 기억하는 것이 좋을 것이다. "목격담은 증거가 되지 않는다. 목격담 열 개가 목 격담 하나보다 우월하지 않고, 100개의 목격담이 열 개보다 우월하 지 않다."

나는 빅풋 사냥꾼, 네시 추적자, 외계인 납치 경험자들을 만날 때마다 설로웨이의 말을 명심한다. 목격담은 설득력 있는 이야기처 럼 들리지만 과학의 근거로는 부족하다. 지난 한 세기 동안 우리는 이들 상상의 동물을 찾아왔기에, 이제는 실체를 보여주기 전까지는 회의적 태도를 유지하는 것이 적절한 반응이 될 것이다.

22 손해가 있냐고?

대체의학은 밑져야 본전이 아니다.

찌르고, 쑤셔대고, 스캔하고, 약을 주고, 방사선을 쬔 다음 당신의 의사는 이제 당신의 병을 치료하기 위해 할 수 있는 게 더는 없다고 말할 것이다. 이제 대체의학을 시도해보는 건 어떨까? 어떤 손해가 있을까?

나는 이 문제를 1991년 평소 명민했던 어머니가 정신과 의사에게 인지적 혼란, 정서적 불안, 기억 상실 등의 증상을 이야기할 때 생각하게 되었다. 한 시간도 못 되어 어머니는 우울증 진단을 받았다. 나는 믿지 않았다. 어머니는 뭔가 문제가 있는 상태였지, 우울한 것이 아니었다. 나는 신경과 의사에게 2차 소견을 물었고, 그날 오후 그 작은 속임수(나는 박사이지 의사는 아니다)가 우리를 구했다.

CT 검사 결과 뇌수막종이 발견된 것이다. 이상하게도 우리가 사는 로스앤젤레스에서 뇌를 보호하는 수막meninges에 생긴 종양을 말하는 뇌수막종Meningioma tumor은 여성이 남성보다 1.4 대 1에서 2.8 대 1에 이를 정도로 많이 발병된다. 뇌수막종은 보통 외과 수술로 쉽게 제거할 수 있다. 실제로 며칠 뒤, 어머니는 평소의 밝고 활기찬 모습으로—뇌의 회복력과 유연성이 얼마나 놀라운지—돌아왔다. 하

지만 안타깝게도, 1년이 채 지나지 않아 어머니의 뇌에는 두 개의 종
양이 더 생겼다. (어쩌면 어머니는 하버드대학교 의과대학의 외과 의사인
주다 포크만Judah Folkman의 혈관신생angiogenesis 이론을 뒷받침하는 사례일
지 모른다. 포크만은 암세포가 자신의 성장을 위해 혈관을 만드는 화학물질
을 분비할 뿐 아니라 다른 암세포가 혈관을 만드는 것을 방해하는 화학물질
또한 분비한다고 주장한다. 즉 큰 종양을 제거할 경우 이 방해 물질 또한 제
거되어 다른 종양들이 자라게 된다.) 외과 수술로 종양을 제거하고 다시
종양이 생기는 것을 석 달마다 반복한 끝에, 그리고 암세포를 파괴하
는 정확한 방사선인 감마-나이프 방사선 치료를 두 번 받은 뒤, 우리
는 최종 진단을 받았다. 더 할 수 있는 일이 없다는 것이었다.

　　회의주의자는 이런 상황에서 어떻게 해야 할까? 과학을 절대적
으로 믿는 것이 한 가지 방법이지만, 이번에는 어머니의 목숨이 걸려
있었다! 나는 논문을 찾았고 똑똑하면서도 인간적인 종양학자 애브
럼 블루밍Avrum Bluming 박사의 도움으로 합성항암제인 미페프리스톤
Mifepristone(RU-486 혹은 "이튿날 아침"이라는 이름의 사후피임약이기도 하
다)을 실험적으로 처방받을 수 있었다. 소규모 환자들을 대상으로 한
시험에서 이 약은 종양의 성장을 늦추었다. 하지만 어머니에게는 듣
지 않았다. 어머니는 죽어가고 있었다. 다른 대체의학을 시도해도 밑
져야 본전처럼 느껴졌다. 정말 그럴까? 아니다.

　　대체의학을 시도하는 것은 효과가 없는 과학적 의학과 어쩌
면 효과가 있을지도 모르는 대체의학 사이에서 후자를 선택하는 것
이 아니다. 이 세상에는 검증된 과학적 의학 하나만 존재하며, "대체
alternative" 의학이나 "보완complementary" 의학과 같은 나머지 전부는 검
증되지 않은 것이다. 극소수의 믿을 만한 단체, 곧 스티븐 배럿Stephen

Barrett 박사의 쿼크워치(www.quackwatch.org)나 윌리엄 자비스William Jarvis 박사의 "의료사기방지 전국위원회(www.ncahf.org)", 월리스 샘슨Wallace Sampson의《대체의학에 대한 과학적 리뷰The Scientific Review of Alternative Medicine》정도가 대체의학이 이야기하는 내용을 검증하고 있다.

그러나 대부분의 대체의학은 동료 평가라는 검증 단계를 거치지 않는다. 바로 이 점 때문에 미국의사협회American Medical Association는 사람들이 의사보다 대체의학 치료사를 더 많이 방문하고 있으며, 약초와 영양제에 쓰는 돈이 의사에게 쓰는 돈의 절반이 넘는 현실을 경고한다. 그리고 무엇보다, 대체의학 치료를 받은 환자의 60퍼센트 이상이 그 내용을 자신의 의사에게 이야기하지 않으며, 이는 종종 약초와 약을 잘못 혼용해 매우 위험한 상황에 환자를 처하게 만들 가능성 또한 존재한다.

예를 들어, 2003년 9월 17일,《미국의사협회지Journal of the American Medical Association》는 대체 약품으로 크게 인기를 끈(2002년에만 8600만 달러의 매출을 올린), 하이페리쿰 퍼포레이툼hypericum perforatum의 꽃으로 만든 세인트존스워트St. John's wort가 고혈압, 부정맥, 콜레스테롤, 암, 통증, 우울증 등에 쓰이는 치료약의 효과를 크게 낮춘다는 연구 결과를 실었다. 해당 연구의 저자들은 처방약 거의 절반 이상의 신진대사에 필수적이며, 분해 과정의 속도를 높이고, 따라서 적은 양으로도 약의 효과를 일으키는, 간에 있는 효소인 시토크롬 P450 3A4에 세인트존스워트가 영향을 미친다는 것을 보였다.

하지만 대체의학에는 더 큰 문제가 있다. 우리가 삶을 즐기고 사랑할 수 있는 시간은 제한되어 있다. 시간은 무엇보다 소중하며 끊임없이 흘러간다. 아버지와 나는 몇 달 남지 않은 시간 동안 죽어가는 어머니를 모시고 헛된 희망을 찾아 전국을 돌아다닐 것인지, 아니면 함께 가치 있는 시간을 보낼 것인지 선택해야 했고, 우리는 후자를 선택했다. 어머니는 그로부터 몇 달 뒤인 2000년 9월 2일 세상을 떠났고, 3년 뒤 나는 이 내용을 바탕으로 칼럼을 썼다.

　의학은 기적과 같고 과학은 눈부시지만, 결국 인생의 마지막에는 자신에게 가장 의미 있는 사람들의 사랑이 가장 중요하다. 이를 위해 우리는 고대로부터 전해오는 의학 원칙을 적용해야 한다. 프리뭄 논 노체레primum non nocere. 무엇보다 해를 입히지 말 것.

23

헛소리는 사기다

> 열린 마음은 특별히 이상한 주장을 조사할 때
> 미덕이 될 수도 있지만,
> 많은 경우 그 주장은 헛소리로 판명난다.

일상에서 늘 회의주의를 실천하는 우리 같은 사람들은 진실은 상대적이고 모든 의견은 존중받을 필요가 있다고 믿는 PC 경찰(정치적 올바름에 집착하는 이들—옮긴이)을 건드리지 않으려 조심하는 자신을 종종 발견하곤 한다. 그들이 "당신은 디벙커debunker인가요?"라고 묻는 순간, 나는 본능적으로, 마치 그렇게 함으로써 피해를 덜 주기라도 할 것처럼, 나는 그저 어떤 사건을 조사하고 있을 뿐이라 중얼거리게 된다.

하지만 정말로 그렇게 조심할 필요가 있을까?《옥스퍼드 영어사전》은 "디벙크debunk"를 "헛소리를 없애는, 잘못된 주장을 밝히는"이라고 정의한다. "벙크Bunk"는 "사기humbug"의 속어이며 "헛소리bun-kum"는 "무의미하고 헛된 말"이다. 존중할 필요가 없는 몇 가지 헛소리들과 진실을 여기 소개한다.

외계인은 뉴멕시코의 로스웰뿐 아니라 어디에도 오지 않았다 _ 우주에 외계인이 있다 하더라도 100억 개의 은하 중 하나, 그 은하 속 100억 개의 별 중 하나를 찾아오기에는 너무나 멀 가능성이 매우 크다. 외계

인 납치 경험자는 외계인 우주선을 방문한 것이 아니라 악몽을 꾸었
거나 납치 "치료사"에 의한 최면 상태에서 잘못된 기억을 만든 것이
다.

**케네디 대통령은 KGB나 CIA, FBI와 군산복합체의 공모, 마피아, 카스트로
가 아닌 리 하비 오스왈드Lee Harvey Oswald의 총에 맞았다** _ 아버지 조
지 부시 대통령이나 아들 조지 부시 대통령은 프리메이슨, 일루미나
티, 록펠러 가문, 로스차일드 가문, 또는 새로운 세계 질서를 만들려
는 비밀 모임의 꼭두각시가 아니다. 그러나 여전히 달착륙 음모론은
횡행하고 있다.

고대 중국의 전통으로 최근 서구에 도입된 풍수는 집이나 건물 내부
에 음양의 기가 잘 흘러서 건강, 조화, 운명에 도움이 되도록 가구, 문,
창문 등의 다양한 대상을 배치하는 방법을 말하지만, 여기에는 어떤
미지의 힘도 관계하지 않으며 그저 중국의 지리학에 그 기원을 두는
것이다. 문과 창문은 "기"(혹은 "생명력")와 아무런 관계가 없다. "기"
는 존재하지 않기 때문이다. 단지 문과 창문의 위치는 산에서 불어오
는 차가운 바람을 조절하는 것과 관계가 있다. 물론 산이 용, 뱀, 호랑
이의 모습을 하고 있는지와도 아무런 관계가 없다. 문 앞에 무언가를
두는 것은 기를 막는 것이 아니라 그저 보기 안 좋을 뿐이다. 풍수 전
문가가 아닌 실내디자인 전문가를 부르자.

이어코닝ear coning이 귀와 마음을 청소한다 _ 한쪽으로 누워 배게 위
에 머리를 두어라. 길고 가는 원통형 초를 귓구멍에 끼운다. 초의 위
쪽에 불을 붙인다. 애리조나 세도나에 위치한 코닝웍스Coning Works는

이때 초 내부의 압력이 낮아져 귀지를 빨아들일 뿐 아니라 "정신이 맑아지고, 감정이 명확해지며, 미묘한 에너지의 흐름이 정화되고 재조정되며, 뇌 기능과 시각, 청각, 후각, 미각, 색 지각 능력이 향상"되며 무엇보다 "신경 말단의 불순물을 제거하는 촉매로 작용해 정신과 육체, 영에 해당하는 부분이 깨끗한 진동적 흐름을" 가지게 한다고 말한다. 그리고 홀리스틱헬스솔루션은 "귀를 집에서 청소할 수 있는데" 왜 귀를 청소하기 위해 25달러에서 75달러의 비용을 의사에게 내야 하는지 묻는다.

우선 1996년, 워싱턴주 스포케인의 이비인후과 의사들을 대상으로 이루어져 《후두경Laryngoscope》 학회지에 실린 연구는 "고막운동성Tym-panometric 검사를 통해 이어캔들ear candle이 음압을 생성하지 않음을 알 수 있다"고 말하며, 실제로 여덟 명의 귀를 대상으로 한 실험에서 귀지는 제거되지 않았다고 밝혔다. 문제는 122명의 의사들이 이어코닝 중 어느 쪽에 불을 붙여야 할지 몰라 부상당한 21명의 환자를 언급했다는 점이다. 혹시 이런 자해(또는 농담)에 흥미가 있다면, buttcan-dle.com을 한 번 들어가보라. 촛불이 진공을 만들어 장내 불순물을 제거하는 방식으로 "설사약, 관장약, 장내 가스 제거제의 고상한 대안"이 된 도구를 볼 수 있다. 무엇보다도, 이들은 자신의 제품이 "100퍼센트 수용성에 자연 분해"된다고 말한다.

세탁볼이 옷을 깨끗하게 만든다 _ 아무런 화학물질도 들어 있지 않고, 따라서 무한히 사용할 수 있는 세탁, 탈취, 살균, 표백, 섬유 유연성을 목적으로 하는 공 모양, 링 모양, 성게 모양 제품은 제조사가 주장하는 것처럼 물을 "이온화"하거나 "구조화"하거나 "뭉치게" 하거나, "자화"하지 않는다. 이런 주장을 하는 제품에는 무려 어스스마트 런드리 CD, 언빌리버블 런드리디스크 2000, 워셔볼, 엔비워시 런드리볼, 비온세라믹 런드리디스크, 스크럽볼, 유로워시 런드리볼, 내추럴워시 런드리볼, 런드리마스터 이오닉 런드리볼, 터보플러스 런드리디스크, 스테레오 런드리디스크, 리틀헬퍼 런드리볼, 다이나믹원 런드리 클린링, ABI 런드리볼, 클린텍 워싱스톤, CW-6 런드리볼, 에코세이브 마그네틱 워시볼 등이 있다. 의류는 세제 없이 따뜻한 물에 담그기만 해도 어느 정도 세탁되며 특히 기름 성분의 때가 없는 먼지, 흙, 땀 등은 물에 씻겨 나간다. 하지만 위의 런드리볼의 가격은 25달러에서 75달러에 이르며, 차라리 골프공을 이 용도로 사용하는 것이 나을 것이다.

위조지폐 감별 펜은 위조지폐를 감별할 수 있다 _ 재활용 종이의 전분과 반응해 검게 변하는 요오드 성분을 함유한 이 펜은 위조지폐를 만들기 위해 값싼 종이를 사용할 정도로 멍청한 위폐범만을 잡을 수 있으며, 결과적으로 사람들을 방심하게 만들 수 있다. 곧, 전분이 들어 있지 않은 고급 섬유지나 리넨 종이로 위조지폐를 만드는 영리한 위폐범들은 마음껏 자신의 위폐를 사용할 수 있다. 감별 펜을 쓰는 상점 주인들은 주의하기 바란다. 내 동료 회의주의자인 제임스 랜디는 이 감별 펜이 진짜 지폐를 위조지폐라 판명하는 것을 사람들이 본다면 이 펜에 대한 믿음이 사라지리라 생각해 주기적으로 진짜 50달러와 100달러 지폐에 마트에서 파는 전분 스프레이를 뿌리고 있다. (그는 사법기관에 자신의 행동을 미리 알렸지만, 무시되었다.)

"벙커마이즈buncomize"는 "헛소리bunkum를 말한다"는 뜻이며, 과학 용
어를 사용해 엉터리 이야기를 만드는 유사과학자들이 세상에서 가
장 잘하는 일이다. (한 세탁볼 제조사는 자신들이 "화학이 아닌 [물리학
의] '양자역학'에 기반한 '구조수 기술'"을 이용한다고 주장한다. 다른 회사
는 "물의 분자구조를 바꾸는 적외선 파장"을 이용한다고 말한다.) "벙커하
다do a bunk"는 "탈출하다" 혹은 "급히 도망가다"의 뜻이며 과학의 강철
갑옷과 이성의 무기로 무장한 회의주의자가 등장할 때 그들이 취할
수 있는 가장 나은 방법일 것이다.

24

마법의 물과
멘켄의 법칙

사회비평가인 H. L. 멘켄은 황당한 유사과학 주장에
우리가 어떻게 대응해야 하는지를 보여준다.

헨리 루이스 멘켄은 담배를 늘 입에 문 상태로 타자기를 치던, 20세기 전반부에 활약한 사회비평가로 〈먼데이나이트풋볼〉의 사회자를 무색하게 할 정도의 재치를 가지고 자신이 아는 모든 인물과 주제를 비꼬거나 패러디한 인물이다. 예를 들어, 1925년 "원숭이 재판Monkey Trial"(스콥스 재판으로도 불리며, 1925년 테네시에서 진화론 교육이 법적으로 금지되자 이에 항의하고자 학교에서 진화론을 가르친 과학교사 존 스콥스가 고발된 사건에 대한 재판이다. 윌리엄 제닝스 브라이언은 이 사건에서 고소인 측을 대표했다—옮긴이)에 대해 《볼티모어선Baltimore Sun》에 실은 글에서 그는 대통령 후보로 세 차례 출마했고 기독교 신자들을 대표했던 윌리엄 제닝스 브라이언William Jennings Bryan에 대해 "한때 그는 한쪽 발을 백악관에 걸치고 웅변으로 전국을 흔들었다. 이제 그는 코카콜라 벨트를 찬 깡통 교황이 되어 철로 뒷길의 양철지붕 창고에서 헛소리를 늘어놓는 비참한 목사들의 형제가 되었다"라고 했다.

멘켄은 어리석은 행동과 돌팔이들을 놀리는 것을 특히 좋아했다. 한번은 이렇게 말했다. "자연은 바보를 혐오한다." 또 이런 유명한 말도 남겼다. "대중의 지능을 지나치게 낮게 평가함으로써 손해

를 본 사람은 내가 아는 한 단 한 사람도 없다." 너무 터무니없는 주
장에는 이렇게 반응하라고 말했다. "한 번의 커다란 너털웃음이 만
가지 논리만큼 가치가 있다." 나는 이 말을 "멘켄의 처세술"이라 부르
겠다. 오늘날 인터넷에서 팔리는 특별한 물에 관한 주장들은 너무 터
무니없어서 멘켄의 말에 따라 반응할 수밖에 없다. 오늘날 명백한 가
짜 약을 파는 웹사이트는 수십 개에 이르며, 그중에는 신용카드를 받
는 곳도 있다. 나는 그중에서도 아래 사이트를 멘켄의 교훈에 가장
적합한 곳이라 부르겠다. 바로 골든 "C" 리튬 결정수를 파는 곳이다.
(http://www.luminanti.com/goldenc.html).

　　이 물은 "20세기가 시작될 무렵 샌디에이고 근방에서 채굴된 매
우 특별하고 극히 희귀한 골든 'C' 수정의 에너지가 녹아 있는 순수
한 물"이다. 이 돌은 "지구상 어떤 돌보다 많은 리튬을 함유하고 있
으며 갈륨과 같은 희귀한 성분도 있다. 갈륨과 고순도의 리튬, 베릴
륨, 그리고 에메랄드와 아쿠아마린 같은 고주파 수정이 결합한 골든
'C'는 고유의 특별한 치유 에너지를 내뿜는다." 골든 'C' 결정수는 어
떻게 이런 신기한 특성을 가지게 되었을까? 수정과 물을 "어둡고 조
용한 공간"에 있는 세라믹 용기에 24시간 동안 같이 둔 다음 그 물을
"에너지를 더해주는 보라색 유리병"에 담았기 때문이다. 그리고 "각
각의 보라색 병은 야곱의 빛의 기둥 소용돌이 사다리를 만들어내는
신성한 기하학을 만족하도록 특별하게 제작된 구리 피라미드 안의
정확한 위치에 놓인다." "각자의 특별한 수정을 희석된 용액에" 더하
거나 "진동하는 소리굽쇠의 끝을 골든 'C' 병에" 둠으로써 각 개인의
고유 "진동수"를 가진 결정수가 만들어진다.

　　골든 C 결정수는 2분의 1온스(약 15시시)에 겨우 15달러를 받는

데 이는 이 결정수가 "차크라와 자오선을 일치시키고 균형을 잡아주며, 음이온을 생성하고, 스트레스 감정과 부정적인 생각을 없애주고, 수정, 음식, 공간, 사람, 그리고 반려동물 때문에 받는 부정적인 에너지를 없애주며, 스트레스를 줄여주고, 화를 없애고, 면역력을 강화시키며, 꿈이 만들어내는 악몽과 전생의 에너지를 없애주고, 집중력을 향상시키고, 더 깊은 수준의 명상을 가능하게 해주며, 피부에 수분을 공급하면서 진정시키고, 꿈을 통해 미래를 볼 수 있는 환경을 만들어준다"는 점에서 매우 저렴한 가격이다. 그리고 무엇보다 "부엌의 전자제품, 텔레비전, 전자레인지, 주변 환경, 전자시계, 스테레오 오디오, 고압 전선 등에서 나오는 전자파 공해에서 당신을 보호해준다." 그들은 이 주장의 근거로 다음과 같은 사실을 이야기한다. "빛의 주파수를 측정하는 장치를 이용했을 때 프랑스 루르드의 성수는 15만 6000옹스트롬을 기록했지만 골든 'C' 결정수는 25만 옹스트롬을 기록했다!"

잠깐, 아직 멘켄의 처세술을 실행하면 안 된다. 주문 버튼 바로 아래에는 다음과 같은 경고문이 있다. "주의: 이 결정수에는 리튬이 실제로 들어 있다. 리튬과 다른 미네랄의 에너지가 이 결정수에 들어 있다." 그리고 아마 변호사에 의해 추가한 듯한 다음과 같은 주의사항도 쓰여 있다. "이 사이트는 골든 C 결정수를 인체에 사용하는 것이 치료적, 약물적 효과가 있음을 보장하지 않는다." 어쨌든, 이들은 이 결정수를 냉장 보관하라고 말한다.

혹시나 조금이라도 이 말이 그럴듯하게 들리는 이들을 위해, 오하이오 영스타운주립대학교의 지질화학 교수인 레이 바이어스도퍼 Ray Beiersdorfer는 이렇게 말한다. "평범한 물을 리튬 결정이나 다른 어떤 결정에 노출시킨다고 해도 그 물의 분자 구조는 바뀌지 않는다. 물 분자의 결합 길이와 방향으로 결정되는 화학적 구조는 변하지 않는다. 물을 물에 녹지 않는 어떤 결정에 노출시켜 물의 화학적 구조를 바꾼다는 주장은 말도 안 되는 소리다."

www.tachyon-energy-products.com에서 판매하는 타키온 에너지 초전도수tachyonized superconductor water에 대해서도 멘켄의 처세술을 쓸 수 있다. 이 물을 광고하는 진 라티머Gene Latimer는 이 물의 장점을 이렇게 이야기한다. "나는 이제 우리 집의 교류전기가 생명체에 미치는 혼란을 중화하는 완전히 다른 전자기장 환경에 살게 되었다." 생명체라고? 와우! 더 놀라운 점은 타키온 에너지를 물에만 가한 것도 아니라는 점이다. 이들은 타키온 에너지를 넣은 겔, 알가에, 스피릴루나, 허브, 매트리스 패드, 마사지 오일, 휴대전화 전자파 차단 패치, 그리고 심지어 "별의 먼지"까지 팔고 있다.

이런 사이트들을 보면, 우리는 또 다른 멘켄의 처세술을 명심하는 것이 좋겠다. "나는 거짓말보다 사실을 말하는 것이 더 낫다고 생각한다… 그리고 모르는 것보다는 아는 것이 더 낫다고 생각한다." 아멘.

25

유사과학이 부른 죽음

애착치료는 현실에 적용할 경우 죽음을 초래할 수 있는
유사과학 이론에 기반하고 있다.

2000년 4월, 열 살 난 캔디스 뉴메이커Candace Newmaker는 "애착장애At-
tachment Disorder" 치료를 받기 시작했다. 캔디스를 4년 전에 입양한 양
부모는 캔디스를 훈육하는 데 어려움을 겪고 있었고, 아동애착치료
와 훈련협회(www.ATTACh.org)의 치료사에 도움을 요청했다. 그들
은 생후 2년 안에 정상적인 애착이 형성되지 않은 아이의 경우 재애
착을 할 수 있다는 이론에 기반한 애착치료Attachment Therapy(AT)가 캔
디스에게 필요하다고 말했다.

  이 이론에 의하면, 아이는 억압된 유아기의 분노를 해소하기 위
해 물리적인 "대면"과 "억제"가 필요하다. 그 과정을 아이가 신체적으
로 완전히 탈진하고 감정적으로 "유아" 상태로 돌아갈 때까지 매일,
혹은 매주 끝없이 반복한다. 이후, 부모가 아이를 요람에 눕히고 흔
들어주며 젖병을 물리는 방식으로 "재애착"을 구현하는 것이다.

  캔디스는 에버그린애착센터Attachment Center at Evergreen(ACE)의 전
임상소장이었고 전국적으로 유명한 애착 치료사인 코넬 왓킨스Con-
nell Watkins와 갓 캘리포니아 가족상담사 자격증을 딴 줄리 폰더Julie
Ponder가 있는 콜로라도 에버그린에 보내졌다. 치료는 왓킨스의 집에

서 이루어졌으며 비디오테이프에 모든 것이 담겼다. 공판 자료에 의하면, 왓킨스와 폰더는 나흘 이상 "껴안기 치료"라는 이름으로 캔디스의 얼굴을 138회 잡거나 덮었고, 그녀의 머리를 392회 흔들거나 밀었으며, 133회 눈앞에서 소리쳤다. 이 치료로도 캔디스를 굴복시키지 못한 그들은 68파운드(약 31킬로그램)에 불과한 그녀를 담요로 감싸고 쿠션으로 막은 다음 여러 명의 성인(몸무게를 다 더하면 약 320킬로그램에 달하는)이 그 위에 올라가 그녀가 "재탄생"하게 하였다. 폰더는 캔디스에게 그녀가 자궁 속의 "아주 작은 아기"이며 "머리부터 바깥으로 꺼낸 후 발로 밀어서 나오라고" 지시했다. 캔디스는 그들에게 "숨을 쉴 수 없어요, 안돼요! 누가 내 위에 있어요. 죽을 것 같아요! 제발! 공기가 부족해요!"라고 외쳤다.

애착치료 이론에 따르면 이런 캔디스의 반응은 감정적인 저항이며 그녀는 더 많은 대면을 통해 벽을 뚫고 나올 정도의 분노를 느껴야만 감정적으로 치료가 된다. 예를 들어 ACE(지금은 애착과아동발달연구소Institute for Attachment and Child Development로 바뀜)는, "대면은 때로 아동의 방어기제를 부수고 내면의 아이에게 상처를 주기 위해 필요하다. 잘못된 사고방식과 파괴적 행동양식에 대면하는 것은 변화에 꼭 필요한 일이다"라고 주장한다.

이 이론을 따르는 폰더는 캔디스에게 이렇게 말했다. "너는 죽게 될 거야." 캔디스는 애원했다. "제발, 제발, 숨을 쉴 수가 없어요." 폰더는 애착장애 아동이 자신의 고통을 과장한다는 가정을 바탕으로 다른 이들에게 "위에서 더 강하게 누를 것"을 지시했다. 캔디스는 구토를 했고, "토했어요"라고 말하며 울었다. 캔디스의 엄마는 안타깝게 보며 말했다. "이게 힘든 일이란 걸 알아. 하지만 나는 너를 기다리고 있어."

캔디스가 조용해지고 약 40분이 흘렀다. 폰더는 캔디스에게 "겁쟁이, 겁쟁이!"라 꾸짖었다. 폰더가 옆에서 어슬렁거리는 개를 쓰다듬는 동안 어떤 이는 이제 제왕절개를 해야겠다고 농담을 하기도 했다. 약 30분 동안 침묵이 이어진 뒤, 왓킨스는 냉소적으로 말했다. "이 바보 좀 보라지. 여기 있던 애는 어디 갔지? 아 자기 토한 거 위에 누워 있네. 지쳤니?"

캔디스는 지친 것이 아니라 죽어 있었다. 이 열 살 난 아이는 "저산소증에 의한 허혈성 뇌증이 유발한 뇌수종과 부종에 의해 사망했다." 부검 보고서의 내용이다. 캔디스가 죽은 이유는 질식 때문이며, 치료사들은 "부주의에 의해 폭력으로 아이를 사망에 이르게 한 죄"로 최소 16년 형을 받았다. 이 사건의 근본적인 원인은 유사과학에 기반한 엉터리 치료가 심리학의 이름으로 행해진 것이다. 진 머서, 래리 사너, 린다 로사는 2003년 출간한 《법정에 선 애착치료Attachement Therapy on Trial》(www.ChildrenInTherapy.org)에서 이렇게 말한다. "이 치료법이 아무리 이상하고 기이해 보이더라도, 그리고 아무리 비효율적이고 심지어 아이에게 해로울지라도, 이는 복잡한 내적 논리에 기반을 두고 있었다. 안타깝게도 그 논리는 잘못된 가정 위에 있었다." 이 치료사들이 캔디스를 죽음에 이르게 한 것은 그들이 악해서가 아니라, 유사과학 이론을 받들고 있었기 때문이다.

애착치료는 이후에도 계속 성장한다. ATTACh는 회원 수가 약 600명이라고 주장한다. 저자들은 이 치료가 "껴안기-먹이기 과정, 껴안기 치료, 분노 감소, 포옹 시간, 부드러운 억제, 압박 치료, 안전한 억제" 등 아주 다양한 수준에서 이루어지기 때문에 실제 회원 수는 더 많을 수도 있다고 말한다.

　어떤 이름이든 애착치료는 아이를 괴롭히고 죽이는 유사과학이다. 이 치료법은 비윤리적이라는 비난을 받아야 하며, 다른 아이를 다시 괴롭히고 죽이기 전에 법적으로 금지되어야 한다.

26 자연치료와 사기꾼

"그"가 당신에게 가르쳐주지 않은 자연치료라는 사기.

코미디 프로그램의 과장된 패러디는 그 사회의 단면을 보여준다.
NBC 〈새터데이나이트라이브〉에서 방영하는 가짜 광고는 그 좋은
예이다. 1980년대 방영된, 당시 인기를 끌던 섬유질 다이어트를 비꼬
는 "콜론블로우 시리얼Colon Blow Cereal" 광고는 이 시리얼에 평범한 오
트브랜 시리얼의 무려 3만 배에 해당하는 섬유질이 들었다고 말하며
사람들의 웃음을 자아냈다. 코미디언 댄 애크로이드가 연기한, "바
스-오-매틱 블렌더Bass-O-Matic blender"(농어Bass를 통째로 갈 수 있는 믹서
기―옮긴이)와 "백오글라스Bag O' Glass(위험한 유리 조각을 담은 주머니―
옮긴이), 그리고 자니 스위치블레이드 액션피겨(칼날이 튀어나오는 인
형―옮긴이) 등을 판매하는 끈질긴 홈쇼핑 호스트 어빈 메인웨이도
패러디로 나타난 당시 사회의 모습이다.

의학, 약학, 그리고 정부('그들')에 대한 근거 없는 의견과 음모
론, 그리고 황당한 비난을 두서없이 뒤섞은《'그들'이 당신에게 가르
쳐주지 않는 자연치료Natural Cures "They" Don't Want You to Know About》라는
자신의 책을 일주일에 최대 139번씩 심야 시간에 광고한 케빈 트루
도Kevin Trudeau에 대한 적절한 이미지를 얻으려면 어빈 메인웨이가 콜

론블로우 시리얼을 바스블렌더 및 백오글라스와 함께 파는 것과 비슷할 것이다. 트루도의 이 책은 어이없을 정도로 바보 같기 때문에, 설사 자신의 병이 낫기를 필사적으로 바라는 이라 하더라도 그의 책을 진지하게 받아들이지는 않을 것이다. 정말 그랬을까?

아쉽게도 그렇지 않았다. 이 책은 수백만 권의 판매고를 올리며 《뉴욕타임스》 베스트셀러 목록에까지 올랐다. 트루도의 이전 작품인 《메가 메모리 시스템Mega Memory System》을 구입한 이들은 이 사기꾼이 신용카드 사기로 2년을 연방 감옥에서 보냈다는 사실을 기억할 것이다. 그리고, 연방거래위원회Federal Trade Commission(FTC)는 트루도를 "출판물에 대한 진짜 정보 광고를 제외한 어떠한 형태의 제품, 서비스, 프로그램도 대중을 대상으로 한 정보 광고로 만들거나 광고에 등장하거나 이를 배포하는" 것을 금지했으며 특히, "질병이나 건강과 관련해서는 출판물, 라디오, 인터넷, 텔레비전, 우편물 등 형태와 시간에 무관하게 어떤 종류의 제품, 서비스, 프로그램에 대해" 어떠한 주장도 하지 못하게 하였다. 트루도는 가짜 정보 광고에 대한 보상금으로 50만 달러를 물어야 했으며, 코랄 칼슘이 암을 치료한다는(사실이 아니다) 주장과 바이오테이프biotape라는 통증 감소 제품이 고통을 영원히 줄여준다는(사실이 아니다) 주장에 대한 고소를 취하하는 대가로 200만 달러를 더 내야 했다.

놀랍게도 그의 새 책 《자연치료Natural Cure》는 위의 제한에 걸리지 않는다. 트루도의 정보 광고를 조사하고 "제품과 서비스는 금지되었지만 출판물은 허가되었다"고 판단한 FTC의 광고실무팀 부팀장인 헤더 힙슬리Heather Hippsley는 "책은 표현의 자유에 속한다. 그는 자신의 의견을 책으로 낼 수 있다"고 말한다.

그래서 트루도는 다음과 같은 내용을 담은 책을 마음대로 낼 수 있게 되었다. "의학은 병, 질병, 질환을 치료하고 예방하는 데 완전히, 100퍼센트 실패했다." (천연두는 질병이 아닌가?) "입안에서 모든 금속을 꺼내라." (이렇게 하면 의료 카르텔을 더 도와주는 셈이 아닌가?) "선블록 크림은 암을 유발하는 것으로 밝혀졌다." (근거는?) "수돗물을 마시지 마라" (아니다. 관련 연구들은 수도물이 병에 든 생수만큼이나 안전하다고 한다.) "야생의 동물은 절대 병에 걸리지 않는다." (조류 독감을 걱정할 필요가 없겠군!) "30일 동안 15번의 결장 세척을 받아라." (친구를 데려가도 될까?) "흰옷을 입어라. 흰색에 가까울수록 긍정적인 에너지가 당신의 에너지장으로 들어온다." (근데 왜 당신 책 표지는 까만가?) "처방약과 비처방약을 모두 먹지 마라." (당뇨병을 가진 이는 인슐린 주사도 맞으면 안 되나?) "백신도 물론 맞아서는 안 된다." (소아마비는?) "성관계를 해라" (처방약 비아그라는 먹어도 될까?)

의학적 조언을 담은 이 600페이지에 달하는 책에는 색인도, 서지도, 참고문헌도 없다. 그 대신 사람들의 증언과 오디오북, 뉴스레터, 후속작인 《'그들'이 당신에게 가르쳐주지 않는 체중 조절의 비밀 The Weight Loss Cure They Don't Want You to Know About》에 대한 광고가 있다.

"자연치료"에 대한 그의 조언 중 몇 가지는 치료법이 아니라 건강한 삶을 살기 위한 뻔한 조언이다. 적게 먹고, 더 많이 운동하며, 스트레스를 덜 받으라는 것이다. 심장병을 예방하기 위해 구강 킬레이션(정맥주사를 통해 특정한 물질을 주입해 동맥의 플라크를 제거하는 것을 킬레이션이라 하며, 이를 영양제로 만들어 주사 대신 복용하는 것을 구강 킬레이션이라 한다—옮긴이)을 받으라는 식의 몇몇 조언은 완전히 틀린 것이고, 자석 매트리스나 악어 단백질 펩티드가 섬유근육통에 좋다는 어이없는 주장도 있다. 이 책의 가장 큰 문제점은 여기에 소개된 모든 자연치료에 대해 독자들로 하여금 자신의 홈페이지를 찾아보라고 하는 것이다. 그의 홈페이지로 가서 질병 정보를 놀러 보면 평생 회원 요금 499달러 혹은 9.95달러의 월정액을 요구한다. 이는 사기꾼의 전형적인 방식이다. 일단 유인하고(책을 통해 홈페이지로), 이중으로(책을 팔고, 그다음 회원권을 판다) 돈을 뜯는다.

"그들"이 당신에게 자연치료를 가르쳐주지 않는 이유는 뭘까? 그는 "돈과 권력" 때문이라고 말한다. "사람들은 돈과 권력이 얼마나 강력한 동기가 될 수 있는지 알지 못한다." 케빈 트루도를 보면 그의 이 말이 얼마나 사실인지는 적어도 분명히 알 수 있다.

이 쓸모없는 사기꾼으로부터도 나는 한 가지 의학적 교훈을 얻었다. 바로 일본의 속담 중 하나인 "바보를 치료하는 약은 없다"는 것이다. 도모 아리가토, 트루도 상.

후기

2014년 3월 17일, 케빈 트루도는 자신의 책《'그들'이 당신에게 가르쳐주지 않는 체중 조절의 비밀》의 정보광고에 대한 허위사실모욕죄 등의 죄목과 FTC가 부과한 3760만 달러의 벌금을 내지 않은 죄로 10년형을 받았다.

IV   초자연적 현상

27

죽은 자와의 토크쇼

인기 영매가 사용하는 속임수

인간은 패턴을 찾고 이야기를 만들어내는 동물이다. 다른 모든 동물과 마찬가지로 우리는 살아남기 위해 자연의 사건들을 서로 연결해 의미 있는 패턴을 찾도록 진화했다. 그리고 다른 어떤 동물들과도 다르게 우리가 찾은 패턴을 이야기로 만들어낸다. 어떤 패턴은 사실이지만 어떤 패턴은 환상에 불과하다.

영매들이 죽은 자와 이야기할 수 있는 것처럼 보이는 이유 역시 바로 인간이 가진, 우연한 사건들에서 환상에 불과한 패턴을 찾는 습성 때문이다. 오늘날 가장 유명한 영매는 Sci-Fi 네트워크의 텔레비전 시리즈인 〈크로싱오버Crossing Over〉의 진행자이며 《뉴욕타임스》 베스트셀러인 《원 래스트 타임One Last Time》의 저자인 전직 볼룸댄스 강사 존 에드워드John Edward일 것이다. 〈크로싱오버〉의 인기는 Sci-Fi가 이 쇼를 CBS에서 방영하는 〈오프라윈프리쇼Oprah Winfrey Show〉와 같은 시간에 방영할 정도로 대단하다.

에드워드는 어떻게 죽은 자와 이야기하는 것처럼 보이는 걸까? 간단히 말하면 그는 속임수를 쓰는 것이다. 그는 먼저 스튜디오 한쪽, 스무 명 정도의 방청객을 향해 이런 말을 하며 쇼를 시작한다.

"여기서 조지를 느낄 수 있네요. 이게 어떤 의미인지 모르겠군요. 조지는 최근에 세상을 떠난 이일 수도 있고, 여기 와 있는 누군가일 수도, 아니면 당신이 아는 누군가일 수도 있어요." 이런 일반적인 말을 통해 그는 벌써 무언가를 "맞춘" 셈이 된다. 이제 그는 자신의 먹이(사기를 치려는 대상)를 향해 다음 세 가지 기술을 사용해 "리딩"을 시작한다.

콜드리딩cold reading은 아직 준비가 안 된 사람의 정보를 얻기 위해 하는 것이다 _ 여러 질문을 하고 다양한 말을 하면서 어떤 것이 우연히 맞는지를 본다. "P로 시작하는 이름이 떠오릅니다. 누구인가요?" "뭔가 붉은색을 보여주네요. 이게 뭐죠?" 같은 식이다. 대부분 말이 맞지 않는다. 만약 시간이 있다면, 상대는 확실하게 고개를 가로저을 것이다. 하지만 그는 그럴 시간을 주지 않는다. 그리고 B. F. 스키너가 미신적 행동에 대한 실험에서 보여주었던 것처럼, 사람들은 그 결과가 가끔씩만 자신의 예측과 일치해도 그 패턴이 실재한다고 믿는다(슬롯머신은 사람들을 붙잡기 위해 불규칙적으로 가끔씩만 보상을 준다.) 내가 WABC 뉴욕 방송에서 보여준 것처럼, 그는 첫 1분 동안 거의 1초에 하나씩 이름, 날짜, 색깔, 병명, 조건, 상황, 친척 등을 묻는다. 이 과정은 너무 빨리 진행돼서, 모두 파악하려면 테이프를 앞으로 돌려가며 보아야 한다.

웜리딩warm reading은 거의 모든 사람에게 적용되는 심리학의 원칙을 이용한 기술이다 _ 사랑하는 이를 떠나보낸 이들은 종종 그 사람을 상징하는 장신구를 몸에 지닌다. 예를 들어, 〈더투데이쇼The Today Show〉

에 나온 캐이티 쿠릭Katie Couric은 떠나간 남편의 반지를 목에 걸고 있었다. 영매는 이 사실을 이용해 "혹시 반지나 장신구를 가지고 있나요?"와 같은 질문을 한다. 에드워드는 죽은 이가 가슴과 머리 중 어디에 문제가 있었는지, 그리고 병으로 죽었는지 갑작스레 사고로 죽었는지를 교묘하게 알아낸다. 그는 여남은 개의 주요 사망 원인을 빠르게 훑는다. "그 사람이 가슴에 고통이 있다고 이야기하는군요." 만약 상대가 고개를 끄덕이면 그는 계속 묻는다. "그 사람에게 암이 있었나요? 그가 병으로 죽어가는 것이 보이는군요." 상대가 고개를 끄덕이면, 그는 맞춘 것이다. 상대가 주저하면, 그는 심장마비를 이야기한다. 만약 머리에 문제가 있었다면, 그는 뇌졸중이나 교통사고, 낙상으로 인한 머리 부상으로 넘어간다.

핫리딩hot reading은 영매가 미리 얻은 대상의 정보를 이용한다 _ 에드워드의 쇼에 참석한 어느 사람은 이렇게 말한다. "그의 '제작진'이 우리가 쇼를 기다리는 동안 스튜디오 여러 곳에 서 있었다. 그들은 우리에게 조용히 있으라고 말하며 우리가 하는 이야기들을 계속 엿들었다. 내 생각에 도청장치가 있는 것 같았다. 우리는 스튜디오에서 두 시간 이상 기다려야 했으며, 그동안 최근에 세상을 떠난 각자의 가족 중 누가 오늘 나올지 이야기했다. 이미 카메라와 마이크가 사방에 설치된 장소에서 말이다."

물론 대부분 영매는 이런 사기를 칠 필요조차 없다. 그들은 죽음이라는 강력한 대상을 다루는 것처럼 보이기 때문에 인기를 끄는 것이다. 우리는 모두 사랑하는 이의 죽음을 겪게 될 것이며, 인생에서 가장 취약한 시간을 보내게 될 것이다. 그 시기에는 우리 중 가장 이성적이고 스스로 통제할 수 있는 사람조차도 자신의 감정에 굴복하게 될 수 있다.

바로 이 점이 영매가 비윤리적일뿐더러 위험한 이유다. 그들은 애도하는 이들의 감정을 먹이로 삼는다. 전문 상담가들의 말대로 죽음에 대처하는 가장 좋은 방법은 이를 정면으로 마주하는 것이다. 죽음은 삶의 일부이며, 따라서 죽은 자들이 전직 볼룸 댄스 강사와 쓸데없는 이야기를 하기 위해 뉴욕의 한 텔레비전 스튜디오에 모여드는 것처럼 꾸며대는 것은 살아 있는 이들의 지성과 인간성에 대한 모독일 것이다.

28

방황하는 텔레파시

왜 대부분의 과학자는 초감각지각(ESP)이나
텔레파시를 믿지 않을까?

19세기 전반부 내내, 찰스 다윈과 앨프리드 러셀 월리스Alfred Russel Wallace(1823-1913)가 진화에 대한 수많은 근거와 자연선택이라는 작동 방식을 설명하기 전까지 진화론은 가설로만 존재했다.

1915년 독일의 과학자 알프레트 베게너Alfred Wegener(1880-1930)가 제시한 대륙이동설 또한 20세기 전반부 동안 과학의 경계에 있었다. 하지만 1960년대에 해령이 발견되고, 대륙판의 이동에 따른 지구 자기장의 패턴이 밝혀졌으며, 가장 중요한 근거인 대륙을 움직이게 하는 판 구조론이 등장하면서 비로소 과학적 사실이 되었다.

데이터와 이론, 근거와 작동 방식. 이들은 건전한 과학을 지탱하는 두 기둥이다. 데이터와 근거 없이는 이론과 작동 방식은 무의미하다. 이론과 작동 방식 없이는, 데이터와 근거는 끝없는 바다에서 표류할 뿐이다.

텔레파시 혹은 초능력 현상에 대한 주장은 나온 지 100년이 넘었다. 19세기 후반 초능력에 대한 엄밀한 과학적 연구를 위해 심령연구학회Society for Psychical Research가 설립된 이래, 월리스를 포함한(다윈은 초능력에 회의적이었다) 뛰어난 과학자들이 여기 참여했다. 20세기에도 1920년대 조지프 라인Joseph Rhine의 듀크대학교 실험과 1990년 대 코넬대학교 대릴 벰Daryl Bem의 연구에 이르기까지 초능력 연구는 주기적으로 학계에 등장했다.

예를 들어, 1994년 1월 벰과 그의 동료였던 에든버러대학교의 초심리학자 찰스 호너턴Charles Honorton은 영향력 있는 저널인《심리학 회보Psychological Bulletin》에 〈초능력은 존재하는가? 비정상적인 정보 전달 과정에 대한 재연 가능한 근거〉라는 논문을 실었다. 그들은 40개의 발표된 실험 결과를 메타 분석하여 다음과 같은 결론을 내렸다. "간츠펠트ganzfeld 실험이라는 특정한 실험 방식에 대한 재연율과 유효 크기는 이들 실험에 대해 심리학계가 더 큰 관심을 보일 필요가 있음을 말해준다." (메타 분석이란 기존의 연구들을 종합적으로 판단하는 통계적 기법으로, 개별 연구가 통계적으로 무의미할 때도 종합적으로는 유의미한 결과가 나올 수 있다. 간츠펠트 실험이란 "수신자"의 눈을 가리고, 귀에는 헤드폰을 씌워 노이즈를 들려주는 방식으로 감각을 차단시킨 뒤, "발신자"가 다른 방에서 사진이나 영상을 텔레파시를 통해 수신자에게 전송하는 실험을 말한다.)

그들은 초능력의 존재에 대한 근거를 제시했음에도 (수신자는 우연이라면 25퍼센트의 성공률을 보여야 했지만, 실제로는 35퍼센트의 성공률을 보였다) 대부분의 과학자들이 이를 받아들이지 않음을 안타까워했다. "학계 대부분의 심리학자들은 물리적, 생물학적으로 아직은 설명 불가능한 비정상적인 정보 혹은 에너지를 전달하는 초능력(텔레파시 혹은 다른 형태의 초감각 지각)의 존재를 받아들이지 않고 있다."

과학자들이 이 초능력을 인정하지 않는 이유는 무엇일까? 데릴 벰은 학계에서 인정 받는 실험과학자이며 그는 통계적으로 유의미한 결과를 발표했다. 과학자들은 이 새로운 데이터와 근거를 보고 자신의 생각을 바꾸는 것이 옳지 않을까? 하지만 이 결과를 회의적으로 보는 이유는, 재연 가능한 데이터 외에도 설득력 있는 이론이 필요하기 때문이다. 초능력 연구에는 바로 이 부분이 빠져 있다.

우선 데이터를 보자. 메타 분석과 간츠펠트 방식에 대해서도 이견이 있다. 오리건대학교의 레이 하이먼Ray Hyman은 벰의 메타분석에서 같은 것으로 묶인 간츠펠트 실험들이 서로 다른 실험이며, 이 경우 그들이 사용한 통계적 분석 기법(스토퍼의 ZStouffer's Z)은 적절하지 않다는 사실을 지적했다. 그는 또한 수신자에게 전송하는 시각적 대상을 무작위로 선택하는 과정에서 편향이 있음을 발견했다. "시각적 대상을 맞춘 모든 유의미한 결과는 그 대상이 한 번 등장한 이후의 시도에서 이루어졌다. 대상이 처음 등장한 경우, 그 결과는 우연에 의한 확률을 넘지 못했다." 허트포드셔대학교의 리처드 와이즈먼Richard Wiseman은 30개 이상의 간츠펠트 실험을 메타 분석하여 초능력의 근거가 없음을 확인했고, 이들 데이터는 재연 가능하지 않다는 결론을 내렸다. 벰은 이에 대해 유효한 10개의 간츠펠트 실험이 더 있으며, 이에 대한 연구를 출판할 계획이라고 반박했다. 데이터에 대해서는 이런 논쟁이 아직 진행 중이다.

그럼 이론을 보자. 과학자들이 설사 더 확실한 데이터가 나타나더라도, 여전히 초능력에 회의적일 수밖에 없는 이유는 이 초능력이 어떻게 작용하는지를 설명하는 이론이 없기 때문이다. 초능력 지지자들이 발신자의 뇌 신경세포에서 만들어지는 생각이 어떻게 두개골을 뚫고 수신자의 뇌에 전달될 수 있는지를 설명하지 못한다면, 자연선택이론이 나오기 전까지의 진화론이나 판구조론이 나오기 전까지의 대륙이동설에 회의적 태도를 취하는 것이 더 적절했던 것처럼, 초능력에 대해서도 회의적 태도를 취하는 것이 더 적절할 것이다. 만약 실험 데이터가 초능력에 대한 어떤 설명이 필요함을 보일 경우 (나는 그러리라고 생각하지 않지만) 이를 설명하는 인과적인 작용 원리가 있어야 한다.

초능력 연구는 그들의 다윈이 등장하기 전까지는 과학의 경계에서 방황할 수밖에 없을 것이다.

29 유체이탈의 비밀

만약 뇌가 모든 경험의 주체라면,
초자연적 경험 또한 뇌신경의 작용일 뿐이다.

500년 전 악마는 꿈속에서 사람을 괴롭히는 남색마incubi와 여색마 succubi의 형태로 나타났다. 200년 전에는 귀신과 구울ghoul이 괴롭혔다. 20세기는 회색과 녹색 외계인이 등장해 희생자들을 납치해 검사하고 자극했다. 오늘날 사람들은 침대 위로 정신이 떠오르거나 침실 밖으로 나가고, 심지어 지구를 벗어나 우주로 나가는 유체이탈 체험을 하고 있다.

왜 이런 일이 벌어지는 걸까? 이들은 정말 이 세상에 존재하는 환상의 존재거나 미지의 현상일까? 아니면 그저 우리 마음속에 있는 걸까? 최근 이들이 사실상 뇌의 창조물이라는 것을 말해주는 새로운 증거들이 발견되고 있다. 예를 들어 캐나다 서드베리에 위치한 로런시아대학교의 뇌과학자 마이클 퍼싱어Michael Persinger는 피험자의 측두엽을 일정한 패턴의 자기장으로 자극해 이 모든 현상을 경험하게 할 수 있다. (나 역시 이 기술로 가벼운 유체이탈을 경험했다.)

2002년 9월 19일, 《네이처》에는 스위스의 뇌과학자 올라프 블랭크Olaf Blanke와 그의 동료들이 심각한 간질 발작으로 고생하는 43세 여성의 측두엽 모이랑angular gyrus에 전기자극을 가해 유체이탈 체험을 유도할 수 있다는 내용의 기사가 실렸다. 약한 자극이 주어졌을 때 그녀는 "침대 속으로 빠져드는" 혹은 "높은 곳에서 떨어지는" 것처럼 느껴진다고 말했다. 자극 수준을 높였을 때 그녀는 "나는 위에서 침대에 누워 있는 나를 보고 있지만, 내 다리와 반바지만" 볼 수 있다고 말했다. 또 다른 자극에 대해 "순간적으로 '가벼워지고' 침대 위 천정에 가깝게 2미터 정도로 '떠오르는'" 것을 느꼈다.

2001년 출간된 《신은 왜 우리 곁을 떠나지 않는가Why God Won't Go Away》에서 앤드루 뉴버그Andrew Newberg와 유진 다킬리Eugene D'Aquili는 불교 수도승들이 명상할 때와 프란체스코회 수녀들이 기도할 때 그들의 뇌를 스캔한 결과 그들이 정향연합영역Orientation Association Area(OAA)이라 명명한, 공간에서 자신의 위치를 판단하는(이 부위에 부상을 입은 이들은 집 주변에서 어디로 가야 할지 몰라 곤란을 겪는다) 상후두정엽posterior superior parietal lobe의 활동이 현저하게 낮아진다는 것을 발견했다. OAA 영역을 활성화시키고 부드럽게 작동시키면 자아와 비자아에 대한 뚜렷한 구분이 발생한다. OAA 영역이 깊은 단계의 명상이나 기도 때처럼 수면 모드로 진입할 경우 그와 같은 구분은 사라지며, 현실과 환상의 경계, 그리고 신체 내부와 외부의 경계 또한 모호해진다. 수도승들이 경험하는 우주와의 일체감, 수녀들이 경험하는 신의 존재, 그리고 외계인이 자신을 침대 위로 끌어올려 그들의 모선으로 유괴하는 경험이 모두 이와 관련된 것일지 모른다.

때로는 트라우마가 이런 체험의 원인일 수 있다. 《랜싯Lancet》 2001년 12월호에 발표된, 심장마비로 사망 판정을 받았다가 다시 살아난 네덜란드인 344명에 대한 연구는 이들 중 12퍼센트가 자신의 몸 바깥으로 빠져나가 터널 끝 밝은 빛을 보는 임사체험을 했음을 보였다. 어떤 이들은 심지어 죽은 친척과 대화했다고 말했다. 우리의 경험이 일반적으로 외부에서 주어지는 자극에 의해 뇌가 만들어내는 것임을 생각해볼 때, 뇌의 특정 부위가 비정상적으로 활동해 이러한 환상을 만들고, 또 다른 부위가 이를 외부의 사건으로 해석하는 것일 수 있다. 이런 식으로 비정상적 활동이 초자연적 현상으로 여겨지는 것이다.

이러한 연구들은 뇌와 육체가 마음 및 영혼과는 별도의 것이라는 믿음에 타격을 가한 가장 최근의 연구들일 뿐이다. 실제로 모든 경험은 뇌에서 이루어진다. 피질과 같은 뇌의 넓은 부위가 측두엽과 같은 작은 영역에서 오는 신호들을 받아 정리한다. 측두엽 또한 모이랑과 같이 작은 뇌의 영역에서 오는 신호를 받아 이를 피질로 보낸다. 이러한 뇌신경의 흐름은 때로 "할머니" 뉴런이라 불리는, 고도로 선별적인 개별 뉴런의 단계로까지 환원된다. 칼텍의 뇌과학자 크리스토퍼 코흐Christof Koch와 게이브리얼 크라이먼Gabriel Kreiman은 캘리포니아주립대학교 로스앤젤레스캠퍼스의 신경외과 의사 이차크 프라이드Itzhak Fried와 함께 피험자가 빌 클린턴Bill Clinton의 사진을 보았을 때 발화되는 뉴런 하나를 발견했다. 모니카 뉴런은 아마 그 옆에 위치할 것이다.

물론 우리는 우리 뇌의 전기화학적 시스템이 어떻게 작용하는지 확실하게 알고 있지는 못하다. 우리가 실제로 경험하는 것은 철학자들이 감각질이라 부르는 것이거나 아니면 연속적인 뉴런의 발화에 의한 주관적인 생각과 감정일 것이다.

초자연적, 초현실적 현상은 자연적이고 현실적인 현상에 포함될 수밖에 없다. 사실 초자연적이고 초현실적인 것이란 존재하지 않

는다. 오직 자연적이고 현실적인 것만 존재하며, 모든 미스터리한 것
들은 설명될 것이다. 이러한 문제를 초자연적이 아닌 자연적인 설명
으로 해결하는 것이 바로 과학의 임무이다.

30

바이블 코드라는 헛소리

바이블 코드는 과학으로 위장한 수비학의 헛소리다.

앨프리드 테니슨Alfred Tennyson(1809-1892)은《인 메모리엄 A.H.HIn Me-
moriam A.H.H.》의 에필로그에서 자연의 원리와 목적을 하나로 통일하
려는 노력의 본질을 이렇게 포착했다.

하나의 신, 하나의 법칙, 하나의 원소,

그리고 저 멀리 존재하는 하나의 신성한 사건,

바로 모든 창조물을 움직이게 하는.

1970년대 베스트셀러였던 할 린지Hal Lindsey의《위대한 행성 지구의
만년 The Late Great Planet Earth》(3500만 부 이상 팔렸다)과 오늘날 팀 라헤
이Tim LaHaye와 제리 젠킨스Jerry B. Jenkins의《레프트 비하인드Left Be-
hind》시리즈(5000만 부 이상 팔렸다)까지, 소우주와 거대우주를 통일
하고 시간의 흐름에서 목적론적 구조를 발견하려는 고상한 꿈은 하
나의 커다란 산업이다. 특히, 과학의 시대인 오늘날 자신의 주장을
적당한 과학 용어로 포장할 수 있다면 더 큰 효과를 볼 수 있다. 최근
발간된 마이클 드로스닌Michael Drosnin의《바이블 코드 IIBible Code II》는

1997년 출간된 1권과 함께《뉴욕타임스》베스트셀러에 오르는 등 종교의 이름으로, 혹은 종교에도 악영향을 미치면서 어처구니없는 방식으로 과학의 이름을 악용한 전형적인 예이다.

바이블 코드의 지지자(성경 해석의 유구한 전통을 생각하면 사기꾼이라 생각되는)들에 따르면, 이들은 바이블 코드가 성서 수비학numer-ology과 중세 이래 인기를 끈 카발라 신비주의의 한 분야라 주장하며, '모세 오경'(성경의 첫 다섯 권)을 컴퓨터 프로그램을 이용해 일정한 간격으로 한 글자씩을 뽑을 경우 의미 있는 내용이 나온다고 주장한다. 그 간격은 7, 19, 3,027 등 그들 마음대로 정한다. 이렇게 뽑은 내용을 사각형으로 나열한 다음 왼쪽에서 오른쪽, 오른쪽에서 왼쪽, 위에서 아래, 아래에서 위, 그리고 대각선 등으로 읽으면서 어떤 패턴을 찾는다. 구하라, 그리하면 얻을 것이라.

예상대로, 1997년 드로스닌은 이츠하크 라빈Yitzhak Rabin(1922-1995)의 암살, 벤야민 네타냐후Benjamin Netanyahu의 당선, 슈메이커-레비Shoemaker-Levy 혜성의 목성 충돌, 티머시 맥베이Timothy McVeigh와 오클라호마 폭탄 테러, 게다가 당연히 2000년 세계의 종말 또한 찾아냈다. 세계는 멸망하지 않았고 그의 첫 책 이후에도 사건들은 계속 일어났기 때문에 드로스닌은 이후의 사건들을 성경에서 계속 찾았다. 그리하여 그는 빌 클린턴과 모니카의 밀회, 부시와 고어가 선거를 두고 다툰 일, 그리고 당연히 세계무역센터의 붕괴를 찾았다.

역사상 모든 예언자들과 마찬가지로 이런 예측은 사실 사후 예측일 뿐이다(어떤 심령술사나 점성술사도 9/11을 예측하거나 경고하지 못했다). 바이블 코드가 의미를 얻으려면 그 사건이 일어나기 전에 예측할 수 있어야 한다. 그들은 그렇게 하지 않았고, 사실 할 수도 없다.

덴마크의 물리학자 닐스 보어 Niels Bohr(1885-1962)가 단언한 것처럼, 예측은 어렵고, 그 예측이 미래에 대한 것일 때는 특히 그렇다. 그 대신 1997년 드로스닌은 이런 제안을 던졌다. "누구든 나를 비판하는 사람이 《모비딕 Moby Dick》에서 총리의 암살과 관련된 메시지를 찾아낸다면, 그를 인정하겠다."

호주의 수학자인 브렌든 매케이 Brendan Mckay 는 《모비딕》에서 13명 이상의 정치적 암살 사건을 찾았고, 《전쟁과 평화 War and Peace》와 다른 소설들에서 더 많은 것을 찾아냈다(http://bit.ly/RwaXcX). 미국의 수학자 데이비드 토머스 David Thomas 는 레프 톨스토이 Lev Tolstoy(1828-1910)의 소설에서 시카고 불스가 1998년 NBA에서 우승한다는 사실을 찾았으며, 최근에는 "바이블 코드는 바보 같고, 어리석고, 가짜이며, 틀렸고, 사악하며, 유치하며, 질 낮은 장난이자 엉터리 사기이다"라는 메시지가 《바이블 코드 II》의 첫 장에 숨어 있다는 것을 발견했다(http://bit.ly/1wUu3Mx)!

이 수비학의 헛소리에 조금이라도 배울 점이 있다면 그것은 바로 마음의 작동 방식과 세상의 작동 방식 사이에 깊은 관계가 있다는 것이다. 우리는 패턴을 찾는 동물로, 자연에서 발생하는 사건의 인과관계에 특별히 민감한 원시 인류의 후손이다. 이런 능력은 종종 유용했기에 우리의 본성에 깊게 새겨져 있다. 하지만 안타깝게도 이 능력은 가짜 패턴을 진짜로 인식하는 오류 또한 종종 드러낸다. 이는 패턴을 착각하는 습관이 유전되는 것을 넘어, 인간으로 하여금 미신적 사고에 쉽게 빠지도록 만들었다. 특히, 세상의 복잡성에 따른 큰 수의 법칙, 곧 일어날 가능성이 100만 분의 1인 사건이 뉴욕에서만 하루에 여덟 번씩이나 일어나는 상황은 이러한 경향을 더욱 부추긴다.

오늘날과 같이 데이터가 넘쳐나는 상황에서, 우리가 가진 패턴을 쉽게 발견하는 능력을 고려해볼 때, 수많은 사람이 바이블 코드와 비슷한 사기에 넘어가는 것이 놀랍지는 않다. 문제의 본질은 우리가 가진, 그리고 앞으로도 가지고 있을 인지 능력에 있다. 해결책은 우리가 가진 가장 우수한 패턴 분별 방법인 과학이며, 이 과학적 방법으로 자연의 합창 속에서 잡음을 제거하고 진짜 신호를 발견해내는 것이다.

후기

전혀 놀랍지 않게도, 버락 오바마Barack Obama의 당선과 다른 사건들에 대한 예측을 담은 《바이블 코드 IIIBible Code III》가 나왔다.

31

아틀란티스를 찾아서

끊임없이 들려오는 아틀란티스의 발견 소식은
왜 과학과 신화가 어색한 협력자인지를 보여준다.

신화는 의미, 도덕, 동기를 가진 이야기이다. 신화가 사실인지 아닌
지는 중요하지 않다. 하지만 우리는 과학의 시대를 살고 있기 때문에
신화를 확인하고픈 욕구가 있다.

성경에 나오는 이야기들을 확인하거나 반박하려는 증거를 찾는
성경고고학을 보자. 어떤 것들은 역사적 사실로 드러났고(예를 들어
다윗 왕), 어떤 것들은 성경 외에는 근거가 없었다(예를 들어 모세). 이
러한 성경과 과학의 결합이 진정으로 알려주는 것은 무엇일까? 예를
들어, 어떤 이들은 3500년 전 에게해의 산토리니 제도를 파괴한 화
산 폭발이 이집트의 역병으로 이어져 모세를 도왔다고 생각한다. 하
지만 지질학적 격변이 성경의 기적을 설명한다고 해서 신이 화산을
폭발시켰다고 말할 수 있을까?

이 화산 폭발은 아틀란티스 대륙을 침몰시킨 원인으로 추정되
기도 한다. 그러나 당시 번성했던 청동기 미노아 문명이 아틀란티스
가 아니라면 신화 추종자들은 또 다른 후보를 찾아야 할 것이다. 사
실 그들은 이미 그렇게 했다. 2004년 6월 6일, BBC는 아틀란티스가
위치했을 것으로 추정되는 스페인 남부의 위성 사진 기사를 실었다

(http://bbc.in/1tOvhVW). 독일 부퍼탈대학교의 라이너 쿠에네Rainer Kuehne는 "플라톤은 육지와 바다로 이루어진 몇 개의 동심원으로 둘러싸인, 지름 5스타드(약 925미터)인 어느 섬에 대해 썼다. 이 사진은 플라톤이 묘사한 동심원을 정확히 보여준다."

쿠에네는 스페인 카디스 근방에 동심원으로 둘러싸인 두 개의 직사각형 구조물을 발견했다고 주장하며 이를 학술지《안티퀴티An-tiquity》의 온라인판에 발표했다. 그는 이 구조가 플라톤이《크리티아스Critias》에서 설명한 금과 은으로 만들어진 클라이토와 포세이돈 신전과 일치하며, 아틀란티스의 높은 산들은 시에라 모레나와 시에라 네바다의 산들을 가리키는 것일 수 있다고 주장했다. 그는 "플라톤은 또한 아틀란티스에 구리를 비롯한 여러 금속이 풍부했다고 썼다"고 말하며 "시에라 모레나의 광산에는 구리가 풍부하다"고 덧붙였다.

아틀란티스는 지중해 외에도 카나리아 제도, 아조레스 제도, 카리브해, 튀니지, 서부 아프리카, 스웨덴, 아이슬란드, 심지어 남아메리카와 같은 곳에서도 "발견"된 바 있다. 그러나 어쩌면 아틀란티스는 존재하지 않았던 것은 아닐까? 아틀란티스 이야기는 플라톤이 그저 이를 신화로 이용할 목적으로 만들어낸 것은 아닐까? 나는 그럴 가능성이 크다고 본다. 아틀란티스 이야기는 호전적이고 부패로 얼룩진 문명이 어떤 운명에 처하게 되는지를 보여준다. 플라톤은 아테네인들이 전쟁과 재화를 추구한 끝에 도달한 벼랑에서 물러나게 하기 위한 경고의 의미로 이 이야기를 만든 것이다.

플라톤의 대화편인《티마이오스Timaeus》중 크리티아스는 이집트의 성직자가 그리스의 현자인 솔론에게 그리스의 조상들이 "헤라클레스의 기둥Pillars of Hercules"(아틀란티스 지지자들이 보통 지브롤터 해

협으로 설명하는) 너머의 강력한 제국을 물리쳤으며, 이후 "커다란 지진이 일어나 하루 낮과 밤 만에 모든 것이 땅속으로 가라앉았고, 아틀란티스 또한 깊은 바닷속으로 자취를 감추었다"고 말한다. 크리티아스는 금으로 장식된 화려한 궁전으로 둘러싸인 여러 동심원 형태의 운하를 설명한다. 포세이돈은 상아로 만들어진 지붕으로 덮인 은으로 된 신전에 살고 있으며 운하 사이에는 경마장이 있다. 아틀란티스는 전차 1만 대, 전함 2만 4000척, 장교 6만 명, 중장보병 12만 명, 기병 24만 명, 궁수와 투창병 60만 명을 보유할 정도로 부유했다(이쯤에서 이 이야기가 허구라는 것을 눈치챌 것이다). 그러나 호전적이고 탐욕스러운 그들은 타락했고, 제우스는 다른 신들을 자신의 신전에 불러들였다. "그는 다른 신들을 모은 뒤 이렇게 말했다…" 여기서 아틀란티스 이야기는 끝나지만, 플라톤은 자신의 의도를 충분히 전달했다.

　플라톤이 이런 이야기를 꾸며낼 수 있었던 배경에는 그리스의 황금기가 끝날 무렵에 성장기를 보낸 그의 경험과 아테네가 스파르타, 그리고 카르타고와 벌인 소모적인 전쟁이 있다. 그는《아틀란티스》에 묘사한 것과 비슷한 사원이 많은 시라쿠사, 중앙의 섬에서 원형의 항만을 제어하는 카르타고를 방문한 적이 있다. 지진 또한 당시 흔한 재난이었다. 그는 55세 때 아테네에서 40마일밖에 떨어지지 않은 헬리스를 덮친 지진을 보았고, 특히 그가 태어나기 한 해 전에는 그리스의 어느 섬에 있는 군사기지가 지진에 의해 피해를 입기도 했다.

　플라톤은 이런 역사적 사실을 이용해 하나의 신화를 만든 것이다. "우리는 도덕을 가르치려고 거짓을 진실이라 말하기도 한다." 플라톤의 말이다. 아틀란티스 이야기는 플라톤의 메시지이다.

32 비틀스의 음악을
거꾸로 틀면

비틀스, 성모 마리아, 예수,
퍼트리샤 아퀘트, 마이클 키튼의 공통점은?

1969년 9월, 내가 9학년을 시작하던 그해에는 비틀스의 폴 매카트니 Paul McCartney가 실은 1966년 교통사고로 사망했으며 그와 닮은 다른 이가 그를 대신하고 있다는 소문이 돌았다. 비틀스의 앨범에 그 증거 가 숨어 있다는 것이다. 구하라, 그리하면 찾을 것이다.

예를 들어, 음반 〈서전 페퍼스 론리 하트 클럽 밴드 Sgt. Pepper's Lonely Hearts Club Band〉에 수록된 〈인생의 어느 날 A Day in the Life〉이 그 사건을 묘사한다는 식이다.

> 그는 차 안에서 흥분했어요 He blew his mind out in a car
>
> 그는 신호가 바뀐 걸 알지 못했죠 He didn't notice that the lights had changed
>
> 한 무리의 사람들이 서서 그를 보았어요 A crowd of people stood and stared
>
> 그들은 그를 본 적이 있었죠 They'd seen his face before
>
> 하지만 아무도 그가 상원의원이라는 것을 확신하지 못했어요 Nobody was really sure if he was from the House of Lords (어떤 이들은 이 부분이 상원의원 House of Lords이 아닌 폴의 집 House of Paul이라 들린다고 말한다.)

9월 말에 발표된 〈애비 로드Abbey Road〉의 표지는 네 멤버가 길을 건 너는 사진으로, 마치 장례식장으로 향하는 듯하며, 이때 존 레논John Lennon은 성직자를 상징하는 흰옷을, 링고 스타Ringo Starr는 운구자가 입는 검은 옷을, 조지 해리슨George Harrison은 무덤을 파는 이의 작업 복을 입고 있으며 폴은 시체를 상징하는 맨발로 다른 이와 엇갈린 발 을 앞으로 내밀고 있다고 해석된다. 사진의 배경에는 번호판이 28IF 인 폭스바겐 비틀이 있는데, 28은 1966년 그가 만약("IF") 사망했다 면, 그때의 나이이다.

가장 무시무시한 증거는 그들의 노래를 거꾸로 재생했을 때 나 타난다. 나는 값싼 LP 턴테이블을 하나 구입해 속도 조절 스위치를 33 1/3과 45 사이에 두어 레코드판을 거꾸로 돌려도 모터가 상하지 않도록 만든 후 음반을 거꾸로 돌리며 긍정적인 태도로 어떤 소리가 나는지 주의 깊게 들어보았다. 가장 특이한 부분은 〈화이트 앨범〉에 수록된, 음침한 목소리로 "넘버 나인Number Nine … 넘버 나인 … 넘버 나인 …"을 반복하는 곡인 〈레볼루션9Revolution 9〉에서 나타났다. 이 곡을 역으로 재생하면, "턴 미 온, 데드 맨Turn me on, Dead man… 턴 미 온, 데드 맨… 턴 미 온, 데드 맨…"을 들을 수 있다. (번역하자면 '죽은 자여, 날 흥분시켜줘'라고 할 수 있다—옮긴이).

1970년 《롤링스톤Rolling Stone》과의 인터뷰에서 존 레넌은 이렇게 말했다. "말도 안 되는 소리죠. 다 지어낸 것들입니다." 하지만 폴이 죽었다는 이 소문에 대한 증거들은 한동안 계속 쏟아져 나왔다. (구 글에 "Paul is dead"를 한번 검색해보라). 그럼 누가 이런 소문을 만들어 냈을까? 비틀스는 아니다. 바로, 패턴을 찾아내는 대중의 능력과 음 모를 좋아하는 언론의 합작품이다.

결국 이는 신호와 잡음의 문제다. 인간은 진화 과정에서, 수많은 잡음으로 가득 찬 이 세상에서 생존을 위협하거나 생존에 도움이 되는 패턴을 인식하는 뇌를 가지게 되었다. 두 가지 사건을 인과적으로 연관짓는 이것을 연상 학습association learning이라 하는데, 우리는 이 작업을 매우 능숙하게 해낸다. 또는, 적어도 이 능력을 가진 이들이 살아남아 관련된 유전자를 후손에게 전달할 만큼은 뛰어났다고 말할 수 있다. 그러나 아쉽게도 이 능력에는 약점이 있다. 예를 들어, 어떤 두 현상이 연관된 것처럼 보이지만 실제로는 무관한 것을 의미하는 미신은 대표적인 잘못된 연상 학습의 예이다. (홈런을 치기 위해 면도를 하지 않는 야구선수를 생각해보라.) 라스베이거스는 이런 잘못된 연상 학습을 바탕으로 지어진 도시이다.

최근에도 이런 인간의 잘못된 패턴 인식 능력이 발휘된 예들은 계속 등장한다. (아래 단어들을 구글로 검색해보면 사진을 찾을 수 있을 것이다.) 치즈 샌드위치에 나타난 성모 마리아(내 눈에는 그레타 가르보Greta Garbo에 더 가까워 보인다), 굴 껍질에 나타난 예수의 얼굴(나는 찰스 맨슨Charles Manson이 떠올랐다), 퍼트리샤 아퀘트Patricia Arquette가 때로 꿈속에서 진짜 범죄를 보는 영매인 앨리슨 드보아 역할을 맡은 NBC의 TV 시리즈인 〈미디엄Medium〉, 마이클 키튼Michael Keaton이 전자음성현상Electronic Voice Phenomenon(EVP)이라 불리는 현상을 통해 테이프 레코더와 다른 전자기기로부터 죽은 아내가 보내는 메시지를 듣는다고 믿는 할리우드의 공포영화 〈화이트 노이즈White Noise〉 등이 있다. EVP는 내가 TMODMP(턴미온데드맨현상Turn Me On, Dead Man Phenomenon의 약자)라 부르는, 어떤 잡음이든 신호를 계속 찾다보면 결국은 어떤 의미 있는 신호를 찾을 수 있게 되는 현상—그 신호가 진짜 신호든 아니든—의 또 다른 버전이다.

개인의 경험은 이런 패턴 추구 능력에 불을 지핀다. 나의 이모인 밀드레드의 암은 미역 추출물을 먹은 뒤 사라졌다. 물론 그 미역 추출물이 효과가 있었을 수도 있다. 하지만 진짜 패턴을 확인하는 방법은 단 하나밖에 없으니, 그것이 바로 과학이다. 많은 환자에게 미역 추출물을 먹게 하고, 그러지 않은 대조군과 그 결과를 비교하는 것만이 미역 추출물의 효과를 확인하는 유일한 방법이다.

우리는 이런 자신의 경험을 주고받을 수 있는 언어라는 특징을 가진 사회적 영장류로 진화했다. 문제는 진짜 패턴을 파악하는 것은 생존에 도움을 주었지만, 가짜 패턴을 인식한다고 해서 우리가 죽지는 않았으며, 때문에 자연선택 과정은 인간으로 하여금 가짜 패턴을 계속 발견하게 만들었다는 것이다. 다윈상(인류의 유전자 풀에서 "진정 어리석은 방법으로" 자신의 유전자를 제거한 이들에게 주는)은 더 이상의 수상자를 원하지 않는다. 경험에 의지하는 사고는 타고나는 것이지만 과학적 사고는 훈련을 필요로 한다.

기가 모인다, 기가 모여!

"형태 공명 morphie resonance" 이론은 사람은
누군가가 자신을 쳐다볼 때 이를 느낄 수 있다고 말한다.
실제 실험 결과는 어떨까?

혹시 신문의 십자말풀이가 아침보다 밤에 훨씬 더 쉽다고 느껴본 적
이 있는가? 나는 없다. 하지만 루퍼트 셸드레이크Rupert Sheldrake는 이
현상이 낮 동안 십자말풀이를 마친 사람들의 집단적 지혜가 문화적
형태장과 공명하기 때문이라고 설명한다.

　케임브리지대학교 출신의 과학자이자 앨프리드 러셀 월리스로
거슬러 올라가는 초자연 현상을 좇는 이들의 후예인 루퍼트 셸드레
이크는 유사한 형태morphs는 서로 공명하며 우주적 생명의 힘을 통해
정보를 교환한다고 말한다. "자연이 가진 기억의 기본은 … 모든 생
명체, 그리고 해당 생물 종 내부에서 유지되는 집단적 기억 사이의 신
비한 텔레파시와 같은 연결에 의해 이루어진다." 루퍼트는 1999년 살
롱닷컴salon.com과의 인터뷰에서 이렇게 말했다. "데카르트는 의식이
라는 한 종류의 마음만 존재한다고 믿었다. 지그문트 프로이트Sigmund
Freud(1856-1939)는 무의식을 재발견했다. 그리고 융은 이 무의식이 개
인의 것이 아니라 집합적인 것이라 말했다. 형태 공명은 우리의 영혼
이 다른 이들과 연결되어 있으며 우리를 둘러싼 세상에 속해 있음을
말한다." 데카르트, 프로이트, 융, 루퍼트 셸드레이크. 흠 정말 공명이

있는 것 같기는 하다.

한편, 셸드레이크의 형태 공명은 "시간이 흐르면서 각각의 생명체가 형성하는 고유의 집합적 기억"을 의미하기도 한다. 그는 1981년 출간한《새로운 생명과학A New Science of Life》에서 이렇게 말했다. "자연의 규칙성은 일종의 습성에 의한 것이다. 모든 것은 그들이 원래 그랬기 때문에 지금도 그렇게 존재한다." 정식 학위를 받은 식물학자이자 한때 영국 왕립학회 회원이기도 했던 그는 1988년 출판한《과거의 현존The Presence of the Past》과 1996년 매슈 폭스Matthew Fox와 함께 쓴《천사의 물리학The Physics of Angels》에서 이 이론을 가다듬었고,《의식연구저널Journal of Consciousness Studies》2005년 6월호에서 이에 관한 논쟁을 다루었다.

셸드레이크는 형태 공명을 "유기체와 그 종의 집합적 기억 사이에 신비한 텔레파시와 같은 연결이 있다는 생각"이라 말하며 이를 이용해 환상사지phantom limbs, 전서구homing pigeons, 개가 주인의 귀가를 미리 아는 것, 그리고 누군가 자신을 쳐다보고 있을 때 이를 파악하는 것과 같은 초자연적 현상 등을 설명한다. 그는 이렇게 설명한다. "시각은 양방향으로 이루어지는 현상이다. 눈은 들어오는 빛을 감지하는 동시에 자신의 정신적 이미지를 외부로 투사한다." 그는 자신의 홈페이지에 올려놓은 실험 방법을 따라 다른 이들이 수행한 수천 번의 실험에서 "사람은 누군가가 뒤에서 바라볼 때 이를 느낄 수 있음이 반복적으로, 그리고 통계적으로 매우 높은 유의성을 가지고 있음이 보여졌다"고 말한다.

그의 이 주장을 더 자세히 살펴보자. 우선 일반적인 과학 실험은 웹서핑을 하다가 우연히 발견한 실험 방법을 시도해보는 보통 사람

들에 의해 이루어지지 않는다. 이는 그들이 다른 변수나 실험자의 편
향을 잘 통제했는지를 확인하기 힘들기 때문이다. 둘째, 심리학자들
은 사람들의 이런 경험을 일종의 역−자기실현적reverse self-fulfilling 효
과라 생각한다. 곧, 누군가가 자신을 쳐다보는 것 같아서 고개를 돌
리는 순간, 그런 행동이 뒤에 있는 사람의 관심을 끌어 그를 쳐다보
게 되고 따라서 뒤를 돌아본 사람은 그가 애초에 자신을 쳐다보고 있
었다고 생각하게 되는 것 말이다.

셋째, 2000년 런던 미들섹스대학교의 존 콜웰John Colwell은 셸드
레이크의 실험 방법을 가지고 열두 명의 지원자에 대해 각각 열두 번
의 실험을, 한 번에 스무 번씩 지원자를 쳐다보거나 쳐다보지 않는
방식으로 수행했다. 각 열두 번 중 처음 세 번은 매 시행 후 방금 그
를 쳐다보았는지를 알려주지 않았고, 이후 아홉 번은 이를 알려주었
다. 실험 결과 이들은, 매 시행 후 이를 알려줄 경우 통계적으로 유의
미하게 시선을 느꼈고, 콜웰은 이 결과를 실험이 완전하게 무작위적
순서로 진행되지 않았기 때문이라고 설명했다. 하트포드셔대학교의
심리학자인 리처드 와이즈먼Richard Wiseman 역시 셸드레이크의 실험
방법을 시도했고, 그는 지원자들의 성공 확률이 주사위를 던지는 것
과 별반 차이가 없음을 발견했다.

넷째, 이 현상에는 우리가 확증편향이라 부르는, 곧 우리가 이미
믿고 있는 사실이 있을 때 이를 지지하는 근거를 더 선호하는 인간의
특성이 반영되어 있다. "셸드레이크와 그의 비판자들"에게 헌사된
《의식연구저널》특별판에서 나는 셸드레이크의 실험을 수행한 연구
에 대한 학자들의 공개된 의견 14건을 1에서 5까지(비판, 약하게 비판,
중립, 약하게 지지, 지지)의 척도로 평가했다. 한 건의 예외도 없이 1에

서 3까지의 의견은 주류 학계에 속한 과학자들로부터 나왔고, 4와 5
의 의견을 낸 이들은 모두 초자연 현상을 지지하거나 학계의 경계에
위치한 기관에 속해 있었다.

　다섯째, 이 실험에는 실험 편향이 존재한다. 노에틱과학연구소
Institute of Noetic Science의 메릴린 쉴츠Marilyn Schlitz(그녀는 초능력 지지자이
다)는 와이즈먼(그는 초능력에 회의적이다)과 공동으로 셸드레이크의
실험을 재연했다. 결과는 공교롭게도 쉴츠가 지원자들을 쳐다볼 때
는 통계적으로 유의미한 결과가 나온 반면, 와이즈먼이 쳐다볼 때는
그렇지 않았다.

　셸드레이크는 이에 대해 회의주의자들은 형태 장의 미묘한 힘
을 약하게 만드는 반면, 이를 믿는 자들은 그 힘을 강하게 만든다고
답한다. 와이즈먼의 결과에 대해 그는 "아마 그의 부정적인 기대가
의식적으로 혹은 무의식적으로 그가 지원자들을 쳐다보는 방식에
영향을 주었을 것이다"라고 지적했다.

　이 이론은 왠지 궁극적으로 반증 불가능한 주장처럼 들리지 않
는가? 실험 결과가 긍정적이든 부정적이든 모두 그 이론을 뒷받침하
는 근거로 해석된다면, 우리는 이 이론이 참이라는 것을 어떻게 알
수 있을까? 이에 대해 우리는 기본적으로 회의적 태도를 가져야 한
다. 입증 책임은 회의주의자가 아니라 그 이론을 지지하는 이들에게
있기 때문이다.

34 이것이 궁극의 영성이다

캘리포니아 해안에서 만난 과학과 영성

에살렌연구소The Esalen Institute는 캘리포니아 빅서의 아름다운 바위 절벽에 위치한, 회의실과 숙박 시설, 온천탕이 있는 휴양지이다. 노벨상 수상자인 리처드 파인먼은 1985년 출간한《파인먼 씨, 농담도 잘하시네요》에서 에살렌에서 자연 온천을 즐기던 당시의 경험을 이렇게 풀어놓는다. 한 여성이 그곳에서 만난 남자로부터 마사지를 받고 있었다. "그는 그녀의 엄지발가락을 문지르기 시작했다. '느낌이 오네요.' 그는 말했다. '여기 들어간 곳이 있어요. 이게 뇌하수체인가요?' 나는 무심코 말했다. '거기는 뇌하수체에서 한참 떨어진 곳이요, 이 양반아!' 그들은 나를 보며 놀란 표정으로 말했다. '이건 반사요법 reflexology이에요!' 나는 바로 눈을 감고 명상을 하는 척했다."

이 뉴에이지 운동의 메카에 대한 소개는 그 정도로 되었고, 나는 이곳에서 주말 동안 열리는 과학과 영성에 대한 워크숍에 강연자로 초대되었다. 초자연적 현상에 대한 뜬구름 잡는 소리들을 하며 명상과 온천욕을 통해 열반에 이르려는 이들이 대부분인데도 회의주의적 경향이 강한 나의 강연을 들으려는 사람들로 강연장이 가득 찼다는 사실에 나는 놀랐다. 회의주의가 인기를 끌고 있는 것일까?

어쨌든 건강한 자연식을 먹으며 온천욕을 하는 동안 이들이 무엇을 믿고 있으며 왜 그런 믿음을 갖게 되었는지를 조금 알게 된 것은 매우 특별한 경험이었다. 예를 들어, 미스터 스켑틱(마이클 셔머 본인을 가리킨다―옮긴이)이 이곳에 와 있다는 것을 알게 된 그들은 연이어 천사나 외계인, 그리고 여러 초자연적 현상을 이야기하며 "이건 어떻게 설명할 거요?"와 같은 질문을 퍼부었다. 하지만 인간의 잠재적 능력에 대한 모든 기이하고 놀라운 운동의 진원지인 이곳 에살렌에는 어떤 특별하고 독특한 분위기가 있었다.

한 여성은 "신체요법bodywork"이라는, 마사지와 "에너지요법energy work"을 조합해 차크라라 불리는 인체의 일곱 군데 에너지 중심을 조절하는 이론을 내게 설명했다. 나는 마사지를 받았고, 그 마사지는 내가 받아본 것 중 최고였다. (나는 자전거 선수였고 수많은 마사지를 경험했다.) 하지만 마사지사가 내게 어떻게 다른 여성의 이마에 빛을 쬐어 편두통을 치료했는지 이야기하자, 나는 이론과 실습을 분리하는 게 좋겠다는 결론을 내렸다.

다른 여성은 악마적 컬트가 유행하고 있다고 경고했다. "하지만 그런 컬트가 존재한다는 증거가 없잖아요." 내가 반박하자 그녀는 이렇게 말했다. "물론 없죠. 악마는 사악한 힘을 가지고 모든 기억과 증거를 지우기 때문이죠."

한 신사는 오래전 자신의 연인과 가졌던, 몇 시간이나 지속된 탄트라 섹스를 이야기했다. 그는 절정에 이르렀을 때 번개가 그녀의 왼쪽 눈으로 들어가 푸른 빛으로 바뀌었으며, 그때 아이가 자궁으로 들어가 임신이 되었다고 말했다. 아홉 달 뒤, 그들은 친구, 스승들과 함께 아이의 출산에 앞서 사우나에서 자기 부부의 "환생rebirthing" 요법

을 받았다. 그 신사는 그때 배 속의 아이에게 대학에 들어가기 위해
서는 운동선수가 되어야 할 것이라 말했다. 20년 뒤, 그 아이는 프로
야구선수가 되었다고 한다. "이건 어떻게 설명하겠소?" 그는 내게 물
었다. 나는 재빨리 눈을 감고 명상을 하는 척했다.

　　사람들은 그런 경험을 나누며 거기에 더 큰 의미를 부여하곤 한
다. 이는 우리가 그런 초월적인 개념을 받아들일 만큼 충분히 큰 대
뇌 피질을 가지고 있기 때문이며, 또 그런 환상적인 이야기들을 지어
낼 수 있을 만큼 상상력이 뛰어나기 때문이다. 만약 우리가 정신(또
는 영혼)을 우리를 구성하는 정보의 패턴(우리의 유전자, 단백질, 기억,
성격 등과 마찬가지로)으로 정의한다면, 영성은 우리의 본질이 오랜
진화의 역사와 광활한 우주 공간의 어디에 존재하는지를 알고자 하
는 시도라 할 것이다.

　　영적인 태도를 가지는 방법에는 여러 가지가 있으며, 과학 또한
우리가 누구이고 어디에서 왔는지에 관한 놀라운 이야기를 해준다
는 점에서 그중 하나에 속할 것이다. "우주는 우리 안에 있다. 우리는
별의 구성 성분으로 만들어졌다. 우리는 우주가 스스로를 알아내는
한 가지 방법이다." 천문학자 칼 세이건은 에살렌 바로 남쪽에서 촬
영된 〈코스모스〉 시리즈의 첫 장면으로 생명을 구성하는 화학 원소
들이 별에서 만들어졌다는 사실을 이야기하며 이렇게 말했다. "우리
는 마침내 우리가 어디에서 왔는지를 궁금해하기 시작했다. 이는 별
로 이루어진 존재가 별에 대해 생각하는 것이며, 10억의 10억의 10억
의 10배에 해당하는 숫자의 원자들이 유기적으로 뭉친 존재가 물질
의 진화를, 지구에서 아니 어쩌면 우주에서 시작된 길고 긴 의식의
탄생을 추적하게 된 것이다. 인류가 생존하고 번성해야 할 의무는 우

리 자신만을 위해서가 아니라 우리를 탄생시킨 그 오랜, 그 광활한 우주를 위한 것이기도 하다."

이것이 궁극의 영성이다.

V　　　외계인과 UFO

35

셔머의 마지막 법칙

충분히 발전한 외계 지성은 신과 다를 바 없다.

뛰어난 과학자이자 (특히 그는 위성통신 아이디어를 최초로 내놓았다) 과학소설 분야를 개척하기도 한(그의 대표작으로는《2001: 스페이스 오디세이》가 있다) 아서 C. 클라크Arthur C. Clarke(1917-2008)는 우리 시대의 가장 뛰어난 선지자 중 한 명일 것이다. 그가 남긴 날카로운 인용구들은 인간성과 이 우주 속 우리 인간의 위치에 대한 통찰력 덕에 인류의 정신 속에 또렷이 남아 있다. 그중에서도 그의 세 가지 법칙은 특히 그러하다.

> **클라크의 제 1법칙** _ "유명하지만 이제 원로가 된 과학자가 어떤 것이 가능하다고 한다면, 그 말은 거의 확실히 맞다. 하지만 무언가가 불가능하다고 한다면 그 말은 틀릴 가능성이 높다."
> **클라크의 제 2법칙** _ "가능성의 한계를 알 수 있는 유일한 방법은 불가능할 때까지 시도하는 것이다."
> **클라크의 제 3법칙** _ "충분히 발달한 기술은 마법과 구분할 수 없다."

특히 마지막 법칙 때문에 나는 과학과 종교의 관계, 그중에서도 외계 지성 extraterrestrial intelligence(ETI)의 발견이 두 분야에 어떤 충격을 줄 것인지를 생각하게 되었다. 마침내 나는 감히 셔머의 마지막 법칙을 제안하려 한다. (나는 자신의 이름을 딴 법칙을 스스로 만들 수 있다고 생각하지 않는다. 성경에 나오는 것처럼 마지막이 첫 번째가 될 것이고 첫 번째가 마지막이 될 것이다.) 바로, 충분히 발달한 외계 지성체는 신과 구분할 수 없다는 것이다.

서구 종교에서 신은 흔히 전지 omniscient와 전능 omnipotent을 가진 것으로 묘사된다. 전지전능과는 거리가 먼 인간의 능력을 고려해볼 때, 과연 우리가 우리보다 충분히 뛰어난 능력을 가진 외계 지성체를 신과 확실하게 구분할 수 있을까? 우리는 절대적 전지전능과 상대적 전지전능을 구분하기 어려울 것이다. 혹은 신이 그저 우리에 비해 상대적으로 더 많이 알고 더 많은 것을 할 수 있는 존재라면, 바로 그 정의상 외계 지성체는 신이 될 수 있다! 다음의 두 가지 사실과 이에 기반한 추론 결과를 보자.

1 _ 생물학적 진화는 기술적 진화보다 극히 느리다 전자는 다윈의 진화론을 말하며, 여러 세대에 걸친 번식의 성공을 필요로 한다. 반면, 후자는 라마르크적이며 한 세대 내에서 구현될 수 있다.

2 _ 우주는 매우 크고 대부분 비어 있다 인류가 가장 멀리 내보낸, 시속 6만 2000킬로미터로 날아가는 우주선 보이저 1호가 가장 가까운 항성인 알파센타우리까지 날아가려면 7만 5000년이 걸리며, 보이저 1호는 사실 그 방향으로 날아가고 있지도 않다. 따라서 우리가 우리보다 조금 더 앞선 외계 문명과 만날 가능성은 거의 없다. 만약 우리가 외계 지성체와 만난다면, 이는 100만 년 전 호모 에렉투스를 맨해튼

한가운데 세워둔 채 컴퓨터와 핸드폰을 주고 이야기하는 법을 가르치는 것과 비슷한 차이가 날 것이다. 우리는 마치 이 유인원이 우리를 바라보듯 외계 지성체를 신과 같이 생각하게 될 것이다.

과학과 기술은 앞서 수만 년 동안 우리가 겪은 변화보다 더 큰 변화를 지난 100년 동안 이루었다. 수레에서 비행기까지 1만 년이 걸렸지만, 비행기에서 달착륙까지는 66년밖에 걸리지 않았다. 컴퓨터의 능력이 18개월마다 두 배로 높아진다는 무어의 법칙은 계속 성립하고 있으며 이제 그 주기는 1년으로 짧아졌다. 레이 커즈와일Ray Kurzweil 은 《21세기 호모 사피엔스The Age of Spiritual Machines》에서 제2차 세계대전 이후 컴퓨터의 성능은 두 배씩 서른두 번 높아졌으며, 빠르면 2030년에는 특이점이 올 수 있다고 말한다. 물질의 밀도가 무한대가 되는 블랙홀의 중심을 말하는 용어인 특이점은 또한 컴퓨터의 계산 능력이 우리가 상상 가능한 정도를 넘어 거의 무한대에 이르게 되는 시점을 의미하며, 우리는 이를 사실상 전지omniscience와 구별할 수 없을 것이다.

특이점 이후의 10년은 이전의 수만 년보다 더 큰 변화가 올 것이다. 인류의 지난 수십만 년 혹은 수백만 년을 생각해보면 (이조차도 진화적인 관점에서는 눈 깜짝할 시간이지만, 만약 우리가 이 우주에서 처음으로 우주에 나간 생명체가 아니라면—그럴 가능성은 매우 낮을 것이다—외계 지성이 그동안 얼마나 발전했을지 현실적인 추측이 가능하다) 그들이 얼마나 신과 같은 존재로 보일지 숨이 턱 막히고 얼이 나갈 정도의 느낌을 받게 된다.

1953년 클라크가 쓴 《유년기의 끝Childhood's End》에서 인간은 외계 지성의 도움을 받아 특이점과 비슷한 순간에 도달하게 되고, 비로소 유년기를 벗어나 더 높은 수준의 의식 상태로 성장하게 된다. 소설 초반에 한 인물은 이렇게 말한다. "과학은 종교의 교리를 반박하지 않고 그저 무시하는 것만으로도 종교를 없앨 수 있다. 내가 아는 한, 누구도 제우스나 토르가 존재하지 않는다는 것을 증명하지 않았지만, 오늘날 거의 누구도 이들을 믿지 않는다."

과학이 종교에 대해 조금도 신경 쓰지 않는다 하더라도, 셔머의 마지막 법칙은 인류가 외계 지성과 접하게 되는 순간, 과학과 종교의 관계가 크게 영향을 받을 것임을 보여준다. 그 결과를 알기 위해, 우리는 클라크의 두 번째 법칙이 말하듯 끊임없이 과감하게 가능성의 한계를 넘어 알지 못하는 세계를 향해 도전해야 할 것이다.

36

왜 ET는 우리에게
전화를 걸지 않는가?

외계 지성의 존재를 예측하는 드레이크 방정식에서
문명의 평균 수명은 크게 과장되어 있다

아마 과학의 전 영역을 통틀어 1961년 전파천문학자 프랭크 드레이크Frank Drake가 현재 우리 은하에 존재하는 기술 문명의 수를 예측하기 위해 만든 드레이크 방정식처럼 가정이 많이 들어간 공식은 없을 것이다.

$$N = R f_p n_e f_l f_i f_c L$$

이 공식에서 N은 통신이 가능한 문명의 수이며, R은 적절한 항성이 탄생할 비율, f_p는 그 항성에 행성이 있을 비율, n_e는 한 항성계에 평균적으로 존재하는 지구형 행성의 수, f_l는 그 행성에 생명체가 있을 비율, f_i는 그 생명체에게 지성이 있을 비율, f_c는 그들이 통신 기술을 가졌을 비율, 그리고 L은 통신 가능한 문명의 수명이다.

　항성의 생성에 대해서는 충분히 정확한 관측치를 가지고 있으며(천문학자들은 매년 10개의 태양형 항성이 생겨난다고 생각하며 따라서 $R=10$이 된다), 그 항성들에 행성이 있을 비율은 충분히 높다. 아직 우리에겐 목성형 거대 행성보다 작은 지구형 행성을 관측하는 기술이 없어 지구형 행성의 비율을 확실히 말할 수는 없다. 나머지 숫자들에 대한 데이터는 더 부족하며, 사실상 SETI와 관련된 대부분의 예측은 괴짜 천문학자들의 상상력에 의존한다.

　물론 대부분의 SETI 천문학자들은 자신들의 한계를 잘 알고 있지만, 나는 특히 기술 문명의 수명을 의미하는 L의 예측에서 여러 문제점을 발견했다. SETI 연구소의 천문학자인 세스 쇼스탁Seth Shostak 또한 이렇게 말한다 "다른 변수들의 불확실성은 L에 대한 우리의 무지에 비하면 아무것도 아니다." 화성협회Mars Society 회장이자 우주 탐사 전문가인 로버트 주브린Robert Zubrin 또한 이렇게 말한다. "L 값의 예측에 가장 큰 불확실성이 존재한다. 우리는 이 숫자를 예측할 수 있는 데이터가 거의 없는 반면, 우리가 어떤 숫자를 택하는지는 그 결과에 매우 큰 영향을 미친다." 실제 L의 예측치는 10년에서 1000만 년에 이르며 그 평균은 약 5만 년 정도 된다는 점에서 불확실성이 얼마나 큰지 알 수 있다.

　L값을 5만 년으로 잡아 보수적으로 드레이크 방정식을 계산할 경우(R=10, f_p=0.5, n_e=0.2, f_l=0.2, f_i=0.2, f_c=0.2) 문명의 수 N은 400개가 나오며, 이들은 평균 4300광년에 하나 존재하게 된다. 같은 L 값을 사용해 로버트 주브린의 낙관적인 (그리고 수정된) 드레이크 방정식을 계산할 경우 N은 500만 개가 나오며 이는 평균 185광년에 하나가 존재한다는 뜻이다. (주브린은 4000억 개의 항성 중 10퍼센트가 생명체가 존재할 수 있는 G형과 K형의 항성이며 다중항성계에 속하지 않는다고 가정했으며, 대부분 행성이 있고, 그중 10퍼센트가 활발한 생태계를 가지고 있으며, 그중 50퍼센트가 지구만큼 오래되었다고 가정했다.) 곧 N의 범위는 행성학회Planetary Society의 SETI 과학자인 토머스 R. 맥도너 Thomas R. Mc-

Donough의 4000개의 우주 수준 문명에서 칼 세이건의 100만 개의 외계 지성에 이르기까지 다양하다.

나는 이 중 L의 예측값이 일관적이지 못하다는 사실에 다소 당황했다. 사실 L 값이야말로 드레이크 방정식 중 인류 문명의 역사에서 데이터를 이용할 수 있는 값이기 때문이다. L 값을 계산하기 위해 나는 수메르, 메소포타미아, 바빌로니아, 이집트의 여덟 개 왕조, 그리스의 여섯 개 문명, 로마공화국과 제국, 그리고 고대의 다른 문명들에 로마제국이 사라진 뒤 등장한 문명들, 중국의 아홉 개 왕조와 두 개의 공화국, 아프리카의 네 문명, 인도의 세 왕조, 일본의 두 왕조, 중남미의 여섯 문명과 유럽과 미국에 존재한 여섯 개의 근대 국가를 포함한 60개 문명의 수명을 계산했다.

이 60개 문명의 전체 수명은 25,234년이며, 따라서 평균 수명 L은 420.5년이다. 로마제국이 멸망한 뒤의 근대 기술 사회에서 L은 모두 28개 문명의 평균 304.5년으로 더 짧았다. 이 값을 드레이크 방정식에 집어넣으면, 우리는 왜 외계인이 지구를 찾지 않는지 설명할 수 있다. 곧, L = 420.56년일 때, 우리 우주에 지금 존재하는 문명은 3.35개이며, L = 304.53년일 때는 2.44개이기 때문이다. 우주가 이렇게 조용한 것은 전혀 놀랍지 않다!

나는 SETI 프로그램을 열렬하게 지지하지만, 인류의 역사는 우리에게 문명의 흥망 주기는 광활한 별들 사이를 건너가거나 혹은 서로 연결되기에는 너무나 짧다는 사실을 말해준다. 우리는 100명에서 200명 정도의 사회 규모로 수렵 채집을 하는 환경에서 진화했고, 어쩌면 우리 종만이 아니라 다른 외계의 종 또한 (진화가 비슷한 방식으로 이루어졌다고 가정할 경우) 인구가 아주 많아질 경우 장기간의 문명을 유지하는 능력은 부족할 수 있다.

물론 L의 값이 얼마든, 그리고 N이 10보다 작든 1000만보다 크든, 우리는 사실 그 수가 1 이상이라고 확신하지 못하며, 따라서 우리는 우리가 아는 유일한 문명인 우리 지구에서 L이 0으로 떨어지지 않도록 끊임없이 노력해야 할 것이다.

(이 글에서 셔머가 고려한 60개의 인류 문명은 해당 문명이 사라졌을 때 인류의 기술이 모두 같이 사라진 것이 아니므로 드레이크 방정식에서 문명의 수명을 이야기할 때와 같은 수준의 문명인지는 의문의 여지가 있다—옮긴이)

37

시간 여행의 역설

타임머신, 외계인, 그리고 인과율의 역설

오리지널 〈스타트렉〉 시리즈의 닥터 매코이는 "영원 끝에 선 도시The City on the Edge of Forever" 에피소드에서 타임 포털에 떨어진 다음 과거를 바꿈으로써 엔터프라이즈호와 선원들을 현실에서 지운다. 삭제를 면한 커크 선장과 미스터 스팍은 매코이가 저지른 일을 되돌리기 위해 과거로 향한다. 시간 여행은 과학소설 작가들이 즐겨 사용하는 주제지만, 여러 물리법칙에 위배되는 것 외에도 일관성과 인과율이 깨진다는 근본적인 문제가 있다. 가장 잘 알려진 문제는 "모친 살해 패러독스"라는 것으로 주인공이 과거로 가 그를 낳기 전의 어머니를 살해할 경우, 그 여성을 살해할 주인공 본인이 태어날 수 없게 된다는 것이다. 영화 〈백투더퓨처〉에서 마티 맥플라이는 비슷하지만 반대의 상황에 봉착하는데, 이 때문에 그는 자신의 어머니가 아버지와 사랑에 빠져 자신을 낳을 수 있도록 만들어야 했다.

이 문제를 회피하는 한 가지 방법은 스타트렉의 가상현실 장치인 홀로덱과 같은 진짜 과거와 구분할 수 없을 만큼 정교한—따라서 과거를 여행하는 사람은 이것이 진짜 과거가 아니라고 확신할 수 없게 된다—과거를 만들어내는 가상현실 장치를 이용하는 것이다. 또 다른 방법으로는 우주론의 다중우주론을 이용해 시간 여행을 통해 간 과거는 우리 우주와 유사하지만 조금 다른 우주라고 말하는 것이다. 마이클 크라이튼Michael Crichton이 소설《타임라인Timeline》에서 주인공들이 다른 우주의 중세 유럽으로 여행할 때 사용한 방법으로, 이 경우 여행자 자신의 역사가 바뀌지는 않는다.

이런 두 가지 시간 여행 시나리오의 근본적인 단점은 그 과거가 주인공의 진짜 과거가 아니라는 것이다. 가상현실 타임머신은 그저 거대한 박물관에 불과하며, 다른 우주의 과거로 여행하며 자신의 어머니와 비슷한 사람이 자신의 아버지와 비슷한 사람과 만나 자신과 비슷한, 하지만 진짜 본인은 아닌 누군가를 만나는 것 역시 진짜 자신의 과거에 존재하는 누군가를 만나는 것보다는 분명 덜 흥미로운 일이다. 우리 우주의 과거로 가기 위해서는 킵 손이 고안한 타임머신이 필요하다. 그는 칼 세이건이 자신의 소설《컨택트Contact》에서 주인공 엘레노어 애로웨이를 26광년 떨어진 항성 베가로 보내는 방법을 물었을 때 이 타임머신을 생각해냈다.

세이건의 문제는 모든 과학소설 작가들과 마찬가지로, 예를 들어 보이저호의 속도로 항해하더라도 베가에 도착하기까지 49만 년이라는 오랜 시간이 걸린다는 점이다. 이 시간은 앉아서 가기에는, 아니 1등석에 앉아 등을 젖히고 트레이테이블을 편다고 해도 너무 긴 시간이다. 손이 제시하고 세이건이 채택한 답은 웜홀이라는 가상의 공간을 이용하는 것이다. 웜홀은 블랙홀과 비슷하게 공간을 왜곡시키며, 그 입구로 들어갈 경우 어떤 초공간을 지나 우주의 다른 어딘가로 나오게 되는 특징을 가진다. (농구공을 관통하는 구멍을 생각해보자. 이 구멍을 통해서라면, 농구공의 표면을 따라가지 않고도 농구공의 반

대쪽으로 갈 수 있다.) 한편, 아인슈타인이 보인 것처럼 시간과 공간은
서로 밀접하게 연관되어 있기 때문에, 손은 공간을 왜곡시킬 경우 시
간 또한 왜곡되므로, 웜홀 한쪽으로 들어갔을 때 과거로 가는 것 또
한 가능할 수 있음을 보였다.

킵 손의 초기 계산에서는, 적어도 이론적으로는 엘리가 웜홀 터
널을 그저 1킬로미터 내려가는 것만으로—땅콩 한 줌도 먹지 못할 짧
은 시간에—베가 근처에 도착할 수 있음을 보였다. 1988년 그는 이 내
용을 물리학 저널에 발표했고, 언론은 이 이야기를 기사로 다루며 킵
손을 "시간 여행을 발명한 사나이"라 불렀다. 킵 손은 언론의 선정적
태도를 부추길 사람이 아니었고, 연구를 계속해 1990년대 초반에 이
르러서는 자신의 원래 주장에 회의적인 견해를 품게 되었다.

킵 손은 우리가 웜홀을 무사히 통과할 수 있을지는 아직 우리가
잘 이해하지 못하는 양자중력의 법칙이 결정할 것이라 생각했다. 그
와 그의 동료들이 내린 결론은 "모든 타임머신은 작동을 시작하는
순간 스스로 파괴될 가능성이 크다"는 것이다. 킵 손의 동료인 스티
븐 호킹 또한 이에 동의하며 약간의 냉소를 담아 "물리법칙은 타임
머신을 허용하지 않는다" 따라서 "역사학자들은 이를 걱정할 필요가
없다"는 의미로 이를 "역사 보호 가설chronology protection conjecture"이라
불렀다. 게다가 호킹은 만약 시간 여행이 가능하다면, 미래에서 온
모든 시간 여행자들이 지금 어디에 있는지 묻는다.

시간 여행은 흥미로운 생각이지만, 여러 역설과 물리법칙이 제
한하듯, 나 역시 이에 회의적이다. 양자중력과 웜홀, 그리고 가상현
실 기기와 다중우주에 대해 더 많은 것이 알려지기 전까지는, 나는
마음속 역사 투영기를 이용해 나만의 시간 여행을 즐길 것이다.

38

외계인에게 납치당했어요!

상상 속 트라우마는 현실만큼이나 두려울 수 있다.

1983년 8월 8일 이른 새벽, 네브라스카 헤이글러로 향하는 시골의 고속도로를 홀로 달리고 있던 그때, 밝은 빛의 거대한 우주선이 나를 잡아채 길가로 끌고 갔다. 그 우주선에서 나온 외계의 존재는 나를 90분 동안 납치했고, 이후 나는 그 안에서의 일에 대한 어떤 기억도 없이 길가에 쓰러진 상태로 깨어났다. 이것은 실제로 일어난 일이고, 나는 그 사건 직후 영화계의 한 사람에게 이 이야기를 자세히 말했기 때문에 그를 통해 이를 증명할 수 있다. 그리고 나는 여전히 그 외계인들 중 일부를 만난다.

그러나 내 경험이 얼마나 생생한지와 그 일이 실제로 일어났는지는 전혀 다른 문제이다. 외계인에게 납치된 이들이 내게 그 이야기를 전할 때 나는 그들이 실제로 납치를 경험했다는 것을 부정하지 않는다. 그리고 그들이 진짜 외계인을 보았다고 믿는다는 사실 또한 믿는다. 하지만 최근 하버드대학교의 심리학자인 리처드 J. 맥널리Richard J. McNally와 수전 A. 클랜시Susan A. Clancy의 연구를 통해, 우리는 어떤 환상은 진짜 경험과 구별할 수 없으며, 단순히 환상에 의해서도 실제 경험 못지않은 트라우마가 생길 수 있다는 것을 알게 되었다. 2004년,《심리과학Psychological Science》에 실린〈대본 기반 심상법에 의한 외계인 유괴 경험자들의 정신생리학적 반응Psychophysiological Responding During Script-Driven Imagery in People Reporting Abduction by Space Aliens〉논문에서 맥널리, 클랜시, 그리고 그 동료들은 외계인에게 납치된 적이 있다고 주장하는 이들에게 대본 기반 심상법으로 납치 당시의 기억을 떠올리게 만든 후 심장 박동수, 피부 전도도, 그리고 좌측 전두피질의 근전도 반응을 측정했다. 저자들은 "납치 경험자들은 긍정적이거나 중립적인 시나리오보다 유괴와 관련한, 그리고 스트레스를 유발하는 시나리오에 대조군보다 더 큰 정신생리학적 반응을 보였다"고 결론내렸다. 곧, 이들의 반응은 실제 PTSD 환자들이 자신의 트라우마 경험을 묘사한 시나리오에 보이는 반응과 유사했다.

이 납치 연구는 성학대 기억에 대한 대규모 조사의 대조 연구로 시작된 것이다. 맥널리는 2003년 펴낸《트라우마 기억하기Remembering Trauma》에서 1990년대 기억 회복 운동의 역사를 이야기하며, 몇몇 이들의 경우 최면이나 심상유도법 등을 이용해 잃어버린 어린 시절의 성희롱 기억을 되살리는 과정에서 실제로는 일어나지 않은 사건에 대한 가짜 기억을 만들어냈다고 지적한다. "자신이 실제로 외계인에게 납치되었다고 믿는 사람들은 그들이 주장하는 납치 사건을 묘사하는 녹음된 대본을 들을 때 진짜 PTSD 환자와 비슷한 반응을 보였다. 이는 믿음만으로도 진짜 트라우마 경험과 비슷한 생리학적 반응을 유도할 수 있음을 보여준다." 맥널리의 말이다. 트라우마 기억이 생생하다고 해서, 그 기억이 진짜 사건이라는 증거는 될 수 없다.

납치 피해자의 경험에 대한 가장 그럴듯한 설명은 수면 마비와 각성시 환각hypnopompic hallucinations으로, 이때 피해자는 번쩍이는 빛,

시끄러운 소리, 그리고 따끔거리는 느낌을 부분 마비 및 성적 환상
과 함께 느끼며 이는 오늘날 대중 문화에서 흔히 등장하는 외계인과
UFO에 대한 묘사와 비슷하다. 게다가 맥널리는 피해자들이 "대조군
에 비해 실험실에서 이루어진 거짓 기억false memory 및 거짓 인식false
recognition 실험에 더 잘 속는 경향"이 있었다고 말하며, 거짓 기억 및
환상에 취약한 특성인 "흡수absorption"를 측정하는 조사에서 그들이
크게 높은 점수를 얻었음을 보였다.

　　나의 납치 경험은 극도의 수면 부족과 신체 탈진에 의한 것이었
다. 나는 당시 자전거로 북아메리카를 쉬지 않고 횡단하며 3100마일
(약 5000킬로미터)을 달리는 미대륙횡단경주Race Across America에 출전
해 첫날부터 83시간 연속으로 1259마일(약 2000킬로미터)을 달린 상
태였다. 내가 자전거 위에서 꾸벅꾸벅 졸자 나를 지원하기 위해 따
라오던 캠핑카는 라이트를 번쩍이며 차를 옆에 세운 뒤 내가 휴식을
취하게 만들었다. 그 순간 1960년대 텔레비전에서 방영된 〈인베이더
The Invaders〉 시리즈의 아득한 기억이 비몽사몽 간에 겹쳤다. 그 시리
즈에서 외계인은 실제 사람들을 복제해 지구를 점령하고 있었고, 묘
하게도 복제인간들은 새끼손가락을 굽히지 못하는 특징을 가지고
있었다. 갑자기 지원팀이 외계인으로 보이기 시작했다. 나는 그들의
새끼손가락을 뚫어지게 쳐다보았고, 정비사에게 자전거에 대해 아
는지 따졌고, 여자친구에게는 어떤 외계인도 모를 비밀 이야기를 캐
물었다.

　　90분 동안의 수면 휴식 이후, 그 경험은 그저 이상한 환상에 불
과한 것으로 바뀌었고 나는 경주를 촬영하던 ABC의 〈와이드월드스
포츠쇼〉 제작진에게 그렇게 이야기했다. 하지만 그 경험을 하던 순

간 나는 그것을 진짜로 느꼈으며, 그게 이 이야기의 주제이다. 자신을 속이는 인간의 능력에는 한계가 없으며, 믿음의 효과 또한 매우 강력하다. 그러나 다행스럽게도, 우리가 쌓아온 과학은 환상과 현실의 차이를 구별할 수 있게 만들어준다.

VI 변경 지대의 과학과 대체의학

39

엉터리 나노 기술과
인체 냉동 보존술

사망에 이르는 죄의 대속을 원하는 참 신자들

티머시 리어리Timothy Leary는 죽었다.

"아니, 그는 바깥에서 우리를 보고 있다" 무디블루스Moody Blues (1960년대에 활동한 영국의 록밴드)의 이 노래는 일종의 예언이 되었다. 1996년 티머시 리어리의 사후, 그의 유골 7그램은 9×12인치 양철 박스에 넣어져 우주로 쏘아 올려졌고, 자기 삶의 대부분을 내면을 바라보며 보낸 이의 최후에 걸맞게 6년 뒤 위성이 지구 대기에 돌입하며 불에 타 사라질 때까지 지구 주위를 돌았다.

하지만 〈티머시 리어리의 죽음Timothy Leary's Dead〉의 마지막 장면에 냉동 보존을 위해 리어리의 머리를 자르는 소름 끼치는 장면을 담은 다큐멘터리 감독 폴 데이비드Paul David는 리어리가 죽지 않았다고 주장한다. 리어리는 냉동 보존되었으며, 소생을 기다린다는 것이다. 리어리의 가족은 이를 단호히 부정하고 있으며, 데이비드는 이에 답하지 않았다. 리어리가 말년에 접촉한 두 냉동 보존술 회사인 알코어Alcor와 크라이오케어Cryocare는 내게 리어리는 화장되었다고 확실히 말한다. 어쨌든, 심지어 냉동 보존술을 지지하는 이들조차 오늘날 냉동 보존된 이들이 특별히 운이 좋지 않은 이상 다시 살아나지 못할 것임을 인정한다.

딸기를 얼렸다 녹여본 사람이라면 누구나 무엇이 문제인지 알수 있다. 세포 내의 수분은 얼었을 때 팽창하고 결정을 이루며, 이는 세포벽을 파괴한다. 냉동 상태에서는 여전히 그 구조를 유지하고 있더라도, 해동되면 세포액이 바깥으로 흘러나오며, 그래서 딸기는 흐물흐물해진다. 냉동 보존된 뇌 또한 마찬가지다.

냉동 보존 전문가들 또한 자신들의 "환자"(그들이 사용하는 낙관적인 표현)를 "유지"하는 데 이런 손상의 위험이 있다는 것을 아는 상황에서, 설사 그 비용 지불 방법이 그저 냉동 보존 회사를 사망보험의 수익자로 지정하는 계약의 형태라 하더라도, 신체 전부를 냉동하는 데 12만 달러를, "신경 회로"(곧 복제된 신체에 접합될 뇌)만을 냉동하는 데 5만 달러를 그들이 지불하는 이유는 무엇일까? 그 답은 나노 기술이다. 자체 컴퓨터를 가진 초소형 기계가 해동된 시체의—환자라고 해야 할까?—뇌에 주입되어 분자와 세포 단위로 신체를 수리하는 방식으로 수조 개의 세포를 모두 회복시켜 환자를 되살리는 것이다. "냉동 – 대기 – 소생"은 나노 기술이 죽음의 죄를 사해줄 것이라 주장하는 이 과학적 종교의 핵심 교리이다. 바로 모든 인간은 부활할 수 있다는 것이다.

모든 종교는 신을 필요로 하며, 냉동 보존술에는 로버트 에팅거Robert Ettinger(《냉동 인간The Prospect of Immortality》), 에릭 드렉슬러Eric Drexler(《창조의 엔진Engines of Creation》), 그리고 www.merkle.com에서 다운받을 수 있는 명작《뇌의 분자 수리The Molecular Repair of the Brain》를 쓴 랠프 머클Ralph Merkle의 세 성인이 있다. 이들의 저서는 적어도 한 번은 관심을 가지기에 충분한 실험적 증거와 논리적 추론에 기반하고 있다. 이들은 우선 화장이나 매장된 이는 소생될 가능성이 0이라는 사실에서 출발한다. 곧 일종의 세속적인 버전의 신에 대한 파스칼의 논리인 셈이다(파스칼은 신이 있을 가능성이 0만 아니라면 신을 믿는 것이 이득이라고 주장했다—옮긴이). 곧, 대안이 영원한 무nothingness이기 때문에, 나노 냉동 보존술이라는 도박을 해볼 만하다는 것이다.

과연 그럴까? 그 답은 사실 성공 가능성이 0보다 극히 조금 더 큰 일에 얼마나 많은 시간과 노력, 비용을 지불할 것이냐에 따라 다르다. 이를 위해서는 과학에 대한 맹목적으로 낙관적인 믿음을 의미하는, 일종의 세속적 종교에 해당하는 과학주의에 대한 믿음이 어느 정도 있어야 한다. 이들은 과학의 무한한 능력이 죽음을 비롯한 어떤 문제든 해결할 것이라 믿는다. 이들은 라이트 형제에서 닐 암스트롱 Neil Alden Armstrong(1930-2012)까지가 겨우 66년밖에 걸리지 않았다고 말하며, 지난 100년 동안 우리가 얼마나 많은 것을 이루었는지를 보라고 말한다. 평균 수명은 두 배가 되었고, 치명적인 질병들이 퇴치되었으며, 18개월마다 컴퓨터의 계산 능력이 두 배가 된다는 무어의 법칙은 그 주기가 오히려 12개월로 줄어들며 계속되고 있다. 이러한 경향이 1000년 동안, 아니 1만 년 동안 지속된다면, 인간 또한 거의 확실히 죽지 않게 된다는 것이다.

나도 이 나노 냉동 보존술 종교를 믿고 싶다. 정말 그렇다. 나는 대학 때 종교를 버렸지만, 지금도 종종 과학과 자연에 대한 경이를 향한 내 마음에서 과거의 복음주의적 열정의 흔적을 느낀다. 하지만 이 점이 바로 내가 이 주제를 회의적으로 대하는 이유이다. 나노 냉동 보존술은 너무나 종교와 가깝다. 약속하는 것은 너무나 많고, 실제로 제공하는 것은 (희망을 제외하고는) 아무것도 없다. 그리고 거의 모든 것이 전적으로 믿음에 기대고 있다. 에팅거, 드렉슬러, 머클이 삼위일체의 신이라면, 다마스쿠스로 향하는 길에서 자신의 이름을 바울로 바꾼 사울에 해당하는 이는 자신의 이름을 FM-2030(2030년은 그가 100살이 되는 해로, 나노 냉동 보존술이 성공할 것이라 예측한 해이기도 하다)으로 바꾼 F.M. 에스판디어리F. M. Esfandiary일 것이다. 그는 이렇게 말했다. "나는 나이가 없다. 나는 매일 새로 태어난다. 나는 영원히 살 것이다. 사고만 당하지 않는다면 나는 아마 영원히 살 수 있을 것이다." 그러나 그는 미처 암을 예측하지 못했고, 2000년 7월 10일, 불멸까지 30년을 남겨두고 췌장암으로 사망했다.

　　FM-2030, 정확히 그의 머리는 애리조나 스코츠데일에 위치한 알코어생명연장재단Alcor Life Extension Foundation의 액체질소 탱크 안에 보관되어 있지만 그의 유산은 그의 동료 "트랜스휴먼주의자transhumanist"(그들은 인간의 능력을 넘어서야 한다고 주장한다)와 "엑스트로피안extropian"(그들은 엔트로피에 반대한다), 그리고 이 과학주의 종교의 한 분파의 밈meme을 열렬하게 전파하며 자신들을 재발명해온 그의 사도들인 맥스 모어Max More, 톰 모로Tom Morrow, 그리고 다른 이들에게 살아 있다.

　　나노 냉동 보존술은 과학일까? 아니다. 그럼 유사과학일까? 그렇지도 않다. 이 분야는 내가 과학의 변경지대라 부르는 것으로, 과학에 기반한 주장이지만 아직 어떤 검증도 받지 못했으며, 어느 정도 근거는 있지만 현실에서는 매우 요원한 애매한 분야를 말한다. 냉동 보존술의 성공은 불가능한 일은 아니다. 단지 그럴 가능성이 극히 적어 보일 뿐이다. (뇌를 유리처럼 단단하게 만들어 냉동시 손상을 막는 "유리화vitrification" 기술 같은 새로운 기술도 계속 개발되고 있다.)

　　여기서 우리가 취해야 할 태도는 어쩌면 옳은 것으로 밝혀질지 모를 급진적이고 새로운 생각을 받아들이기에 충분한 열린 마음과 어지간한 헛소리에도 속아 넘어가지 않을 회의적인 태도 사이의 절묘한 균형을 찾는 것이다. 나의 열린 마음은 적어도 소수의 과학자가 자신의 일생을 이 불멸의 문제를 해결하는 데 바치는 것에 만족한다. 그러나 나의 회의적인 마음은 이 트랜스 휴머니스트-엑스트로피안 나노 냉동 보존술이 불편할 정도로 종교에 가깝다는 사실과, 매슈 아널드Matthew Arnold가 1852년 발표한 시 〈에트나 산정의 엠페도클레스 Empedocles on Etna〉에서 우리는 "언제 올지 모르는 미래의 기쁨을 꾸며 낼 것이며, 이를 꿈꾸는 동안 모든 현재를 잃게 될 것이며, 휴식을 먼 미래로 미루게 될 것이다"라고 말한 것처럼 인간은 자신을 속이는 경향이 있다는 점에서 이를 우려하게 된다.

후기

이 칼럼을 쓴 이후 냉동 보존주의자인 랠프 머클은 냉동 보존술의 가능성에 대해 내가 더 열린 마음을 가지도록 나를 설득하고 있으며 우리는 계속 연락을 취하고 있다. 예를 들어 그는 이렇게 말했다. "우리의 뇌는 물리적 법칙을 따르는 평범한 물리적 대상이다. 뇌를 만들거나 고치는 것이 어떤 물리법칙을 위반하는 것이라고, 혹은 근본적으로 어려운 일이라고 믿을 어떤 이유도 없다. 인간의 뇌는 그저 원자들이 특별한 규칙을 가지고 배열된 대상일 뿐이다. 우리가 원자를 배열하는 방법을 알게 된다면, 우리는 냉동 보존된 뇌를 고칠 수 있을 것이다." 그럴 수도 있고, 아닐 수도 있다. 머클은 한 인간의 "자아"가 기억에 저장된다고 말하며 이렇게 지적했다. "인간의 장기기억이 오늘날의 냉동 보존술에 의한 복원 때문에 파괴될 것이라 믿을 이유는 전혀 없다. 우리는 오늘날의 냉동 보존술이 정보이론의 관점에서 인간의 장기기억을 보존하기에 충분한 수준의 기술임을 말해주는 증거를 가지고 있다. 시냅스의 유무, 시냅스 전후 구조에 위치한 단백질, 시냅스 파편의 단백질은 오늘날의 냉동 보존술 수준에서 모두 추측 가능하다." 나는 냉동 보존술 이후 기억의 회복에 회의적이지만 머클이 말한 것처럼, 그것이 근본적으로 불가능한 일이 아니라는 것은 논리적인 지적이다. 그는 이렇게 말한다. "기본 원리는 단순하다. 인간의 뇌는 물리적인 대상이며, 인간의 장기기억은 냉동 보존술 이후에도 여전히 판별 가능한 물리적 상태에 의존한다. 액체질소의 온도에 저장된 세포 조직은 적어도 수백 년 동안 변하지 않는다. 앞으로도 컴퓨터는 계속 발전할 것이며 냉동 보존된 인간의 뇌를 촬영하고 분석하는 기술 또한 마찬가지일 것이다. 냉동 보존된 뇌와 충분한 계산 능력, 그리고 충분한 촬영 기술 덕에 뇌에 저장된 정보를 복원할 수 있을 것이다. 또한, 냉동 보존된 인간의 뇌를 완전히 작동하게 만들 수도 있겠지만, 엄격히 말해 냉동 보존술의 성공에 본래의 뇌를 정상적으로 작동시키는 것이 반드시 필요한 것은 아니다." www.merkle.com에서 더 많은 내용을 볼 수 있다.

40

복제인간의 존엄

복제인간의 3원칙은 복제인간을 보호할 것이며
과학의 발전에도 도움이 될 것이다.

아이작 아시모프는 1950년 발표한《아이, 로봇I, Robot》에서 로봇 3원
칙을 이렇게 소개했다. "1. 로봇은 인간에 해를 가하거나, 혹은 행동
하지 않음으로써 인간에게 해가 가도록 해서는 안 된다. 2. 로봇은
인간이 내리는 명령에 복종해야만 하며, 단 이러한 명령이 첫 번째
법칙에 위배될 때에는 예외로 한다. 3. 로봇은 자신의 존재를 보호해
야만 하며, 단 그러한 보호가 첫 번째와 두 번째 법칙에 위배될 때에
는 예외로 한다."

　오늘날의 복제인간에 대한 비이성적인 공포는 50년 전 사람들
이 로봇에 대해 가졌던 공포를 떠올리게 하며, 나는 복제인간에 대한
오해를 없앨 다음과 같은 "복제인간 3원칙"을 제안한다. 1. 인간의 복
제인간은 일란성 쌍둥이와 마찬가지로 고유한 개성을 가진 인간이
다. 2. 인간의 복제인간은 법적·도덕적 지위에 수반되는 모든 권리
와 특권을 가진 인간이다. 3. 인간의 복제인간은 우리 종의 모든 구
성원에게 주어져야 할 위엄과 존중을 받아야 하는 인간이다.

　이렇게 문제를 단순하게 만드는 것은 과학기술의 발전이 야기
하는 윤리적 문제가 가진 복잡한 뉘앙스를 지워버릴 위험이 있긴 하

지만, 기술의 발전과 관련된 공포를 줄이는 데는 도움이 될 수 있다. UFO를 신봉하는 단체인 라엘리안Raelian은 아직 자신들을 복제하지 못하고 있지만, 대부분의 전문가는 그리 멀지 않은 시점에 누군가가 인간을 복제하는 데 성공할 것이라 생각한다. 그리고 첫 번째 성공은 다른 이들이 인간 복제를 시도하게 만드는 출발 신호가 될 것이다.

만약 인간 복제가 불임 문제 해결의 또 다른 답이 될 수 없을 정도로 유전적으로 문제가 많은 생명체를 만든다면 누구도 이를 시도하지 않을 것이므로 우리는 이를 금지할 필요조차 없다. 반대로 인간 복제가 잘 작동한다면, 다음의 세 가지 인간 복제 금지 논리는 신화에 불과하므로 또한 이를 금지할 필요가 없어진다. 그 세 가지 논리는 동일 인물의 신화, 신의 영역 신화, 그리고 인간의 권리와 존엄성 신화이다.

동일 인물의 신화는 제러미 리프킨Jeremy Rifkin이 잘 묘사했다. "누군가를 복제하는 것은 끔찍한 범죄이다. 이는 한 사람을 유전적 구속복 안에 집어넣는 것이다." 헛소리이다. 이들은 필요할 때마다 의견을 바꾼다. 사실 그들은 종종 환경결정론을 이야기하기 때문에 이렇게 주장해야 할 것이다. "환경은 유전만큼이나 중요하기 때문에 당신과 똑같은 복제인간을 만드는 것은 불가능하다." 최신 연구 결과들은 개인의 특성 중 대략 절반이 유전자에 의해 결정되며, 나머지 절반이 환경에 의해 결정된다고 말한다. 곧 한 인간의 성장에 필요한 거의 무한에 가까운 환경 변수를 똑같이 만드는 것은 불가능하기 때문에, 복제 인간은 동일한 인물을 만드는 것과 거리가 멀다.

신의 영역 신화는 많은 이들이 이야기하는 것으로, 최근에는 듀크대학교의 종교윤리학자인 스탠리 M. 하우어워스Stanley M. Hauerwas

가 라엘리안 인간복제주의자들을 이렇게 비난한 예가 있다. "인간을 복제하려는 시도는 죄악이다. 우리가 할 수 있는 일은 해야 한다는 가정은 스스로 창조자가 되고자 하는 프로메테우스적 욕망의 결과이다." 이 신화는 다수의 지지를 얻고 있다. 1997년 《타임 Time》과 CNN이 복제 양 돌리 뉴스 이후 행한 여론조사에서 미국인의 74퍼센트가 "인간을 복제하는 것은 신의 의지에 반하는 것인가?"라는 질문에 "그렇다"고 답했다. 역시 잠꼬대 같은 소리다. 복제가 "신의 영역"이라 생각되는 이유는 그저 우리가 여기에 익숙하지 않기 때문이다. 한때 "신의 영역"이라 여겨졌던 체외수정, 배아이식, 그리고 다른 합법적인 불임 치료 기술들에 이제 누구도 그런 말을 하지 않는다.

인간의 권리와 존엄성 신화는 로마가톨릭 교회가 인간 복제는 "인간 출산과 부부 연합의 존엄성"을 부정한다는 믿음 하에 복제에 반대하며 발표한 공식 성명과 어느 이슬람 수니파 지도자의 "과학은 인간성과 인간의 존엄성을 지키는 엄격한 법률에 의해 규제되어야 한다"는 요구에 잘 나타나 있다. 미국 의회는 도덕적 관점보다 법률적 관점을 다뤄야 함에도, 인간의 복제가 아직 태어나지 않은 이의 권리를 침해한다고 결론 내렸다. 말도 안 되는 이야기다. 복제인간은 서로 다른 환경에서 자란 일란성 쌍둥이일 뿐이며, 누구도 쌍둥이가 권리나 존엄성을 가지지 못한다고, 또 쌍둥이를 금지해야 한다고 주장하지 않는다.

나는 인간의 복제를 제한하거나 금지하는 대신, 위에서 제시한 복제인간 3원칙을 수용하자고 제안한다. 이 원칙은 이미 미국의 법률과 헌법 정신에 녹아 있으며, 과학과 의학이 자신들의 역할을 할 수 있게 만들어준다. 과학의 영혼은 과감한 생각과 창조적인 실험 속에 존재하는 것이지 두려움과 금지와는 거리가 멀다. 과학이 전진하기 위해서는 스스로 성공과 실패를 경험할 수 있는 기회가 주어져야 한다. 복제 실험을 허용하고 어떤 일이 벌어지는지를 우리 모두 기다려보자.

41

아직도 생수 드세요?

생수는 수돗물이다?

1979년 나는 물통에 담긴 물을 마시기 시작했다. 하지만 자전거 물통 꽂이에 넣은 물통의 물은 생수가 아니라 수돗물이었다.

당시 생수가 얼마나 더 건강하고 맛있는 물인지는 알려져 있지 않았고, 수돗물은 충분히 먹을 만했다. 사실 생수는 더 몸에 좋고 맛있어야 한다. 왜냐하면, 미국인은 수돗물보다 240배에서 1만 배 더 비싼 생수를 먹기 위해 오늘날(2015년) 1년에 40억 달러를 생수에 쓰고 있기 때문이다. 생수는 1갤런(약 3.8리터)에 70센트에서 5달러에 이르는 반면, 수돗물은 1000갤런에 45센트에서 2.85달러 사이이다. 이렇게 많은 돈을 사람들이 헛되이 쓸 리는 없다. 하지만 안타깝게도 그런 것 같다.

1999년 3월 미국 천연자원보호위원회Natural Resources Defense Council (NRDC)는 총 4년 동안 103개 상표의 생수 1000병 이상을 조사한 결과에 대해 "생수의 25퍼센트 이상이 수돗물을 약품 처리하거나 하지 않은 상태로 병에 담은 것에 불과하다"고 발표했다. 만약 용기에 "공공 수원에서from a municipal source" 혹은 "지역 급수망에서from a community water system"라고 써 있다면, 이는 수돗물을 담았다는 뜻이다.

심지어 NRDC는 103개 상표 중 18개, 그러니까 적어도 하나 이상의 제품에서 "미생물 안전 수치를 넘는 박테리아"를 발견했다. 또 전체의 약 5분의 1에서 산업용 화학물질(톨루엔이나 크실렌 등)과 플라스틱 제조에 쓰이는 화학물질(프탈레이트, 지방산염, 스티렌 등) 등의 유기합성화합물이 발견되었지만 "평균적으로는 주 혹은 연방의 안전 기준 이하"였다. 국제생수협회 International Bottled Water Association는 NRDC의 연구 결과에 대해 "수질 기준 중 화학 오염물질에 대해 자세히 조사한 결과 FDA의 생수 기준과 EPA의 수돗물 기준이 동일하다는 것을 알 수 있었다"는 의견을 표명했다. 한편으로 다행이긴 하지만, 더 비싼 만큼 수질도 더 나아야 하지 않을까?

한 가지 문제는 FDA가 생수에 대한 규정을 강제하는 데 단 한 명의 전담 정규직 직원도 두지 않았으며, 심지어 이 규정은 전체 생수 판매량 중 65퍼센트에 해당하는, 동일한 주에서 생산해 판매되는 생수에는 적용되지 않는다는 것이다. 게다가 수돗물에 요구되는 세균 및 화학 오염물질에 대한 기준보다 덜 엄격하며 검사를 자주 하지도 않는다. 예를 들어, 대장균 검사의 경우 수돗물은 한 달에 100번 이상의 검사를 받아야 하는 반면, 생수병 공장은 일주일에 한 번 검사를 받는다.

생수는 청정 빙하의 이미지를 이용하지만, 몇몇 회사는 그저 우물에서 길어올린 물을 필터로 걸러서 병에 담고 있으며, 이는 FDA 규정에 허용되어 있다. 예를 들어 알래스카폴스 Alaskan Falls는 오하이오 워딩턴에서 제조되며, 에베레스트 Everest는 텍사스 코퍼스크리스티의 공공 급수를 이용한다.

만약 생수가 더 안전하지 않다면 (2001년 세계자연기금 World Wildlife Fund의 연구 결과 또한 NRDC의 결과와 동일했다) 적어도 맛은 더 좋아야 할 것이다. 사실 그렇다. 적어도 상표를 보기만 한다면 말이다. 물 전쟁이 어떤 과대 광고로 이어졌는지 살펴보자. 펩시가 푸른 물병의 아쿠아피나Aquafina로 시장을 선점하자 코카콜라는 "건강 부서Wellness Team"를 포함한 다사니Dasani로 맞섰다. (다사니의 홈페이지에서 "스트레스 완화 전문가"인 수지, "피트니스 트레이너"인 조니, "생활습관 상담가"인 엘리를 만날 수 있다.) 이들은 자신들이 파는 설탕물보다 생수를 더 비싸게 팔고 있다.

그러나 블라인드 테스트에서는 광고의 효과가 사라진다. 2001년 5월 ABC 방송국의 〈굿모닝 아메리카〉에서 행한 테스트에서 방청객의 선호는 각각 에비앙(12퍼센트), O-2(19퍼센트), 폴란드스프링(24퍼센트)이었던 반면, 전통의 뉴욕시 수돗물을 고른 방청객은 45퍼센트에 달했다. 2001년 7월, 《신시내티인콰이어러The Cincinnati Enquirer》에 따르면, 1에서 10점까지의 평가에서 사람들은 다농 스프링워터에 8.3점과 에비앙 스프링워터에 7.2점을 준 반면, 수돗물에도 8.2점을 주었다. 2001년 영국 요크셔 지역의 상수도 공급자인 요크셔워터가 2800명을 대상으로 한 테스트에서도 참가자 중 60퍼센트는 수돗물과 영국에서 가장 인기 있는 생수를 구별하지 못했다.

가장 인상적인 테스트는 쇼타임 채널의 텔레비전 시리즈인 〈펜과 텔러의 헛소리Penn and Teller's Bullshit〉에서 이루어졌다. 그들은 먼저 뉴욕에서 이루어진 블라인드 테스트 참가자 중 75퍼센트는 수돗물을 가장 비싼 생수보다 선호한다는 것을 보여주었다. 이후 서부 해안으로 이동한 이들은 한 인기 있는 서던캘리포니아의 식당에서 손님들에게 그럴듯한 생수 메뉴판을 제시하는 생수 전문가를 준비했고 몰래카메라를 설치했다. 모든 생수병에는 주방의 수돗물을 담았지만, 로스앤젤레스 사람들은 "로두로비넷L'eau du Robinet"(프랑스어로 "수돗물"), "아구아데쿨로Agua de Culo"(스페인어로 "바보의 물"), "후지산Mt. Fuji"("자연의 이뇨제와 항독소가 함유된"이라고 붙여진), 그리고 "아마존 Amazone"("열대 우림의 자연 정수 필터를 거친"이라고 붙여진)에 병당 7달러를 흔쾌히 지불했으며, 이들이 수돗물보다 훨씬 맛있다고 말했다. 맛에는 이유가 없는 것이다!

물론 생수에 수돗물보다 분명한 이점이 한 가지 있다. 바로, 어디든 들고 갈 수 있다는 것이다. 그러니 적당한 크기의 통 하나를 사서 그 안에 정부가 최선을 다해 인공적으로 정수했지만 여전히 건강에도 좋고 맛있는 수돗물을 담아 다니는 게 어떨까?

42

양자역학적 사기

놀랄 만큼 인기를 끈 영화 한 편이 양자역학을 의식, 영성,
그리고 인간의 잠재적 능력에 다시 적용하게 만들고 있다.

2004년 봄, 나는 〈이런, #@*! 도대체 우린 뭘 아는 거지What the #@*! Do
We Know?〉라는 특이한 제목의 영화를 찍은 제작자와 함께 오리건주
포틀랜드 KATU-TV의 AM 노스웨스트 방송에 출연했다. 말리 매
틀린Marlee Matlin이 불가해한 우주를 이해하기 위해 노력하는 몽환적
인 분위기의 사진가로 등장하며 편집 또한 훌륭한 이 영화의 핵심 메
시지는 우리가 의식과 양자역학을 통해 자신의 현실을 창조할 수 있
다는 것이다. 나는 이런 영화가 성공하리라고는 꿈에도 상상하지 못
했지만, 이 영화는 수백만 달러를 벌었고 수많은 추종자를 양산했다.

　영화에는 뉴에이지 과학자들이 등장해 전문용어를 가득 사용하
며 이 주제를 설명하는데, 그 내용은 칼텍의 물리학자이자 노벨상 수
상자인 머리 겔만이 한때 "양자역학 헛소리"라 부른 것에 정확히 해
당한다. 예를 들어 오리건대학교의 양자물리학자 아미트 고스와미
Amit Goswami는 이렇게 말한다. "우리를 둘러싼 물질세계는 의식의 가
능한 움직임에 불과하다. 나는 내 경험의 모든 순간을 결정한다. 베
르너 하이젠베르크Werner Heisenberg(1901-1976)는 원자는 대상이 아니
라 경향성일 뿐이라고 말했다." 좋아요, 아미트. 그럼 한 번 20층 건

물에서 뛰어내린 다음 지면의 경향성을 안전하게 통과하는 경험을 의식적으로 선택해보시죠.

영화에는《물은 알고 있다The Message of Water》의 저자인 일본의 연구자 에모토 마사루江本勝가 등장해 어떻게 생각이 얼음 결정을 바꾸는지 보여준다. "사랑love"이라는 단어가 녹음된 테이프를 들려준 물은 아름다운 결정을 만드는 반면, 엘비스 프레슬리의 〈하트브레이크 호텔Heartbreak Hotel〉을 들려준 얼음은 둘로 쪼개졌다. 그럼 그의 〈불타는 사랑Burnin' Love〉를 들려주면 물이 끓게 될까?

이 영화의 절정은 3만 5000살된 영혼인 "람다Ramtha"의 목소리를 전달하는 58세 여성 J. Z. 나이트의 인터뷰이다. 3만 5000년 전 지구 어디에서 인도 억양의 영어를 썼는지 궁금하다. 많은 영화 제작자와 작가, 배우가 람다의 "계몽학교School of Enlightenment" 회원으로, 이곳에서는 값비싼 뉴에이지 주말 수련 프로그램이 운영된다.

양자역학의 기이함을 (예를 들어 하이젠베르크의 불확정성 원리는 입자 위치의 정확도를 높일수록 속도의 정확성은 떨어지며, 반대로 속도의 정확성을 높이면 위치의 정확성은 떨어진다고 말한다) 현실 세계의 미스터리(의식과 같은)에 연결하려는 시도는 새로운 것이 아니다. 대표적으로, 물리학자 로저 펜로즈Roger Penrose와 의사 스튜어트 하메로프Stuart Hameroff의 양자의식이론은 다양한 논쟁을 불러일으킨 반면, 과학의 발전에는 별 도움이 되지 못했다.

우리 뇌의 신경세포 내부에는 속이 빈 미세한 관들이 마치 공사장의 비계처럼 연결되어 작동한다. 이들의 가설(그리고 이것이 전부이다)은 그 미세한 관 내부에 무언가가 파동함수의 붕괴를 일으키며, 이는 원자의 양자 결맞음을 이끌어 신경세포 사이의 시냅스에 신경

전달물질의 분비를 유도해 이들이 규칙적인 패턴을 가지고 발화하게 만들며, 이를 통해 의식과 생각이 만들어진다는 것이다. 파동함수의 붕괴는 그 원자가 "관측"되었을 때(곧, 무언가에 의해 영향을 받았을 때)만 가능하기 때문에, 이 이론의 또 다른 지지자인 뇌과학자 존 에클스John Eccles(1903-1997) 경은 심지어 "마음"이 그 관찰자라는, 곧 원자에서 분자로, 다시 신경세포에서 생각과 의식을 거쳐 만들어진 마음이 다시 원자에 영향을 미치는 무한히 반복되는 재귀적인 고리가 이루어진다고 주장했다.

하지만 실제로 아원자 수준의 양자 효과와 거시 시스템 사이에는 매우 큰 간극이 있다. 콜로라도대학교의 물리학자 빅터 스텐저Victor J. Stenger는 자신의 저서《의식없는 양자The Unconscious Quantum》에서 어떤 시스템이 양자역학적으로 기술되려면 시스템 구성 요소의 질량 m, 속도 v, 거리 d의 곱이 플랑크 상수인 h와 비슷한 크기여야 함을 보였다. "만약 mvd가 h보다 한참 크다면, 그 시스템은 고전적으로 다루어질 수 있습니다." 스텐저는 신경전달물질 분자의 질량과 속도, 그리고 시냅스 사이의 거리를 계산한 값은 플랑크상수보다 약 1000배 이상 크며, 이는 양자 효과의 영향을 받기에는 너무 큰 값이라고 말한다. 미시세계와 거시세계 사이의 연결 같은 것은 없다. 그럼 도대체 왜 이런 주장이 나오는 걸까?

그 답은 물리학 선망Physics envy이다. 과학의 역사는 마음이 어떻게 작동하는지를 환원적으로 설명하려는 매력적이지만 허황된, 실패한 꿈들로 가득 차 있다. 여기에는 400년 전 르네 데카르트René Descartes(1596-1650)의 유명하고 야심 찬 시도 이후, 모든 정신의 기능과 의식을 소용돌이치는 원자들의 행동으로 설명하려는 시도들이 포함된다. 이러한 데카르트적 꿈은 물리학만이 제시할 수 있는 확실성을 가지고 그들의 자랑스러운 후원자들을 홀릴 수 있었지만, 그들이 직면하고 언급하기를 거부한 생물학의 복잡성 때문에 그 이론이 등장한 속도만큼이나 빠르게 사라졌다.

　　이러한 환원주의적 시도는 그 꿈의 목적보다 그 꿈을 꾸는 이들에 관해 더 많은 것을 말해준다. 이러한 시도들은 자신이 홀로, 세상의 모든 현상 중 가장 복잡한 문제인 마음의 작동 방식을 마침내 풀었다고 주장하려는, 어떤 면에서 분명히 영리한 한 학자의 교만을 말해준다. 그러나 당대의 가장 뛰어난 연구 결과는 모든 환원주의적 시도에 맞서 생물학이 끊임없이 발견해낸 놀라운 사실들을 경의와 한없는 겸손으로 대한 이들에 의해 훨씬 겸허한 수준으로 언제나 달성되었다. 바로 생물학에 대한 선망이 필요한 이유이다.

후기

스튜어트 하메로프는 내가 《사이언티픽아메리칸》에 발표한 이 칼럼에 자신의 이름이 등장한다는 이유로, 제목에 사용한 "사기Quackery"라는 단어에 강한 불만을 드러냈다. 이는 내 의도와 다르다. 이 칼럼은 무엇보다 그가 등장한 그 영화에 대한 것이지, 그의 이론에 대한 것은 아니다. (그 역시 그 영화의 내용 대부분에 회의적이라고 말했다.) 나는 신경세포 내 미소기관에 기반한 그의 의식 이론에 여전히 회의적이지만, 그는 내게 분자 수준에서 양자 효과가 나타날 수 있다는 연구(따라서 원칙적으로 신경세포의 활동에 영향을 줄 수 있다)의 링크를 보내주었다. 그는 이 논문이 그의 이론을 지지하는 최신 연구라 말했다. Hameroff, S., Penrose, R. 2014. "Consciousness in the Universe:

A review of the 'Orch OR' Theory." *Physics of Life Reviews* 11: 39-78 10.1016/j.plrev.2013.08.002 그럼에도 우리가 여전히 신경세포 내 분자의 활동이 어떻게 의식으로 바뀌는지를 모르기 때문에, 분자 수준의 양자 효과가 사고 과정과 정신적 경험에 영향을 준다는 주장은 아직 데이터를 통한 검증이 이루어지지 않은 것으로 보인다.

43

불로장생의 헛된 꿈

영양제, 바이오 기술, 나노 기술은
영원한 삶을 실현할 수 있을까?

회의주의자인 나는 지금까지 인류가 생각해낸 것 중 가장 특별한 개념 중 하나를 어떻게 생각하는지 묻는 질문을 자주 받는다. 그것은 바로 영생이다. "물론 찬성이죠." 나는 잘난 척하며 답한다.

안타깝게도, 우리보다 먼저 산 수천억 명의 인류는 모두 죽었고, 그래서 우리도 이를 피할 수 있을 것 같지는 않다. 하지만 레이 커즈와일과 테리 그로스만Terry Grossman의 《노화와 질병Fantastic Voyage》에 따르면 그렇지 않다. "10년마다 기술적 진보는 두 배로 늘어난다. 여러 정보 기술의 수치(가격, 성능, 용량, 속도)는 매년 두 배로 늘어난다. 이러한 기하급수적 성장은 지금의 기술 발전 속도로 2만 년 동안 이룰 발전을 인류가 21세기 동안 경험할 것임을 말해준다." 그들은 첫 25년 안에 "비생물학적 지능이 그 범위나 정교함에서 인간의 지능과 비슷해질 것"이라 말하며, "정보 기반 기술의 발전 속도는 계속 더 빨라질 것이며, 또 기계는 지식을 순식간에 공유할 수 있기 때문에 인간의 지능을 순식간에 추월할 것"이라고 말한다. 개인 맞춤형 의약품과 유전공학과 같은 바이오 기술은 노화를 멈추게 할 것이며, 나노로봇과 같은 나노 기술은 세포, 조직, (뇌를 포함한) 기관을 치료하고 대체할 것이며, 노화 과정을 되돌려 우리를 영원히 살게 만들 것이다.

　이 세속의 재림(그들의 계산에 따르면 2030년)이 오기 전에 우리는 자신의 육체가 수명을 다하지 않도록 주의해야 하며, 이를 위해서는 "레이와 테리의 장수 프로그램"을 따를 필요가 있다. 이 프로그램은 매일 250개의 알약을 먹으면서 매주 "영양소" 정맥주사를 맞고 침술을 받음으로써 생화학적으로 신체를 재프로그래밍하는 것이다. 예를 들어, 항산화 수치를 높이기 위해 커즈와일은 "알파리포산, 코엔자임 Q10, 포도씨 추출물, 레스베라트롤, 월귤 열매 추출물, 리코펜, 실리마린, 공액리놀레산, 레시틴, 달맞이꽃 종자유(오메가-6 필수 지방산), 아세틸시스테인, 생강, 마늘, 엘카르니틴, 피리독살 5인산, 에키네시아"의 조합을 제안한다. 맛있게 드시길!Bon appetit!

　레이 커즈와일은 영특하고 창조적인 사람이다. 광학 문자 인식 프로그램과 CCD 평판 스캐너를 최초로 만들었고, 시각장애인을 위한 문자-음성 변환 및 합성 장치를 발명해 1999년 국가기술훈장을 받았으며 전미 발명가 명예의전당에 헌액되었다. 그의 책《지적 기계 시대The Age of Intelligent Machines》와《영적 기계 시대The Age of Spiritual Machines》는 인공지능 분야에 커다란 영향을 미쳤다. 즉 레이 커즈와일이 하는 말을 사람들은 주의 깊게 듣는다. 하지만 영생에 대한 그의 주장 중 세 가지 문제에 대해 내 헛소리 감지 장치는 이상 신호를 울린다.

　첫째, 나는 영양 보충제의 효과에 회의적이다. 내가 사이클 선수였던 1980년대, 나는 한동안 비타민과 미네랄을 엄청나게 섭취했지만, 오줌이 밝은 색깔로 바뀐 것 외에는 별 차이를 느끼지 못했다. 이러한 영양제의 효과에 대한 증언들은 매우 강력하지만 과학적 근거

는 약하다. 사실 무언가가 건강과 장수의 영약이라는 주장이 마치 유
행처럼 계속 나타나고 끊임없이 바뀌는 것이 이 분야의 본 모습이다.
영양학은 우리가 필요한 비타민과 미네랄을 균형 잡힌 식단을 통해
사실상 섭취하고 있으며, 더 많이 섭취한다고 해서 더 좋은 것은 아
니라고 말한다.(www.nutriwatch.org를 참고하라.) 또한, 영양제는 우
리가 더 건강하고 오래 사는 데 도움을 줄지는 몰라도, 약 120년인
인간의 최대 수명보다 더 오래 살도록 만들지는 못한다. 56세인 커
즈와일은 이 프로그램을 통해 자신의 생물학적 나이를 40세로 유지
하고 있다고 말한다. 나는 노화 전문가도, 축제 호객꾼도 아니지만,
그의 사진을 보고 나이를 추측하라고 한다면, 음 56세쯤으로 보인다
고 말하겠다.

　둘째, 나는 어떤 경향이 미래에도 그대로 지속될 것이라는 주장
에 회의적이다. 인간의 역사는 항상 비선형적이었고, 예측 불가능했
다. 게다가 나는 노화와 인공지능의 문제는 사람들이 생각하는 것보
다 훨씬 어려운 문제라고 생각한다. 두 가지 다 설사 우리가 달성할
수 있다 하더라도, 인간 수준의 기계 지능은 적어도 100년 이상, 그
리고 영생은 적어도 1000년 이상 걸릴 것이다.

　셋째, 나는 사람들이 어떤 커다란 변화가 자신이 살아 있는 동안
일어날 것이라 주장할 때마다 회의적이 된다. 복음주의자들은 절대
로 재림이 '다음' 세대에 일어날 것이라고 (혹은 다른 이들이 구원받는
동안 자신들은 "남겨질" 것이라고) 말하지 않는다. 즉, 세속의 예언자들
은 문명의 종말이 자신들이 살아 있는 동안 일어날 것이라 주장하는
경향이 있다. (또한 그들은 소수의 생존자에 속할 것이라 말한다.) 이러한
종교적, 세속적 예언자들은 항상 자신들이 선택받은 소수이며, 천국

에 자신들이 들어갈 것이라 말한다.

　　희망은 영원히 계속된다.

후기

레이 커즈와일과 그의 영생에 대한 노력을 담은 다큐멘터리 〈초월하는 인간Transcendent Man〉을 강력하게 추천한다.

44

침술은 어떻게 작동하는가?

침술이라는 흥미로운 사례

존 마리노John Marino는 내가 아는 가장 의욕적인 사람으로 자전거 북미횡단 기록 경신이라는 하나의 목표에만 매달려 1980년 3000마일(약 4830킬로미터)을 12일 3시간 만에 주파함으로써 결국 이를 해냈다. 나는 존처럼 되고 싶었고, 자전거 경주에 인생을 걸었던 그 시절 그와 함께 매주 수백 마일을 훈련하는 것 외에도 채식 중심의 식단, 비타민 메가도스(비타민을 1일 복용량보다 훨씬 많이 복용하는 요법—옮긴이), 단식, 결장 세척, 진흙 목욕, 홍채 진단, 음이온, 카이로프랙틱, 마사지, 침술 등 그가 하는 모든 훈련 방법을 따랐다.

이런 방법들은 대부분 별 효과가 없었지만, 나는 1985년 미대륙 횡단경주Race Across America(나와 존 마리노가 시작한)의 우승자인 조너선 보이어Jonathan Boyer가 자신의 지원팀에 침술사를 포함한 것을 흥미롭게 보았다. 어쨌든 그는 나를 이겼고, 마리노와 보이어의 성공은 침술이 비록 그 이론 자체는 헛소리라 하더라도, 어쩌면 의학적으로 어떤 효과가 있을지 모른다는 생각을 나는 하게 되었다.

전통 중의학은 기氣라는 에너지가 인체의 경락을 따라 흐르며, 경락에는 인체의 주요 장기를 나타내는 12개의 핵심 경락이 있다고

말한다. 이 12개의 경락에는 1년의 각 하루에 해당하는 365개의 경혈
이 존재한다. 음과 양이 균형을 잃을 경우, 기의 흐름이 막히며 이는
질병으로 이어진다. 막힌 경혈에 침을 꽂아―오늘날 경혈의 수는 약
1000개 정도로 늘었다―병을 치료하고 건강을 되찾을 수 있다.

　　이 이론에는 어떠한 생물학적 근거도 없는데, 이는 기를 과학적
으로 발견하지 못했기 때문이다. 하지만 이론의 오류와 무관하게 어
떤 치료법은 다른 이유로 작동할 수도 있다. 특정한 조건에서, 역시
특정한 침술은 효과가 있을 수도 있다. 침술사이자 내과 의사이며(각
각에서 박사학위와 의학박사학위를 받았다)《음과 양을 넘어: 침술은 어
떻게 작동하는가Beyond Yin and Yang: How Acupuncture Really Works》(1992)와
《침술의 생물학The Biology of Acupuncture》(2002)의 저자인 조지 A 울렛
George A. Ulett에 따르면, 전기침(침을 통해 피하 조직을 전기적으로 자극하
는)은 기존의 침술보다 최대 100퍼센트의 추가적인 진통 효과가 있
다고 말한다. 울렛은 전기침이 베타-엔돌핀, 엔케팔린, 다이놀핀과
같이 진통을 줄여주는 신경전달물질의 분비를 자극한다고 주장한
다. 울렛은 사실 침이 꼭 필요하지도 않다고 말하며, 피부를 전기적
으로 자극하기만 하더라도(경피신경자극, TNS) 충분하다고 이야기한
다. 울렛은 이 기술을 사용해 수술에 필요한 마취 가스의 양이 50퍼
센트 줄었다는 연구를 인용한다.

　　이러한 연구 결과들은 어쩌면 2005년 5월 4일《미국의사협회저
널Journal of the American Medical Association》에 실린, 독일 뮌헨공과대학교
의 클라우스 린데Klaus Linde와 그의 동료들의 연구 결과를 설명할 수
있을 듯하다. 그들은 편두통으로 고생하는 302명의 환자들을 침술을
시행한 그룹, 가짜 침술(경혈이 아닌 곳에 침을 꽂은)을 시행한 그룹,

그리고 침술을 시행하지 않은 그룹으로 나누어 경과를 비교하였다. 이 연구에서 환자들은 두통의 정도를 매일 기록하였다. 그들은 자신들이 어떤 그룹에 속했는지를 알지 못했으며, 기록장을 평가하는 이들 또한 자신들이 어느 그룹에 속한 환자의 기록장을 평가하는지 알지 못했다. 진짜 침술과 가짜 침술은 모두 전문 침술가들이 행했다. 그 결과는 극적이었다. "두통이 적어도 50퍼센트 이상 줄어든 이의 비율은 진짜 침술을 받은 그룹의 51퍼센트, 가짜 침술을 받은 그룹의 53퍼센트, 그리고 침술을 받지 않은 그룹의 15퍼센트였다." 저자들은 이 결과를 "침에 의한 불특정한 생리적 효과, 혹은 강력한 플라시보 효과, 혹은 둘 다에 의한 것일 수 있다"고 결론 내렸다.

나는 침술을 여러 번 받았고, "침을 맞는 것(침술사가 침을 살에 꽂고 두드리고 비트는 동작)"이 아프지 않으며, 사실 거의 느낌이 없다는 것을 알고 있다. 만약 침술이 플라시보 이상의 효과가 있다면, 이는 물리적 자극에 의해 인체가 가진 자연의 진통제를 분비하게 만들기 때문일 것이다. 가짜 침술이 "진짜" 침술만큼 효과가 있다는 연구 결과는 기에 바탕한 이론이 허점으로 가득하다는 것을 말해준다. 그러나 바늘에 의한 자극이 주는 효과를 무시해서는 안 될 것이다. 침술과 고통에 대한 심리학적, 신경생리학적 이해는 더 나은 이론으로 이어질 수 있다. 또한 모든 대체의학의 주장에 있어, 그 효과에 대한 증언은 그 분야를 연구할 필요를 말해줄 뿐이다. 과학만이 그 방법이 실제로 효과가 있는지를 말해줄 수 있다.

45

감기약 사기 사건

최근 유행하는 이 감기 치료제는
허위과장 광고를 거듭하고 있다.

첫 번째 원칙은 자신을 속여서는 안 된다는 것이다. 자기 자신을 속
이는 것이 가장 쉽기 때문이다. _ 리처드 파인먼

나는 최근 책 홍보 여행에서 사람들로 북적이는 공항, 좁은 공간에
많은 이들이 갇혀 있어야 하는 비행기, 역시 사람들로 꽉 찬 서점 등
재채기와 기침 등 다양한 방식으로 감염될 수 있는 장소를 다니며 파
인먼의 첫 번째 원칙을 위반하고 말았다. 좁은 비행기 이코노미석에
앉아야 했던 어느 날, 뒷자리에 앉은 남자가 그의 폐 속 세균이 내리
는 멀리 나아가 번성하게 하라는 명령에 끊임없이 복종하고 있을 때
허브, 항산화제, 전해질 등을 혼합한 것으로 물에 탈 경우 탄산을 내
뿜는 오렌지 향의 발포성 알약인 에어본Airborne을 깜박한 것을 그만
후회한 것이다. 에어본의 포장지에는 "초기 감기 징후가 느껴질 때
또는 붐비는 장소에 들어가기 전, 특히 비행기, 식당, 사무실, 병원,
학교, 헬스클럽, 카풀, 극장, 스포츠 경기장" 등에 들어가기 전에 복용
할 것을 권하고 있다.
　에어본이 내가 사용한 첫 대체의학 제품은 아니다. 1980년 자전

거 경주에 뛰어든 이래, 나는 비타민 C 가루 1000밀리그램과 글루코
사민, 콘드로이친, 칼륨, 나트륨, 그리고 건강에 좋고 에너지를 준다
는 여러 물질이 혼합된 에머젠-C를 마셔왔다. 에머젠-C의 포장지
에는 "비타민 C는 결합 조직의 형성과 유지에 필수적이며, 강력한 항
산화제이고, 정상적인 면역 기능에도 관여한다"라고 쓰여 있다.

　　내 뇌의 논리적 영역에서 마법 모듈이 회의주의 모듈을 이겼기
때문인지, 나는 부끄럽게도 투어 경로 중 한 곳인 멘로파크에서 진행
을 맡은, 인터넷 벤처 캐피탈리스트이자 과학 블로거인 데이비드 코
완David Cowan이 최근 자신의 블로그(whohastimeforthis.blogspot.com)
에 에어본이 사기임을 밝혔다고 언급할 때까지 전혀 여기에 문제를
느끼지 못하고 있었다. 과학에 정통한 투자자인 코완은 에어본이 실
제로 감기를 예방하거나 치료한다고 말하지는 않으면서 마치 그런
것처럼 광고하고 있다는 것을 눈치챈 것이다. 설명서에는 "처음 감
기 징후를 느끼거나 붐비는 장소에 들어가기 전에 복용하라"고 말한
다. 그리고 "필요하면 3시간마다 이를 반복하라"고 쓰여 있다. 하지
만 (아주) 작은 글씨로, "이 설명서는 미국식품의약국(FDA)의 인증을
받지 않았다. 이 제품은 질병의 진단, 처치, 치료, 예방 목적을 가지지
않는다"고 되어 있다. 실제로 에어본은 식이보충제로 분류되어 있다.

　　이들이 더 사악한 이유는 자신들이 가진 문제점을 마케팅으로
역이용하고 있기 때문이다. 대부분의 의약품은 아직도 감기 치료약
을 만들지 못한, 대규모 연구팀을 갖춘 거대 제약기업이 개발한다.
반면 에어본은 "나이트맥도웰연구소Knight McDowell Labs"의 제품으로,
빅토리아 나이트Victoria Knight는 학교 선생님이며, 라이더 맥도웰Rider
McDowell은 시나리오 작가이다. 그들은 자신들의 전문성을 숨기는 대

신, 오히려 홈페이지(www.airbornehealth.com) 상단에 "초등학교 선생님이 만들었어요!"라며 이를 크게 자랑하고 있다. 코완은 이를 이렇게 설명한다. "여러 자신감 컨설턴트들이 말하는 것처럼, 사실을 있는 그대로 밝히는 것은 사람들의 신뢰를 사는 좋은 방법이다." 이들이 필요로 하는 유일한 숫자는 1년 매출이 1억 달러에 달한다는 사실일 것이다. 그들은 에어본의 후속으로 에어본 구미로젠지, (기존 에어본의 절반 약효인) 에어본 주니어 3-팩 그리고 자주 비행하는 이들을 위한 에어본 슈퍼두퍼 콤보프리퀀트 플라이어팩을 내놓았다. 케빈 코스트너는 이렇게 말한다. "나는 에어본 없이 영화관에 가지 않는다. 나는 내 전용기와 집에 이를 늘 두고 있다." 전용기라고? 그가 이코노미석을 탈 리 없으니 에어본의 효과를 믿는 것도 놀랍지 않다.

에어본에 대한 실제 과학적 데이터로 웹페이지는 "임상 결과"라 불리는 링크를 제공한다(지금은 사라졌다). 하지만 코완이 이들에게 데이터를 요구했을 때 그는 이런 답을 받았다. "2003년 이루어진 임상 시험은 당시 작은 회사였던 우리를 위한 소규모 연구였다. 그 결과는 매우 강력했지만 당시 임상 시험에서 사용한 절차는 지금 판매 중인 제품의 복용법과 맞지 않는다고 생각한다. 따라서 우리는 이 결과를 대중에게 공개하지 않는다." 뭐라고? 회사의 CEO인 엘리스 도너휴Elise Donahue는 ABC 뉴스에서 이렇게 말했다. "우리는 그 결과가 소비자를 혼란스럽게 만든다는 것을 발견했다. 소비자들은 그 임상 연구를 이해할 수 있을 정도로 과학적인 훈련을 받지 않았다."

ABC 뉴스는 그 임상 연구를 조사했고, 그 연구가 GNG 제약서비스라는 "에어본 연구를 위해 세워진, 직원이 단 두 사람인 회사"에 의해 수행되었다는 것을 발견했다. "그 회사에는 진료실도, 과학자도, 의사도 없었다. 이 연구를 수행한 이는 자신이 풍부한 임상 시험 경험을 가지고 있다고 말했다. 그는 인디애나대학교에서 학위를 받았다고 말했지만, 학교 측은 그가 졸업자 명단에 없다고 밝혔다."

최후의 일격을 위해 나는 은퇴한 전직 미 공군 비행군의관이자 대체의학을 연구한 가정의학 전문의인 해리엇 홀 박사에게 제품의 효과(적어도 에어본의 맛은 마치 효과가 있는 듯하지만)를 문의했다. 홀은 에어본의 성분을 "천연 약제에 대한 공정하고 신뢰할 만한 연구"를 모아놓은 "천연 약제 종합 데이터베이스Natural Medicines Comprehensive Database"에서 찾아본 후, 에어본의 어떤 성분도 감기를 예방한다는 증거를 찾지 못했다. 홀은 "비타민 A, E, C 등 항산화제의 조합이 몇몇 특정한 건강 상태에서 권장되는 것은 사실"이라고 설명하며 "하지만 항산화제의 효과를 의심하게 하는 새로운 연구들이 계속 나오고 있다. 실험실에서는 나타나는 효과가 환자에게는 나타나지 않을 수 있다. 인체는 시험관보다 훨씬 더 복잡하기 때문이다"라고 말했다. 더 큰 문제는 비타민 A는 하루 1만 IU 이상 섭취할 경우 위험한데, 에어본은 알약 하나에 5000IU가 들어 있으며, 하루 다섯 알 이상 권장하고 있다는 것이다. 감기와 관련되어 에어본이 효과가 있을 수 있는 유일한 경우는 비타민 C의 과복용이 특정 환자들에게는 감기 증상을 1일에서 1.5일 줄여준다는 연구 결과이다. 하지만 이 정도의 고용량은 다른 부작용을 일으킬 수 있다. 해리엇은 말한다. "에어본보다는 닭고기 수프의 효과에 대한 증거들이 더 많다. 에어본의 주장을 뒷받침하는 어떤 신뢰성 있는 이중맹검 연구도 없는 상황에서, 에어본을 먹기보다는 손을 씻는 것이 더 효과적이라 생각된다."

역시 여행자의 영혼도 닭고기 수프를 필요로 한다.

후기

2008년 연방거래위원회(FTC)는 에어본의 제조사가 제품이 감기 및 독감과 관련된 박테리아와 세균을 막아주는 것처럼 잘못 광고했다고 제소했다. 이후 에어본의 치료 효과에 대해 회사가 허위광고를 했다는 내용으로 에어본헬스컴퍼니에 대한 집단 소송이 이어졌다. 2008년 3월 4일, 에어본 헬스의 전 소유주는 합의금으로 2330만 달러를 지불하는 데 동의했다.

46

먹고 마시고 즐거워하자

또는, 왜 우리는 음식에 대한 걱정을 접고
즐기는 법을 배워야 하는가?

몸무게에 집착하기로 우리 사이클리스트는 둘째가라면 서러워할 것
이다. 훈련 중 사이클리스트는 체중 감량과 증량, 그리고 최신 식단
과 유행하는 음식에 대해 끊임없이 이야기한다. 매번 새로운 결심을
하지만 오래가지 않는다. 체중 증가를 그대로 드러내는 검은색 신축
성 있는 라이크라로 만들어진 운동복은 체중이 늘어날 때마다 죄책
감을 더 키운다. 우리는 모두 이 공식을 알고 있다. 체중이 10파운드
(약 4.5킬로그램) 늘어날 때마다 5퍼센트 경사에서 시간 당 반 마일만
큼 느려진다. 이는 뉴턴의 법칙 때문이다. F=MA. 페달을 돌리는 데
필요한 힘은 가속도 곱하기 안장 위에 얹힌 질량이다.

　하지만 함께 훈련하던 대부분은 나와 비슷한 상황이었다. 직장
과 가족이 있으며, 전성기를 한참 넘긴 40대에서 50대였다. 우리는
자전거를 타는 것이 즐거워서, 그리고 건강한 느낌이 좋아서 자전거
를 탔다. 그러니 몇 파운드에 목을 맬 필요가 있었을까? 하지만 체
중에 대한 압박은 자전거 문화 그 자체였고—크게는 우리 사회 또한
그런 셈이다—그래서 우리는 이런 공식 또한 가지고 있었다. G=FT.
죄책감Guilty은 음식을 얼마나 자주Frequency 먹느냐와 얼마나 맛이

Taste 있느냐의 곱이다.

　문제는 우리 몸이 기름지고 맛있는 음식을 끝없이 갈망하도록 진화에 의해 설계되었다는 점이다. 이는 그런 음식이 구석기 시대에는 매우 귀하고 가치 있었기 때문이다. 이 욕망에는 어떻게 저항해야 할까? 이 질문에 대해 서던캘리포니아대학교의 사회학자이자 《음식 복음서: 당신이 음식에 대해 알고 있는 모든 것은 틀렸다The Gospel of Food: Everything You Think You Know About Food Is Wrong》의 저자인 배리 글래스너Barry Glassner는 그래서는 안 된다고 말한다. 우리는 그래스너가 "결핍주의the gospel of naught"라 부른 잘못된 생각에 빠져 있다. 결핍주의란 이런 것이다. "음식의 가치는 그 음식에 무엇이 들어 있지 않느냐에 따라 결정된다. 설탕, 소금, 지방, 칼로리, 탄수화물, 방부제, 첨가물, 그외 다른 수상한 물질 등이 적게 들어 있을수록 그 음식은 좋은 음식이다." 글래스너는 이러한 식품에 대한 종교에 가까운 믿음에는 어떠한 과학적 근거도 없다고 말한다. 이러한 믿음이 미국 청교도들의, 어딘가에서 어떤 이들이 인생을 즐기고 있으며 이를 막아야 한다는 강박적 두려움에서 시작되었다는 점에서, 이를 종교라 부르는 것은 매우 적절하다. 그러나 글래스너는 "다이어트를 하는 이들에 대한 연구를 보면, 음식에서 즐거움을 찾는 것이 중요하지 않다고 생각한 사람들은 식사를 즐기지 못했으며, 자신의 몸과 섭식 장애 증상에 불만을 가질 가능성이 더 높았다"고 말한다.

　맛은 중요하다. 글래스너는 한 연구를 인용하며 이렇게 말한다. "스웨덴과 태국 여성이 같은 태국 음식을 먹었을 때, 스웨덴 여성은 음식이 지나치게 맵다고 말했다. 반면 이 음식을 즐긴 태국 여성은 음식에서 더 많은 철분을 흡수했다. 연구진이 이들에게 역으로 햄버거, 감자튀김, 그리고 콩을 먹이자 이 음식을 좋아한 스웨덴 여성이 더 많은 철분을 흡수했다. 가장 인상적인 결과는 이들에게 영양가는 높지만 끈적이고 아무 맛이 없는 죽의 형태로 음식을 준 세 번째 실험이다. 이 실험에서 어떤 이들도 충분한 철분을 흡수하지 못했다."

철분 이야기가 나와서 말인데, 앳킨스는 틀렸고 고기는 나쁘다. 그럴까? 아니다(미국의 심장 전문의 앳킨스 박사는 1970년대, 탄수화물을 피하고 고기와 지방을 마음껏 먹으라는 앳킨스 다이어트를 창안했다—옮긴이). 글래스너는 그리스인, 이탈리아인, 일본인 집단에서 고기 섭취와 혈중 콜레스테롤 수치가 증가할 경우 심장 질환으로 인한 사망률이 감소했다는 연구를 이야기한다. 물론 다른 수많은 변수가 식이요법과 건강의 인과관계를 결정하는 데 관여한다. 글래스너는 생선, 식이섬유, 엽산을 섭취하며 포화지방과 트랜스지방, 혈당을 급격하게 높이는 탄수화물을 피하면서 하루 30분 운동을 하는 비흡연자의 경우 심장 질환 위험이 28퍼센트 감소한다는 연구를 인용한다. 또한 하버드대학교의 역학자인 카린 미셸Karin Michels은 이렇게 말한다. "일상적으로 먹는 몸에 덜 좋은 음식을 줄이는 것보다 몸에 좋은 음식을 더 자주 섭취하는 것이 더 중요한 것처럼 보인다."

물론 현실은 더 복잡하다. 글래스너는 "바이러스와 세균 감염, 직장 스트레스, 빈민가 거주, 영양 결핍, 출산 시의 저체중, 부모의 지원 부족과 같은 아동기의 결핍, 또 청소년기와 성인이 된 뒤의 만성적인 수면 부족"이 심장질환, 암, 그리고 다른 질병의 가능성이 크게 증가시킨다는 연구를 이야기한다. 이러한 질병이 "공적인 활동에 참여율이 낮고, 인종에 대한 편견이 높으며, 빈부 혹은 남녀 간의 수입에 큰 격차가 있는 지역"에서 더 높게 나타난다는 연구도 있다.

이러한 다양한 결과를 설명하기 위해 글래스너는《뉴잉글랜드
의학저널New England Journal of Medicine》의 편집자였던 마르시아 앤젤Mar-
cia Angell의 다음과 같은 말을 인용한다. "우리는 모두 식습관이나 생
활습관을 바꿈으로써 건강 상태가 크게 바뀔 것이라 믿고 싶어 하지
만, 금연과 같은 몇몇 예외를 제외하면 그러한 변화는 아주 작은 효
과를 만들 뿐이다. 또 그 효과는 일관적이지도 않다. 누군가에게는
해로운 식습관이 다른 이에게는 아무런 문제도 되지 않을 수 있다."

이쯤에서 〈전도서〉 8장 15절에 나오는 선지자의 지혜에 귀를 기
울여야 할 것이다. "이에 내가 희락을 찬양하노니 이는 사람이 먹고
마시고 즐거워하는 것보다 더 나은 것이 해 아래에는 없음이라"

VII 심리학과 뇌

47

커크 선장의 법칙

직관은 어떻게 알게 되었는지를 알지 못하는 지식의 비결이다.

우주력: 1672.1, 지구 그레고리력: 1966년 10월 6일. 〈스타트렉〉 에피소드 5, "내부의 적The Enemy Within". 제임스 T. 커크 선장이 행성 알파 177에서 우주선으로 텔레포트하는 동안 자기 이상magnetic anomaly 현상이 발생해 트랜스포터가 고장을 일으켜 커크 선장을 두 명으로 나눠 전송하게 된다. 한 명은 침착하고 이성적이며, 다른 한 명은 충동적이고 비이성적이다. 이성적인 커크는 승무원을 구하기 위한 결정을 내려야 하지만 우유부단함 때문에 결정을 내리지 못하고 망설이며, 매코이 박사에게 슬퍼하며 말한다. "나는 그(비이성적인 커크)가 없이는 살 수 없어. 그와 다시 한 몸이 되고 싶지는 않아. 그는 생각이 없고 야만적인 동물과 같아. 하지만 그 또한 나일 거야."

이렇게 지성과 직관이라는 특성을 대비시키는 것은 거의 모든 〈스타트렉〉 에피소드에서 초이성적인 미스터 스팍과 초감성적인 매코이 박사, 그리고 이 둘을 거의 완벽하게 체화한 커크 선장을 통해 나타난다. 때문에 나는 이 지성과 직관의 균형, 곧 '지성은 직관에 의해 움직이고, 직관은 지성의 지시를 받는다'를 커크 선장의 법칙이라 부르겠다.

　대부분의 과학자에게 직관은 이성적인 삶을 위해 가능한 한 피해야 할 대상이며 과충전한 페이저보다 더 빨리 제거해야 하는 내부의 적이다(페이저는 스타트렉에서 사용되는 무기로 과충전할 경우 폭발한다―옮긴이). 그러나 호프칼리지의 심리학자인 데이비드 G. 마이어스David G. Myers는 자신의 책《직관의 두 얼굴Intuition: Its Powers and Perils》을 통해 과학 탐구의 새로운 분야를 훌륭하게 정리함으로써 커크 선장의 법칙을 지지한다. 나는 이 책을 처음 집어들 때 다소 미심쩍은 입장이었다는 것을 고백한다. 하지만 마이어스는 수많은 검증된 실험을 통해 직관―"관찰이나 추론이 아닌 순간적인 통찰력에 의해 지식에 바로 접근하는 능력"―이 분석적인 논리만큼이나 우리의 사고에 커다란 부분을 차지한다는 것을 보인다.

　물론, 물리적 직관은 잘 알려져 있으며 운동선수의 중요한 재능으로―마이클 조던과 타이거 우즈가 떠오른다―받아들여진다. 그러나 직관에는 사회적 직관과 심리적 직관 또한 존재하며, 이는 너무 빠르고 미묘하게 작용하기에 이성적인 사고의 한 기능이라고 간주되지 않는다. 예를 들어 하버드대학교의 날리니 앰바디Nalini Ambady와 로버트 로젠탈Robert Rosenthal은 학생이 단 30초의 수업 영상을 보고 선생을 평가했을 때도 한 학기를 모두 들은 학생의 평가와 놀랄 만큼 비슷하다는 것을 발견했다. 심지어 2초짜리 영상 3개를 보고 평가한 결과조차 한 학기를 들은 학생들의 평가와 0.72의 상관계수를 가졌다.

　무심코 지나치기 쉬운 자극이 우리에게 어떻게 미묘한 영향을 미치는지에 대한 연구 또한 일관된 결과를 보인다. 서던캘리포니아대학교에서 모셰 바Moshe Bar와 어빙 비더만Irving Biederman은 피험자가 보는 여러 사람들의 사진 사이에 감정적으로 긍정적인 장면(고양이,

로맨틱한 연인)과 부정적인 장면(늑대, 시체)을 47밀리초라는 짧은 시
간 동안 보여주었다. 그들은 이런 감정을 유도하는 사진에 대해 그저
번쩍이는 불빛만을 보았다고 이야기했지만, 긍정적인 장면 사이에
있는 사진의 사람들이 더 긍정적으로 보인다고 평가했다. 즉, 무언가
가 뇌에 작용한 것이다.

　　직관은 다른 사람을 "평가"할 때 이와 비슷한 방식으로 작동한
다. 심리치료사가 당신과 잘 맞을지 알 수 있는 가장 좋은 기준은 첫
치료 시간의 처음 5분 동안 당신이 보인 반응이다. 소개팅에 나간 이
들은 만난 지 몇 분 안에 자신이 상대를 다시 보고 싶을지를 알게 된
다. 몸짓과 표정을 통해 상대의 거짓말을 판단한다는 점에서 (전체적
으로는 그리 정확하지 않지만) 여성은 남성보다 뛰어난데, 이는 여성이
미묘한 신호를 직관적으로 더 잘 파악하기 때문이다. 여성은 또한 사
진에 나타난 두 사람 중 누가 상관인지, 사진 속 남녀가 진짜 연인인
지 아니면 자세만을 취한 것인지를 남자보다 잘 파악하며 화난 여성
의 얼굴을 2초만 관찰한 후에도 남자보다 더 정확하게 그녀가 누군
가를 비난하고 있는지, 아니면 자신의 이혼에 대해 상담하고 있는지
파악한다.

　　직관은 잠재의식 속에서 이루어지는 인식이 아니다. 미묘한 인
식이며 학습, 곧 어떻게 알게 되었는지 알지 못하는 지식이다. 체스
선수는 종종 자신이 어떻게 그 수를 생각해냈는지 말하지 못하지만,
올바른 수를 "안다." 순간적인micromomentary 표정을 구별하는 능력이
뛰어난 사람은 거짓말도 잘 파악한다. (대학생, 정신과 의사, 판사, 경찰
관, 비밀 요원을 대상으로 거짓말을 찾아내도록 한 실험에서 오직 미묘한 신
호를 찾아내도록 훈련받은 비밀 요원만 우연 이상의 점수를 거두었다.)

우리는 사람들의 행동보다는 그들의 말에 크게 의지하며, 그 때문에 대부분 거짓말을 잘 눈치채지 못한다. 그러나 뇌졸중으로 실어증에 걸려 상대의 말에 덜 주의를 기울이는 이들은 상대의 표정에 집중함으로써 거짓말을 73퍼센트나 구분하였다. (다른 이들은 우연 이상의 점수를 거두지 못했다.) 우리의 뇌는 어쩌면 직관적 사고를 하도록 만들어져 있는지 모른다. 전두엽과 편도체의 일부(뇌에서 공포를 관리하는 부위)에 손상을 입은 환자는 사회적 관계를 이해하지 못하거나, 사회적 관계 속 속임수를 찾아내지 못했다. 이는 그가 다른 면에서는 인지적으로 정상이었음에도 그러했다.

비록 과학에서는 직관이 가진 수많은 위험성 때문에 (마이어스는 이 내용 또한 잘 정리해놓았다) 이를 피해야 할 것으로 여기지만, 우리는 지성과 직관이 경쟁적인 관계가 아니라 상호 보완적이라는 커크 선장의 법칙을 기억할 필요가 있다. 지성 없는 직관은 우리를 억제되지 않은 감정적 혼란으로 이끌 뿐이다. 또한 직관 없이는 복잡한 사회적 동역학과 도덕적 딜레마를 해결하지 못할 위험이 있다. 바로 매코이 박사가 우유부단한 이성적 커크 선장에게 이렇게 말한 것처럼 말이다. "우리는 모두 어두운 면을 가지고 있어요. 우리는 이를 필요로 하지요! 그것도 우리의 절반에 해당합니다. 그렇게 끔찍한 것이 아니에요. 바로 그게 인간이지요. 부정적인 면 없이는 선장님이 될 수 없고, 선장님도 그것을 알아요! 선장님 권위의 상당 부분은 그에게 있어요."

48

고릴라를 못 보는 사람들

지각 맹시 실험은 목격자의 증언에 타당성을 부여하는 것과
사람의 기억을 녹화된 영상처럼 간주하는 것에
모두 문제가 있을 수 있음을 말해준다.

흰옷과 검은 옷을 입은, 세 명으로 이루어진 두 팀이 바삐 움직이며
두 개의 농구공을 서로 주고받는 1분짜리 영상을 본다고 해보자. 당
신이 할 일은 흰옷을 입은 팀이 몇 번 공을 주고받았는지를 세는 것
이다. 그리고 35초쯤, 예상치 못한 고릴라가 방으로 들어와 사람들
사이를 지나며 가슴을 한 번 두드린 후 9초 뒤에 화면에서 나간다.
(다음 쪽 그림을 보라.) 당신은 이 고릴라를 볼 수 있을까?

  아마 대부분은 자신의 지각 능력에 자만심을 드러내며 당연히
볼 수 있을 것이라 말할 것이다. 어떻게 고릴라 옷을 입은 사람을 놓
칠 수 있을까? 그러나 실제 대니얼 J. 사이먼스Daniel J. Simons와 크리스
토퍼 F. 샤브리스Christopher F. Chabris의 이 특별한 실험에서 실험 대상
자 중 50퍼센트는, 심지어 그들에게 영상에서 특별한 무언가를 보았
냐고 물었는데도, 고릴라를 보지 못했다고 답했다. (다음 논문을 보라.
〈우리 가운데 있는 고릴라Gorillas in Our Midst〉[http://bit.ly/Z3I3Es]에서는 이
실험과 다른 관련 실험을 담은 DVD를 살 수 있다.) 이는 "부주의 맹시inat-
tentional blindness"라는 현상으로 한 가지 일에 집중할 경우—예를 들어
운전 중 전화를 하는 것과 같은—대부분의 사람들은 고릴라가 횡단

© 2005, Daniel J. Simons

보도에 서 있는 것과 같은 특별한 사건을 보지 못한다는 것이다.

나는 전국의 대학을 돌며 행한 과학과 회의주의에 대한 강연 내용에 이 고릴라 DVD를 포함시켰다. 나는 영상을 한 번 보여준 다음 고릴라를 보지 못한 이들에게 손을 들어보라고 항상 말한다. (두 번째 보여준 다음에는 수를 세지 않으며, 거의 모두 고릴라를 본다.) 주위의 눈치를 봐야 하는 상황에서도 작년(2003년)에만 1만 명 이상의 학생 중 약 절반이 자신의 지각 맹시를 인정했다. 많은 이들이 충격을 받았고, 내가 두 번째는 다른 영상을 보여준 것이라 주장했다. 사이먼스 역시 같은 경험을 했다. "사람들에게 자신이 같은 영상을 본다는 것을 확인시키기 위해 우리는 실제로 비디오테이프를 되감아서 다시 보여주었다."

이 실험은 우리가 자신의 지각 능력을 과신하고 있으며, 또 뇌가 작동하는 방식에도 근본적인 오해가 있음을 알려준다. 우리는 눈을 비디오카메라로, 뇌를 외부 감각을 저장하는 공테이프로 생각한다. 이 모델에서 기억이란 저장된 테이프를 다시 감아서 마음속 영화관에 상영하는 것이며, 이때 어떤 대뇌 피질의 지휘관이 그 영상을 보고 더 높은 수준의 자아에 자신이 본 것을 보고하는 것을 의미한다.

다행히 형사 사건을 담당하는 변호사들은 우리의 기억이 이렇게 작동하지 않는다는 것을 알고 있다. 우리의 지각 시스템과 이를 분석하는 뇌는 훨씬 더 복잡하게 작동한다. 따라서 우리의 눈에 들어온 대부분은 무언가에 집중하고 있는 뇌에게는 보이지 않는다. "중요한 사건은 당연히 눈에 뜨일 것이라는 잘못된 믿음 때문에 이 실험은 우리를 놀라게 하는 것입니다. 이 영상은 이를 보는 사람들에게 현실적인 교훈을 줄 겁니다." 사이먼스가 내게 한 말이다. "예상치 못한 사건도 당연히 보게 될 것이라고 생각하기 때문에 사람들은 그런 사건을 적극적으로 예상할 수 있는 상황에서도 그만큼 주의를 기울이지 않는다."

운전이 좋은 예가 될 것이다. "교통사고 보고서는 '나는 앞을 보고 있었지만 그들을 전혀 보지 못했다'와 같은 주장들로 가득하다." 사이먼스는 말한다. "그런 사고의 피해자 중에는 오토바이나 자전거를 타는 이들이 많다. 이에 대한 한 가지 설명은 자동차 운전자들이 다른 차는 예상하지만 자전거는 예상하지 않는다는 것이다. 즉 자전거가 있는 방향을 보면서도 자전거를 인식하지 못하기 때문일 수 있다." 사이먼스는 리처드 헤인스Richard Haines의 조종사들에 대한 연구를 이야기한다. 그 연구에서 조종사들은 전면 유리에 중요한 비행 정보를 보여주는 시뮬레이터를 이용해 비행기를 착륙시켜야 했다. "이때 몇몇 조종사들은 지상의 다른 비행기가 자신들의 경로를 막고 있다는 것을 알지 못했다."

지난 몇 년 동안 나는 이 칼럼에서 초자연주의자들을 심하게 비난했고, 그들은 이런 연구를 인용하며 내가 부주의 맹시 때문에 ESP를 비롯한 다른 초감각을 인정하지 않는 것이라 말할 수 있다. 어쩌면 이미 과학적으로 인정받는 것들에 대해서만 내가 신경 쓰기 때문에 미지의 대상을 보지 못한다는 것이다.

그럴 수도 있다. 하지만 과학의 힘은 동료들에게 자신의 연구를 알리는 열린 시스템에 있으며, 인터넷의 등장으로 이제 지면의 제한도 받지 않게 되었다. 어쩌면 나는 지각적으로 눈이 가려진 것일 수 있다. 하지만 모든 과학자가 그럴 수는 없으며, 따라서 새로운 인식과 패러다임이 등장할 가능성은 항상 열려 있다. 인식을 거부하는 사람들만큼 눈이 먼 이들은 없을 것이다. 하지만 과학에서는 언제나 편견을 가지지 않은 이들이 존재한다. 이들에게 인정받기 위해서는 먼저 우리 회의주의자들을 설득해야 할 것이다. 우리는 우리 가운데 있는 고릴라를 찾아내도록 훈련된 사람들이기 때문이다.

49

대중의 지혜

이 놀라운 새 연구는 때로는 대중이 개인보다
더 지혜로울 수 있다는 것을 보여준다.

2002년 나는 당시 인기 있던 TV 프로그램인 〈퀴즈쇼 밀리어네어
Who Wants to Be a Millionaire?〉에서 지인의 "전화 찬스" 대상이 되어 달라
는 부탁을 받았다. 그러나 막상 현장에서 그는 "방청객 찬스"를 선택
했다. 이는 매우 현명한 선택이었는데, 내가 그 문제의 답을 몰랐기
때문만이 아니라 실제 통계로도 전문가는 65퍼센트만 답을 맞히는
반면, 방청객은 91퍼센트로 답을 맞혔기 때문이다.

물론 이러한 차이는 "방청객 찬스"에 사용되는 문제들이 보통
더 쉬운 문제라는 이유도 있을 수 있다. 하지만 여기에는 더 깊은 비
밀이 있다. 놀라울 정도로 다양하고 많은 문제들에 대해, 대중은 개
인보다 더 지혜롭다. 이는 19세기 스코틀랜드의 언론인 찰스 매케이
Charles Mackay가 회의주의의 고전이 된《대중의 미망과 광기Extraordinary
Popular Delusions and the Madness of Crowds》에서 내린 결론인 "인간은 집단으
로 사고한다고 말해져왔다. 그러나 실제로는 집단으로 광기를 보이
며, 오직 한 사람 한 사람씩 서서히 이성을 회복할 뿐이다"와 배치되
는 것처럼 보인다. 매케이의 이러한 생각은 귀스타브 르 봉Gustave Le
Bon(1841-1931)이 남긴 고전《군중 심리La Psychologie des foules》의 "군중

속에서 축적되는 것은 지혜가 아니라 어리석음이다"라는 말처럼 사
회학자들의 지지를 받으며 하나의 정설로 자리 잡고 있었다.

그러나 르 봉 씨, 그렇지 않습니다.《뉴요커》의 칼럼니스트인 제
임스 서로위키James Surowiecki가 2004년 출판한《대중의 지혜The Wisdom
of Crowds》는 "다수가 소수보다 더 지혜롭다"고 말할 수 있는 수많은
근거를 솜씨 있게 정리했다. 한 실험은 사람들에게 단지 안에 들어
있는 젤리의 수를 예측하게 했다. 사람들의 예측 평균은 871개로 정
답인 850개에서 겨우 2.5퍼센트 차이 나는 값이었다. 56명 중 이보다
더 정확한 수치를 말한 이는 한 명뿐이었다. 이는 집단 내에서 개인
의 오차가 참값보다 크거나 작거나 하는 식으로 서로 상쇄되었기 때
문이다.

예상과 놀라울 정도로 비슷한 다른 예가 또 있다. 미국의 잠수
함 스콜피온은 1968년 5월 실종되었고, 해군 장교인 존 크레이븐John
Craven은 잠수함 전문가, 수학자, 그리고 구조 전문 잠수부 등 다양한
이들을 불렀다. 그는 이들을 한 방에 모아 토론시키지 않고, 잠수함
의 최종 위치와 속도만을 알려준 뒤, 각자 잠수함의 실종 이유와 하
강 속도 및 각도, 그리고 다른 변수들을 추측하게 하였다. 크레이븐
은 문제의 요소별로 확률을 할당하는 통계적 방법인 베이즈 정리
Bayes's theorem를 바탕으로(베이즈 정리를 이용해 신의 존재 확률을 논한 10
장의 "신은 수명을 다했다"를 보라) 각 예측의 평균값을 냈다. 이들 중
아무도 잠수함 스콜피온의 진짜 위치를 맞히지 못했지만, 이 예측의
평균값은 진짜 위치에서 단 220야드(약 200미터) 떨어진 곳이었다.

우주왕복선 챌린저호 폭발 사고가 일어난 1986년 1월 28일 주식
시장의 움직임 또한 예사롭지 않았다. 우주왕복선을 제작한 주요 회

사인 록히드, 록웰인터네셔널, 마틴마리에타, 모턴티오콜 중 폭발의 원인인 고체 로켓 부스터를 제작한 모턴티오콜만 12퍼센트 하락하였다. 3퍼센트 하락한 다른 세 곳보다 낙폭이 컸다. 클렘슨대학교의 경제학자 마이클 T. 말로니Michael T. Maloney와 클레어몬트 매케나칼리지의 J. 해럴드 뮬헤린J. Harold Mulherin은 수많은 사람이 관여한 이 시장의 특이한 움직임을 면밀히 조사해보았지만 어떠한 내부자 거래도 찾지 못했고, 로켓 부스터 혹은 모턴티오콜에 대한 언론의 특이한 보도도 찾지 못했다. 그저 집단적으로 시장의 참여자들이 네 회사 중 원인을 제대로 고른 것이다.

물론 집단이 항상 옳은 것은 아니다. 시위 중인 폭도들이 쉽게 떠오를 것이다. 특히 집단 전체가 모두 잘못된 방향으로 생각할 때 '무리 짓기'는 문제가 될 수 있다. 예를 들어, 컬럼비아호 폭발 사고에서는 부스터가 사고와 무관했음에도 티오콜의 주식은 폭락했다.

집단이 지혜롭기 위해서는 자율적이고, 분산적이며, 생각이 다양해야 한다. 하지만 컬럼비아호가 사고를 당하기 전에 절연체가 충격을 줄 수 있다는 의견을 받아들이지 않은 위원회는 그렇지 못했다. 구글 검색이 뛰어난 이유는, 다른 페이지들이 링크를 많이 건 웹페이지의 순위를 높이며, 그 링크들 또한 자신이 존재하는 페이지의 순위로부터 가치가 매겨지기 때문이다. 이 알고리듬이 작동하는 이유는 인터넷이 역사상 가장 거대하고, 자율적이며, 분산적이면서, 다양한 이들이 모인 곳이기 때문이다.

50　자살 폭탄이라는 이름의 살인자살

과학은 자살 폭탄범을 이해할 수 있는 실마리를 제공해준다.

당신은 나를 무척 자랑스러워 해야 해. 이것은 명예로운 일이야. 당신은 어떤 일이 일어나는지 보게 될 거야. 모두가 기뻐하겠지. 나는 당신이 내가 아는 강한 사람으로 남아 있기를, 어떤 일이 있든 고개를 높이 들고, 항상 목표를 가지고, 절대 목표를 잃지 말고, 눈앞의 목표와 함께 그것이 "무엇을 위해서"인지를 항상 생각했으면 해. _ 2001년 9월 11일, 유나이티드 항공 93편을 조종해 펜실베이니아 평지에 추락시킨 테러리스트 지아드 자라가 부인에게 보낸 마지막 편지

단어를 정확하게 사용하는 것은 과학의 가장 큰 특징 중 하나이며, 때문에 나는 자살 폭탄범을 일컫는 새로운 이름이 필요하다고 생각한다. "자살"이란 "자신의 삶을 끝내는 것, 자기-살인self-murder"이다. 그러나 자살 폭탄범이 자신의 목숨을 바치는 이유는 자기 자신의 삶을 끝내기 위함이 아니라 타인의 삶을 끝내기 위해서이다. 바로이 점이 ABC의 텔레비전 프로그램인 〈정치적으로 부적절한Politically Incorrect〉에서 빌 마허Bill Maher가 9/11 닷새 후 "건물과 충돌할 비행기 안에 있는 건—당신이 뭐라고 말하든, 겁쟁이들이 할 수 있는 일이

아니다"라고 말한 뒤 해고되었을 때 사람들이 혼란을 느낀 이유이
다. 마허의 말이 맞다.《옥스퍼드 영어사전》은 겁쟁이를 "위험, 고통,
어려움에 직면해 수준 낮은 공포나 용기의 부족을 드러내는 이"라고
정의한다. 건물을 폭파하고 사람들을 죽이는 테러리스트들이 여기
에 속한다고 생각되지는 않는다. 자살 폭탄범 또한 마찬가지이다.

(누가 그들을 겁쟁이라고 했을까? 조지 W. 부시George W. Bush 대통령
이다. 물론 그는 민주당과 공화당 대통령들의 전통을 따랐을 뿐이다. 클린턴
대통령은 1998년 나이로비, 케냐, 다르에스살람의 미국 대사관에 폭탄을 던
진 테러리스트들을 겁쟁이라 불렀고 레이건 대통령 또한 1983년 베이루트
의 미국 대사관에 폭탄을 던진 테러리스트를 겁쟁이라 불렀다.)

"어떤 인종이나 민족을 의도적으로 체계적으로 몰살하는 것"을
의미하는 대량학살Genocide도 이들에게 적절한 호칭은 아니다. 자살
폭탄범의 목표는 어떤 인종이나 민족의 소수를 죽여 남은 다수를 공
포에 떨게 하는 것이기 때문이다.

대치 상황에서 경찰이 총을 쏠 수밖에 없는 상황을 만드는 이들
을 부르는 경찰식 표현이 있다. 바로 "경찰에 의한 자살suicide by cop"이
다. 이 표현 방식을 따르면 자살 폭탄범은 "살인에 의한 자살suicide by
murder"을 하는 것이라 할 수 있으며, 따라서 그들의 행위는 "살인자
살murdercide"이라 부를 수 있을 것이다. 곧 자기-살인이라는 방법으로
악의를 품고 사람 혹은 사람들을 죽이는 행위이다.

이를 위해 정확한 표현이 필요한 이유는 과학자들이 자살은 '무
능력하다는 느낌'과 '사회적 단절'이라는 두 가지 조건이 결합해 일
어난다고 생각하는 반면, 살인자살에는 이 두 가지 요소가 전혀 발견
되지 않기 때문이다. 플로리다주립대학교의 심리학자인 토머스 조

이너Thomas Joiner는 역작인《왜 사람들은 자살하는가Why People Die by Suicide》(2006)에서 이렇게 말한다. "사람들은 이 두 가지 욕구가 채워지지 못해 좌절을 느끼고 세상에서 사라지고 싶을 때 죽음을 바라게 된다. 두 욕구란 다름 아닌 타인과 이어지고 집단 속에 속하고 싶은 욕구와 다른 이에게 영향을 미치고 스스로 유용한 존재라고 느끼고 싶은 욕구이다." 사람들은 자신이 개인적으로 무능력하다고 느끼고 사회적으로 단절될 때, 그리고 스스로에게 해를 입힐 수 있는 능력을 가지고 그 행위 자체에서 일어나는 고통에 대한 두려움에 익숙해져 있을 때 자살하게 된다. 이들은 물론 자살의 필요조건일 뿐 충분조건은 아니다. 위의 조건이 만족되는 모든 이들이 자살을 하지는 않는다. 하지만 자살을 행한 이들은 모두 위의 조건을 가지고 있다.

이 이론에 의하면, 불타는 쌍둥이빌딩에서 뛰어내리는 것을 선택한 이들은 자살한 것이 아니다. 항공기 93편의 승객으로 테러리스트와 비행기의 조종간을 두고 용감하게 싸우다가 펜실베이니아 평지에 충돌한 승객들도, 그리고 비행기를 몰아 건물에 충돌시킨 테러리스트들도 자살한 것이 아니다.

자살 폭탄범은 가난하고, 교육을 받지 못했고, 사회에 불만이 많거나 불안한 성격이라는 흔한 믿음은 사실이 아니다. 법의학 정신과 의사로 전직 아프가니스탄의 CIA 직원이었고 지금은 외교정책연구소Foreign Policy Research Institute의 선임 연구원인 마크 세이지먼Marc Sageman은 400명의 알카에다 조직원들에 대한 연구에서 다음과 같은 사실을 발견했다. "이들 중 4분의 3은 중상류층 출신이다. 90퍼센트에 해당하는 대다수가 온전한 가정에서 자랐다. 63퍼센트가 대학을 나왔으며, 이는 제3세계의 대졸자가 5~6퍼센트 밖에 되지 않는다는 사실과 비교된다. 이들은 여러 면에서 자신들의 사회에서 가장 뛰어나고 영리한 이들이다." 그들이 실직자거나 미혼이었던 것도 아니다. "가족이 없거나 직업이 없으리라는 예상과 전혀 다르게, 73퍼센트는 기혼자였고 대부분이 아이가 있었다. 4분의 3이 전문직 혹은 준전문직이었다. 공학자, 건축가, 도시공학자, 그리고 다수의 과학자들이 있었다. 인문학도 출신은 거의 없었고, 놀랍게도 종교적 배경을 가진 이도 거의 없었다."

조이너는 자살을 위한 필요조건으로 자살이 낳을 고통에 대한 두려움에 익숙해질 필요가 있다고 말한다. 테러 조직은 어떻게 조직원을 뽑을 때 이런 조건을 만족시킬까? 한 가지 방법은 심리학에서 강화라고 부르는 기술이다. 하이파대학교의 정치학자인 아미 페다주르Ami Pedahzur는 《자살 테러리즘Suicide Terrorism》(2005)에서 1980년대에 시작된, 자살 폭탄 테러를 칭송하고 기념하는 분위기가 순교자와 폭탄 테러 영웅들을 우상화하는 문화를 불러왔다고 말한다. 오늘날 자살 폭탄범은 스타 운동선수처럼 여겨지고 있다.

세이지먼은 이들을 조종하는 또 다른 방법으로 "집단 역학group dynamics"을 이야기한다. "테러리스트 후보들은 이미 지하드에 속한, 혹은 되기로 마음을 먹은 지인과의 사회적 관계를 통해 지하드에 합류한다. 친구 관계는 전체 조사 대상의 65퍼센트에서 매우 중요한 역할을 했다." 이러한 개인적 관계는 자신의 희생을 회피하고자 하는 자연의 본능을 억누르는 데 도움이 된다. "스페인의 자살 폭탄 테러범들은 좋은 예이다. 일곱 명의 테러리스트는 한 아파트에 살았으며, 그중 한 명이 거사 당일, '오늘 밤 우리는 모두 같이 간다, 친구들'이라고 말했다. 이런 상황에서 친구를 배신할 수는 없으며, 따라서 같이 가게 된다. 만약 혼자였다면, 그들은 테러를 하지 않았을 것이다."

　따라서 살인자살을 줄일 수 있는 한 가지 방법은 개인에게 영향을 미칠 수 있는 알카에다와 같은 위험한 조직을 막는 것이다. 한편, 프린스턴대학교의 경제학자 앨런 B. 크루거Alan B. Krueger는 또 다른 방법을 이야기한다. 테러리스트 조직이 생겨나는 국가에서 시민의 자유를 증진시키는 것이다. 미국 국무부의 테러에 대한 데이터를 통해 크루거는 "사우디아라비아나 바레인과 같이 상대적으로 많은 테러리스트가 나온 국가는 경제적으로는 여유가 있지만 시민의 자유는 부족한 경향이 있다. 반면, 가난하지만 시민의 자유를 수호하는 전통을 가진 국가에서는 테러리스트가 잘 탄생하지 않는다. 정부의 간섭 없이 평화롭게 집회와 시위를 할 수 있게 만드는 것이 장기적으로 테러리즘에 대처하는 방식임이 분명하다."

　자유의 종이여, 울려라.

51

지상 최고의 행운아

남보다 더 운이 좋은 이들이 있을까?
아니면 그저 착각일 뿐일까? 둘 다 답일 수 있다.

근위축성측색경화증(ALS)은 운동 뉴런에 문제가 생겨 근육이 약해지고 위축되며 결국 마비되어 죽음에 이르게 되는 운동신경질환이다. 누군가가 이런 무서운 질병에 걸렸다면 당연히 자신을 운이 없는 사람이라 여길 것이다.

그렇다면 이 병의 또 다른 이름인 루게릭병의 이유가 된, 위대한 야구선수 헨리 루이스 게릭Henry Louis Gehrig의 태도는 어떻게 설명할 수 있을까? 그는 은퇴식에서 양키스타디움을 가득 메운 팬들을 향해 이렇게 말했다. "지난 두 주 동안 여러분은, 내게 어떤 불행이 닥쳤는지를 모두 알게 되셨을 겁니다. 하지만 나는 오늘 내가 지구에서 가장 운이 좋은 사람이라 생각합니다." 철마라고 불렸던 이 남자는 "나는 운이 좋았습니다"는 말과 "대단한 일이었지요"라는 말을 거듭 강조하며 자신에게 주어진 행운을 하나하나 언급했다. 그는 마지막으로 감정을 억누르면서 "이 병은 내게 불행일 수 있지만, 나는 앞으로 살아야 할 훨씬 더 많은 이유가 있습니다"라고 말했다.

브랜다이스대학교의 사회학자인 모리 슈워츠Morrie Schwarz는 ALS에 걸린 후 ABC 방송국의 〈나이트라인Nightline〉을 인생에 대한 마지막 교훈을 전하는 기회로 삼으면서, 이 병이 신체에 어떤 문제를 일으키는지를 잘 보여주었다. 슈워츠의 학생이었던 미치 앨봄Mitch Albom은 베스트셀러《모리와 함께한 화요일Tuesdays with Morrie》을 통해 그가 남긴 인생의 지혜를 기록했다. "나는 내 죽음을 통해 사람들에게 어떻게 살아야 하는지를 가르치는 셈이지." "나는 쇼핑을 갈 수도 없고, 쓰레기를 버릴 수도 없네. 은행 계좌를 관리할 수도 없지." 슈워츠는 인정한다. "하지만 나는 내가 인생에서 중요하다고 생각하는 것들을 생각하고 돌볼 수 있네. 그리고 그 일을 할 수 있는 여유와 시간, 마음가짐도 있다네."

이렇게 보면, 행운이란 분명 마음에 달린 듯하다. 아니면 그 이상의 무언가가 있을까? 이 문제를 과학적으로 따져보기 위해 실험심리학자 리처드 와이즈먼은 영국 허트포드셔대학교에 "행운 실험실luck lab"을 만들었다. 와이즈먼은 먼저 운이 좋은 사람들이 실제로 복권에 더 잘 당첨되는지를 조사해보았다. 그는 이미 복권을 산 700명에게 스스로 얼마나 운이 좋은 사람인지 평가하도록 만들었다. 평가와 복권의 당첨 여부를 비교한 결과, 자신이 행운아라 생각하는 사람들은 그렇지 않은 이들보다 자신이 복권에 당첨될 것이라는 데 거의 두 배의 자신감을 보였지만, 실제로 복권에 당첨될 확률은 동일했다. 곧, 복권 당첨과 자신감은 무관했던 것이다. 와이즈먼은 이들에게 표준화된 지능지수 검사를 실시했고, 자신을 행운아라 생각하는 사람들과 그렇지 않은 사람들 사이에 아무런 지능의 차이가 없다는 것을 발견했다.

이들은 또한 스스로 자신의 가족, 개인 생활, 경제적 문제, 건강, 직업 등에 대한 만족도를 평가하는 표준화된 "생활 만족도life satisfaction" 조사를 받았다. 결과는 놀라웠다. "스스로 행운아라 평가한 사람들이 삶의 모든 영역에서 그렇지 않은 이들보다 훨씬 더 만족하고 있었다." 와이즈먼의 흥미로운 책《행운의 법칙 The Luck Factor》(2003)에 나오는 내용이다. 이런 만족감이 다른 이들이 "운이 좋다"고 말하는 실제 삶의 차이로까지 이어지는 건 아닐까? 그럴 가능성이 높다. 구체적인 과정은 이렇게 설명할 수 있다.

이들은 친화성, 성실성, 외향성, 신경성, 개방성의 다섯 가지 성격을 검사하는 성격검사 또한 받았다. 그 결과, 친화성과 성실성에는 두 그룹 간에 차이가 없었지만, 외향성, 신경성, 개방성에는 분명한 차이가 나타났다.

행운아들은 외향성에서 그렇지 않은 이들보다 훨씬 높은 점수를 기록했다. "높은 외향성은 다음의 세 요소를 통해 실제로 행운을 가져올 가능성을 높일 수 있다." 와이즈먼은 이렇게 말한다. "많은 사람을 만나는 것, 인기인이 되는 것, 사람들과의 관계를 유지하는 것의 세 가지이다." 예를 들어 행운아들은 그렇지 않은 이들보다 두 배 더 많이 웃으며, 상대의 눈을 더 많이 바라본다. 이를 통해 이들은 더 많은 사람을 만나고 더 많은 기회를 얻을 수 있다.

신경성이라는 성격 요소는 한 사람이 얼마나 불안해하거나 혹은 반대로 여유가 있는지를 말해주는 특성으로 와이즈먼은 행운아들이 그렇지 않은 이들보다 절반만큼 덜 불안해한다고 말한다. "행운아들은 항상 여유가 있고, 이는 그들이 어떤 기회를 예상하지 않을 때조차 더 많은 기회를 잡을 수 있게 만든다." 와이즈먼은 한 실험에서 사람들에게 신문에 실린 사진의 수를 세도록 하였다. 행운아들은 두 번째 면의 절반을 차지한 "셀 필요 없어요. 이 신문에는 모두 43개의 사진이 있습니다"라는 광고 문구를 더 잘 발견했다.

　행운아들은 개방성에서도 그렇지 않은 이들보다 훨씬 높은 점수를 기록했다. "행운아들은 새로운 경험에 더 열려 있다. 그들은 전통에 구애받지 않으며, 예측 불가능성을 즐긴다." 그 결과, 행운아들은 여행을 더 즐기며, 새로운 가능성과 더 자주 마주치며, 특별한 기회를 선호한다.

　기대 또한 행운에 중요한 역할을 한다. 행운아들은 좋은 일이 일어나기를 기대하며, 그 일이 일어났을 때 이를 놓치지 않는다. 하지만 불운이 닥쳤을 때도 이들은 이를 다시 좋은 일로 바꾼다. ALS 최장수 환자인 스티븐 호킹은 이렇게 썼다. "나는 내 장애가 심해질 때 과학적 명성이 올라가는 행운이 따랐다. 이 말은 내가 강의를 할 필요 없이 그저 연구만 하면 되는 그런 자리를 사람들이 계속 제안해주었다는 뜻이다." 또한 그는 자신의 장애로 인해 칠판을 이용해 계산하는 방식이 아니라 시각적, 기하학적으로 문제를 생각할 수 있었다. "이론물리학이 내 연구 분야였던 것은 무척 큰 행운이었다. 왜냐하면, 이론물리학은 나의 이런 장애가 큰 문제가 되지 않는 몇 안 되는 분야이기 때문이다." 그는 전동휠체어에 갇힌 몸으로, 자신의 불운을 위대한 과학적 업적을 남길 기회로 삼았고, 이를 해냈다.

　이건 정말 대단한 일이다.

52

자기계발이라는 사기

자기계발은 연 85억 달러의 시장이다.
이 운동은 효과가 있을까?

자기계발 분야의 구루인 토니 로빈스Tony Robbins는 1000도로 붉게 달군 숯 위를 맨발로 걸음으로써 "사람들은 믿음의 힘을 알게 된다. 이 경험을 통해 사람들은 자신이 변할 수 있고, 성장할 수 있으며, 자신의 인내를 시험할 수 있을 뿐 아니라, 한 번도 가능할 것이라 생각하지 못한 일을 해낼 수 있다는 것을 가장 극적인 방법으로 알게 된다"고 말한다.

나는 로빈스와 그의 고객들이 하듯 "차가운 이끼cool moss"를 외치지도 않았고 어떤 긍정적인 생각도 따로 하지 않았음에도 이 숯불 걷기를 세 번이나 해냈다. 나는 전혀 화상을 입지 않았다. 왜? 나무는 열전도율이 낮으며, 특히 발바닥의 굳은살을 통해서는 열이 더 적게 전달되며, 흔히 하는 숯불 걷기처럼 빠르게 숯 위를 걸어가는 것은 열의 전달을 더 어렵게 만들기 때문이다. 400도의 오븐에 케이크를 구울 때를 생각해보라. 같은 400도라 하더라도 전도율이 낮은 케이크를 만질 때는 전혀 화상을 입지 않는다. 하지만 케이크를 올려놓은 철판에 손을 대는 순간 당신은 화상을 입게 된다. 물리학은 이렇게 숯불 걷기가 왜 위험하지 않은지를 설명해준다. 하지만 사람들이 왜 숯불 걷기를 하는지를 말하기 위해서는 심리학을 알아야 한다.

1980년 나는 자전거 업계의 한 전시회에 참여했고, 그때 키노트 강연을 한 이는 이후《영혼을 위한 닭고기 수프Chicken Soup for the Soul》라는 세계적인 베스트셀러의 공저자로 유명해진 마크 빅터 한센Mark Victor Hansen이었다. 이 책은 이후 "10대의 영혼을 위한~", "죄수의 영혼을 위한~", "기독교인의 영혼을 위한~" 등의 시리즈로 이어졌다. (하지만 "회의주의자의 영혼을 위한~"은 나오지 않았다.) 당시 나는 한센이 강연료를 요구하지 않는다는 사실에 놀랐으나, 강연이 끝난 뒤 곧 그 이유를 알게 되었다. 사람들이 그의 동기부여 테이프를 사기 위해 강연장 바깥까지 길게 줄을 늘어선 것이다. 나도 그들 중 하나였다. 나는 경주를 준비하는 훈련을 하는 동안 그 테이프를 반복해서 듣고 또 들었다.

바로 이 "반복해서"가 탐사 전문 기자인 스티브 살레르노Steve Salerno가 말한 '자조와 실천 운동Self-Help and Actualization Movement(SHAM)' (Sham은 '사기'라는 뜻이다—옮긴이)이라는 이 유행이 어떻게 지속되고 있는지를 설명하는 핵심 개념이다. 그는 2006년 출판한《사기: 자기계발 운동이 어떻게 무력한 미국인을 만들었는가Sham: How the Self-Help Movement Made America Helpless》에서 강연과 이를 녹음한 테이프가 어떤 원리로 몇 주 뒤에는 사라질 일시적인 정신적 고양을 불러일으키며, 또 이를 경험한 이들을 충성고객으로 바꾸는지를 설명한다. 살레르노가 로데일출판사(그들의 모토는 "몸과 마음의 힘을 이용해 삶을 더 낫게 만드는 방법을 사람들에게 알려주자"이다)에서 자기계발 도서 편집자로 일하던 시절, 폭넓게 이루어진 시장조사 결과는 "어떤 주제든 지난 18개월 안에 같은 분야의 책을 구매한 고객이 다시 그 분야의 책을 구매할 가능성이 가장 크다"는 사실을 밝혔다. 살레르노는 이 "18개월의 법칙"이 가진 모순을 이렇게 이야기한다. "만약 우리가 제 시한 방법이 통했다면, 그의 삶은 나아졌을 것이다. 즉 우리에게 다 시 도움을 요청하지 않아야 한다. 적어도 똑같은 문제에 대해서는 말 이다. 그리고 반복해서 도움을 요청해서도 안 된다."

하지만 SHAM은 무적의 논리를 가지고 있다. 바로 만약 당신의 삶이 나아지지 않았다면, 그것은 당신 잘못이라는 것이다. 당신의 생 각이 충분히 긍정적이지 않았기 때문이며 따라서 같은 내용을, 혹은 똑같은 내용을 새로운 제목으로 다시 펴낸 책을 구매하라고 말한다. 존 그레이John Gray는《화성에서 온 남자, 금성에서 온 여자Men Are from Mars, Women Are from Venus》이후《화성남자 금성여자의 영원한 사랑Mars and Venus Together Forever》,《화성남자 금성여자의 침실 가꾸기Mars and Ve- nus in the Bedroom》,《화성남자와 금성여자의 다이어트와 운동The Mars and Venus Diet and Exercise Solution》등 수십 권의 관련 서적을 펴냈고, 심지어 "화성남자 금성여자"라는 보드게임과 뮤지컬을 만들었으며, 클럽메 드와는 휴양 프로그램을 함께 만들었다.

SHAM은 피해자화victimization와 성장empowerment이라는 영리한 이중 마케팅을 사용한다. 이들은 마치 종교처럼, 인간은 원죄가 있으 며 따라서 자신들만이 이를 용서할 수 있다고 말한다. SHAM의 구루 들은 인간은 모두 사악한 "내면의 아이"의 피해자이며, 그 아이는 우 리 내면에서 끊임없이 반복되는 부정적인 "테이프"를 만드는 과거의 트라우마에 의해 생겼다고 말한다. 따라서 구원은 자신들이 제공하 는 새로운 "성서"를 통해 스스로 성장시킴으로써 가능해진다. 그 성 서를 배우는 비용은 하루 500달러의 일일 워크숍에서 로빈스가 진행하는 6995달러의 "운명과의 데이트Date with Destiny"세미나에 이르기까지 다양하다.

이 프로그램은 효과가 있을까? 이 질문에 대한 답은 "효과"를 어떻게 정의하느냐에 따라 다를 것이다. 그리고 이 질문의 답을 찾는 과정에서, 우리는 1937년 데일 카네기Dale Carnegie의 친절한 조언인 《카네기의 인간관계론How to Win Friends and Influence People》에서 시작되어 오늘날 연 85억 달러 규모로 성장한 이 산업이 가진 문제점을 찾을 수 있다. 동기부여 전문가들의 홍보물들은 다양한 긍정적 변화의 체험담을 싣고 있지만, 이 자기계발 프로그램이 실제로 효과가 있다는 과학적 근거는 전혀 존재하지 않으며, 오히려 이를 실천하는 것이 더 해로울 가능성도 있다는 것이다. 살레르노는 숯불 걷기에서부터 12계단 오르기 등 수많은 SHAM 프로그램 중 어떤 것도 다른 일을 하는 것보다, 혹은 심지어 아무 일도 하지 않는 것보다 나을 것이 없다고 말한다. 그저 수백만 명이라는 사람들이 SHAM 프로그램을 실천한 결과, 그중 어떤 이들의 삶이 우연히 나아졌을 뿐이다. 하지만 어떤 자기계발 프로그램에도 참여하지 않은 수백만 명이 있으며, 그들 중에도 자신의 삶이 나아진 이들이 있다. 이 두 집단 사이에 무슨 차이가 있을까? 한 집단의 주머니가 조금 더 가벼워진 차이밖에 없다.

이는 우리 몸이 가진 자가치유 능력 덕분에 마침 환자가 어떤 행동을 했을 때 병이 나았고, 환자는 그 행동이 병에 효과가 있다고 오해하게 되어, 대체의학의 묘약이 탄생하는 것과 비슷하다. 우리 몸은 스스로 치유한다. 이것이 자조self-help의 진정한 의미일 것이다.

53 뇌는 정치적인가?

최근 발표된 어느 뇌영상 연구는 우리의 정치적 편향이
무의식적인 확증편향 오류의 결과임을 보여준다.

인간은 한 번 의견을 정하면 그 의견을 지지하고 고수하기 위해 모든
것들을 끌어다 붙인다. 설사 상대편 주장에 옳고 중요한 근거들이 훨
씬 많을지라도 자신이 내린 결론이 너무나 중요한 나머지 그 결론의
권위가 위협받지 않도록 이 부정적인 근거들을 그저 무시하거나 얕
보게 된다. _ 프랜시스 베이컨, 《노붐 오르가눔》(1620)

윌 로저스Will Rogers에게는 미안하지만, 나는 어떤 기성 정당에도 속
해 있지 않다. 나는 자유주의자libertarian이다(20세기 초 활약한 미국의
코미디언 윌 로저스가 남긴 말 중 이런 것이 있다. "나는 어떤 기성 정당에도
속해 있지 않다. 나는 민주주의자일 뿐이다."—옮긴이). 경제적으로는 보
수주의자이며 사회적으로는 진보주의자인 나는 내가 만난 공화당원
과 민주당원에게서 모두 나름의 장점을 발견한다. 나는 두 정당에 모
두 친한 친구들이 있으며, 흥미롭게도 이들은 이런 공통점을 가지고
있다. 바로 어떤 뜨거운 주제든, 자신들의 주장을 지지하는 근거가
압도적으로 많다고 생각한다는 것이다.
　이는 확증편향이라는 것으로, 자신의 믿음을 지지하고 확증하

는 근거는 받아들이는 반면, 그렇지 않은 근거는 무시하거나 다르게 해석하는 경향을 말한다. 터프츠대학교의 심리학자인 레이먼드 니커슨Raymond Nickerson은 폭넓은 문헌 조사를 통해(〈확증편향: 다양한 모습으로 나타나는 보편적 현상Confirmation Bias: A Ubiquitous Phenomenon in Many Guises〉,《리뷰오브제너럴사이콜로지Review of General Psychology》 2, no. 2 [1998]: 175-220) 이 확증편향이 "개인, 집단, 국가 간에 벌어지는 온갖 논쟁과 마찰, 오해에서 매우 중요한 부분을 차지한다는 사실을 사람들이 의아하게 여길 정도로 매우 강력하고 만연한 것으로 보인다"고 말한다.

최근 어느 기능적자기공명영상Functional Magnetic Resonance Imaging(fMRI) 연구는 우리 뇌가 얼마나 확증편향을 가지고 있는지를, 그리고 이 과정에서 얼마나 무의식적으로 감정에 휘둘려 여러 결정을 내리는지를 보여주었다. 이 연구는 에머리대학교의 심리학자 드루 웨스텐Drew Westen이 이끌었으며, 그 결과는 2006년 1월 28일 성격 및 사회심리학 연례학회Annual Conference of the Society for Personality and Social Psychology에서 공개되었다.

연구진은 2004년 대통령 선거 기간 중, 30명에게—이 중 절반은 자신이 "진성" 공화당원이라 답했고, 나머지 절반은 자신이 "진성" 민주당원이라 답했다—조지 W. 부시와 존 케리가 각각 스스로 했던 발언과 모순되는 발언을 한 일을 평가해달라 부탁하며 fMRI로 뇌를 촬영했다. 당연하게도, 공화당원들은 케리에 대해 비판적이었고 민주당원들은 부시에 대해 비판적이었으며, 두 그룹 모두 자신들이 선호하는 후보는 냉정하게 평가하지 않았다.

그러나 뇌영상 결과는 이 과정에서 논리적 추론과 밀접한 등가

쪽전전두피질dorsolateral prefrontal cortex이 활동하지 않았음을 보였다. 이 때 가장 활발하게 작동한 부위는 감정을 처리하는 안와전두피질orbital frontal cortex과 갈등 해결과 관련된 앞쪽띠이랑anterior cingulated, 도덕적 책임을 판단하는 뒤쪽띠이랑posterior cingulated이었고, 피험자가 어떤 결론에 도달한 후 마음이 편안해지자 보상과 쾌락에 관련된 배쪽줄무늬체ventral striatum가 활발해졌다.

"이 과정에서 일반적으로 논리적 추론을 담당하는 영역은 전혀 활성화되지 않았다." 웨스텐의 말이다. "우리가 본 것은 감정 조절을 담당하는 것으로 알려진 회로와 갈등 해결과 관련된 회로를 포함한 일련의 감정 회로의 활동이었다." 흥미롭게도, 선택적 행동에 보상을 주는 회로 또한 활성화되었다. "이는 마치 자신의 진영에 유리한 논리를 생각해낼 때까지 인지적 만화경을 계속 돌리며, 그렇게 얻은 유리한 결론에서 부정적인 감정을 제거하고 긍정적인 감정을 더함으로써 자신의 확신을 강화하는 것처럼 보였다."

이는 확증편향에 대한 뇌 회로 수준의 설명이며, 이 연구는 인간의 정치적 편향뿐 아니라 훨씬 다양한 문제를 설명한다. 피고의 주장에 반하는 근거를 평가하는 판사와 배심원, 기업을 운영하기 위해 다양한 정보를 평가해야 하는 CEO, 특정한 이론과 실험 결과가 일치하는지를 판단하는 과학자 등도 모두 같은 인지 과정을 거칠 것이다. 이런 확증편향에 속지 않으려면 어떻게 해야 할까?

과학은 자정 작용이 가능한 시스템을 가지고 있다. 실험 데이터를 수집하는 과정에서는 피험자와 실험자가 모두 실험 조건을 알지 못해야 하는 엄격한 이중맹검double blind 조건이 요구된다. 실험 결과 또한 전문가들의 학회나 동료들이 평가하는 논문을 통해 검증된다. 실험 결과는 최초의 연구자와 무관한 다른 실험실에서 재연되어야 한다. 논문에는 자신들의 가정과 모순되는 근거와 실험 결과에 대한 다른 해석을 포함해야 한다. 서로에 대한 회의적 태도는 보상으로 이어진다. 매우 특별한 주장은 매우 특별한 근거를 필요로 한다. 그럼에도 웨스텐은, "이러한 안전장치가 있는데도 과학자 또한 확증편향에 취약하며, 특히 평가자와 저자가 같은 믿음을 공유하고 있을 경우, 동일한 실험 방법에 대해서도 그 결과가 자신이 가진 기존의 믿음과 일치하느냐에 따라 이를 긍정적으로 혹은 부정적으로 평가한다는 것을 여러 연구는 보여 준다"고 말한다.

사법부 및 기업, 정치 영역에도 과학 분야와 비슷한, 확증편향을 막을 수 있는 장치가 있어야 한다. 판사와 변호사는 자신의 주장을 강화하기 위해 데이터를 편향적으로 선택하지 않는지 서로 확인해야 하며, 배심원들이 확증편향을 가지지 않도록 경고해야 한다. CEO는 다른 임원의 적극적인 주장을 회의적으로 판단해야 하며 부정적인 근거들과 제안된 계획에 대한 다른 방식의 분석을 요구해야 한다. 정치인은 선거 국면에서만 상대를 비난할 것이 아니라 평소에도 작동하는 강력한 상호 평가 시스템을 갖춰야 하며, 특히 나는 후보들이 토론을 할 때 반드시 자신의 주장에 반하는 예들도 이야기하는 그런 정책 토론을 보고 싶다.

회의주의는 우리가 가진 확증편향을 극복할 수 있는 가장 훌륭한 해독제이다.

54 민간 과학의 미신

왜 세상의 작동 방식에 대한 우리의 직관은 종종 틀리는가?

진화론을 두고 당시 주교였던 "미꾸라지 샘Soapy Sam" 새뮤얼 윌버포스Samuel Wilberforce(1805-1873)와 "다윈의 불독" 토머스 헨리 헉슬리 사이에 전설적인 토론이 벌어지고 13년 뒤인 1873년, 윌버포스는 말을 타다 떨어지는 사고를 당해 세상을 떠났다. 헉슬리는 물리학자 존 틴들John Tyndall(1820-1893)에게 "처음으로 그의 뇌가 현실과 만났는데, 그 결과는 치명적이었다"라고 평했다.

중력처럼 단순한 힘과 이로 인한 추락 같은 익숙한 현상에 대해서는 현실 세계에 대한 우리의 직관적 감각—우리가 가진 물리적 직감—이 잘 들어맞는다. 그래서 우리는 헉슬리의 저런 심술궂은 논평을 이해할 수 있는 것이며, 어린아이조차도 만화에 등장하는 물리학을 이해한다. 예를 들어, 애니메이션의 한 캐릭터가 자신이 땅을 밟고 있지 않다는 사실을 깨닫기 전까지는 땅으로 추락하지 않을 때, 아이들은 이 장면을 보고 웃을 수 있다. (이는 〈루니툰Looney Tunes〉에서 복수를 위해 로드러너를 쫓다가 종종 절벽에서 추락하는 와일 E. 코요테의 이름을 따 "코요테의 착각coyotes interruptus"이라고 불린다.)

하지만 다른 여러 분야와 마찬가지로 물리학의 상당 부분은 우리의 직관과 다르며, 근대 과학이 등장하기 전까지 우리는 이 부족한 직관만을 가지고 있었다. 예를 들어 민간 천문학은 지구가 평평하며 별들은 지구 주위를 돌 뿐 아니라, 하늘을 돌아다니는 별들이 우리의 운명을 결정한다고 말한다. 민간 생물학은 모든 생명체에는 생기가 흐르고 있으며, 이들의 기능적 디자인은 어떤 지적설계자가 무에서 창조했다고 말한다. 민간 심리학은 우리로 하여금 뇌 속의 호문쿨루스homunculus—기계 속의 유령ghost in the machine(영국의 철학자 길버트 라일Gilbert Ryle이 데카르트의 이원론을 묘사하기 위해 만든 표현—옮긴이)—를 찾게 하며, 정신과 뇌를 별개의 것으로 여기게 만든다. 민간 경제학은 과도한 부를 경멸하게 하고, 높은 이자를 죄로 여기도록 만들며, 시장의 보이지 않는 손을 불신하게 만든다.

우리가 가진 민간 과학folk science이 이렇게 쉽게 어긋나는 이유는 우리가 진화한 환경이 오늘날 우리가 사는 환경과 매우 다르기 때문이다. 우리의 감각은 박테리아나 분자, 원자 혹은 별이나 은하가 아닌, 중간 크기—대략 개미에서 커다란 산 사이의 것들—를 인식하는 데 맞추어져 있다. 우리 삶은 약 70년 정도 이어지며 이는 진화나 대륙의 이동, 장기간의 환경 변화를 관찰하기에는 너무 짧은 시간이다.

민간 과학이 말하는 인과관계 또한 신뢰성이 높지 않다. 돌도끼를 두고 어떤 지적인 설계자가 만들었을 것이라 추측하는 것은 자연스럽지만, 이 때문에 동물의 눈처럼 뛰어난 기능을 가진 대상 또한 다른 지적인 설계자가 만들었을 것이라 여긴다. 신경의 활동이 어떻게 의식을 만들어내는지에 대한 적절한 이론이 없다는 이유로, 뇌 속에 떠다니는 영혼을 상상한다. 자원이 충분하지 못한 소규모 수렵 채집인으로 살았기에, 자유 시장과 경제적 성장의 경험이 없다.

　더 일반적으로, 민간 과학은 어떤 일회성 사건을 마치 데이터처럼 신뢰하게 만든다. 예를 들어, 한 번의 경험으로 여러 종류의 엉터리 약이 특정한 병을 실제로 치료한다고 믿는 것이다. 이런 일회성 사건에 대한 신뢰는 그 대상이 초자연적 존재일 때 더욱 강력해지며, 때문에 어떤 비물질적인 존재가 물질적인 사건에 관여한다는 인과 관계를 생각하게 만들고, 또 질병이 그 사람이 저지른 죄 때문에 주어진 것으로 믿는다. 질병은 종종 저절로 사라지며, 이때 사람들은 회복 직전에 했던 행동이 효력을 증명했다고 생각하기 때문에 결과적으로 기도를 매우 효과적인 도구라 믿게 된다.

　마지막 예에 대해서는 고대로부터 내려온 민간 과학의 미신을 과학적으로 분석한 결과가 최근 발표되었다. 2006년 4월,《미국심장저널American Heart Journal》에는 하버드대학교 의과대학의 심장학자 허버트 벤슨Herbert Benson이 관상동맥 우회수술을 받은 환자의 건강과 회복에 대한 중재기도의 효과를 분석한 연구가 실렸다. 이들은 1802명의 환자를 세 그룹으로 나눈 후, 두 그룹에 대해 세 종파의 종교인들이 기도를 하게 하였다. 기도는 수술 전날 밤에 시작해 2주 동안 매일 행해졌다. 구체적인 내용은 그들의 기존 방식을 따르게 하였으나 "성공적인 수술과 빠른 회복, 그리고 합병증이 나타나지 않기를" 바라는 내용을 포함하도록 하였다. 기도를 받는 환자들 중 절반에게는 기도를 받는다는 사실을 알려 주었고, 나머지 절반에게는 받을 수도, 받지 않을 수도 있다고 알렸다. 실험 결과, 이 세 그룹의 회복 속도에는 어떠한 통계적으로 유의미한 차이도 없었다. 기도는 효력이 없었다.

　물론 사람들은 앞으로도 사랑하는 이들을 위해 계속 기도할 것이고, 그중 누군가는 우연히 회복할 것이며, 우리의 민간 과학에 최적화된 뇌는 여기에서 또 어떤 의미를 찾을 것이다. 하지만 진정한 인과관계를 찾는 것은 민간 과학이 아니라 진짜 과학이다.

55 자유 의지와 선택의 과학

선택의 뇌과학은 아이디어가 가진 힘을 보여준다.

실험용 쥐에게 다양한 주기로 강화 자극을 주는 실험을 위해 8퍼센트와 32퍼센트 농도의 서로 다른 설탕물이 나오는 레버 두 개를 선택해 누르게 하고 이를 지켜본 적이 있는가? 없다면 운이 좋은 것이다. 나는 1978년, 캘리포니아주립대학교 풀러튼캠퍼스에서 더글러스 J. 나바릭Douglas J. Navarick의 지도 아래 석사학위 논문 〈강화의 강도와 질에 따른 쥐의 선택Choice in Rats as a Function of Reinforcer Intensity and Quality〉을 쓰기 위해 아까운 청춘을 스키너 상자 속 쥐들이 어떤 선택을 하는지 지켜보며 보냈다.

이후 행동주의자의 블랙박스(인간의 마음을 의미한다—옮긴이)는 뇌과학자의 관심 영역이 되었고, 최근 프린스턴 고등연구소의 리드 몬터규Read Montague는《선택의 과학Why Choose This Book?》이라는 책을 펴냈다. 몬터규는 우리의 뇌는 각 선택지의 가치와 효율을 판단하는 컴퓨터 프로그램으로 진화했다고 주장한다. "각 선택의 비용과 장기적 효과를 정확히 예측하는 뇌는 그렇지 않은 뇌보다 더 효율적이며, 따라서 장기적으로 이들이 승자가 되었다."

인생은 경제와 마찬가지로, 여러 용도로 쓸 수 있는 제한된 자원

의 효율적 분배에 관한 것이다. (이는 경제학자 토머스 소웰Thomas Sowell
의 표현을 차용한 것이다.)(토마스 소웰은 "경제학은 여러 용도로 쓸 수 있
는 희소한 자원의 사용에 관한 학문이다"라고 말했다—옮긴이) 이는 궁극
적으로 에너지 효율의 문제가 된다. 몬터규는 피식자가 포식자의 에
너지 저장소 역할을 한다고 말한다. "이 주장은 곧 에너지를 효과적
으로 포획하고, 가공하고, 저장하고, 재사용하는 문제를 판단하는 효
율적인 계산 체계가 진화를 통해 탄생했으리라는 사실을 말해준다."
효과적인 선택을 하는 개체는 이러한 선택을 이끌어내는 효율적인
신경 처리 과정을 만들어내는 유전 프로그램을 가진 후손을 만든다.
몬터규는 우리 뇌는 수백만 년 동안 이러한 과정을 거치면서 보통 전
구의 단 5분의 1의 에너지만 사용하며 비용으로 따져 대략 하루 5센
트로 동작하는 효율적인 시스템으로 진화했다고 말한다.

　이 컴퓨터 프로그램은 특정한 작업을 해결하는 방법을 배울 수
있게 진화했다. 예를 들어 쥐들은 어둡고 복잡한 환경에서 먹이를 찾
도록 진화했기 때문에 미로 탐색과 막대 누르기를 잘한다. 쥐나 인간
은 빈 서판이 아니다. 몬터규는 이렇게 설명한다. "여러 차이가 있지
만, 동물의 뇌가 가진 목표에는 공통점이 있다. 바로 뇌로 하여금 자
신의 목표를 만족시키는 결정을 하도록 이끄는 것이다."

　하지만 안타깝게도 이 진화한 컴퓨터 프로그램은 타인에 의해
이용당할 수 있다. 예를 들어, 마약은 뇌의 도파민 시스템—일반적인
상황에서 음식, 가족, 친구와 같이 개체에 유용한 선택을 하도록 하
는—에 영향을 미치며 점점 더 강한 자극을 요구하게 만든다. 아이디
어, 곧 생각 또한 도파민 뉴런을 이용해 보상을 준다는 점에서 마약과
비슷한 역할을 한다. 여기에는 유해한 아이디어도 포함되며, 미국의

사이비 종교단체였던 천국의문Heaven's Gate 신도들이 헤일밥 혜성 주변에서 그들을 기다리는 외계인 모선에 합류하기 위해 자살을 감행한 이유도 이 때문이다. 자살 폭탄범의 뇌 또한 이와 비슷한 방식으로 종교적 또는 정치적으로 유해한 아이디어에 지배당한 것이다.

나는 2004년 타임스출판사에서 발행한《선과 악의 과학The Science of Good and Evil》에서 우리의 도덕 감정은 배고픔이나 성욕 같은 다른 감정과 비슷하게 작동하도록 진화했다고 주장했다. 이러한 감정을 매우 효율적인 컴퓨터 프로그램의 결과로 간주할 때 우리는 감정의 많은 부분을 이해할 수 있다. 에너지가 부족할 경우, 우리는 여러 선택 가능한 음식의 상대적 칼로리를 굳이 계산하지 않는다. 그저 특정한 음식이 먹고 싶다는 생각을 하게 되며, 이를 먹을 경우 만족감이라는 보상을 받게 된다. 섹스 파트너를 고를 때도 뇌는 상대가 가진 유전자를 드러내는, 얼굴과 몸의 대칭, 깨끗한 피부, 그리고 여성의 경우 허리와 엉덩이의 비율, 남성의 경우 역삼각형 체형 등을 바탕으로 누구에게 매력을 느껴야 할지를 계산한다. 도덕 감정 또한 같은 방식으로 작동한다. 이타적인 행동과 이기적인 행동을 선택할 때 뇌는 구석기 시대에 형성된 기준을 가지고 개인과 집단에 최선의 선택을 하며, 죄책감과 자부심이 선택의 결과로 따라온다. 배고픔, 욕정, 자부심 등의 감정은 이러한 계산의 도구로 나타나는 것이다.

그렇다면 이런 선택에 관한 이론을 어떻게 이용할 수 있을까? 몬터규는 fMRI를 이용해 코카콜라와 같은 특정한 브랜드가 "보상 예측 회로에 영향을 미침으로써 여러 뇌 부위로의 도파민 전달 경로를 바꾼다"고 말한다. 이는 코카콜라 브랜드가 의사 결정에 매우 중요한 배안쪽전전두앞피질ventromedial prefrontal cortex에 영향을 미친다는 뜻이다. 코카콜라가 단맛을 의미하고, 배고픔이 칼로리 부족을 의미하며, 성욕은 번식 욕구를 의미하고, 죄책감과 즐거움이 각각 비도덕적 그리고 도덕적 행동을 의미하는 것처럼, 우리는 도덕적인 주장을 뇌가 선호하도록, 또 이를 통해 좋은 아이디어를 선택하도록 만들 수 있을 것이다.

급진적인 명저 《선택할 자유Free to Choose》의 저자인 고 밀턴 프리드먼Milton Friedman(1912-2006)을 기리며, 나는 자유의 원칙이라는 주장을 널리 알리자고 제안한다. 바로, 모든 인간은 다른 이의 자유를 해치지 않는 한, 자유롭게 자신의 선택에 따라 사고하고, 믿고, 행동할 수 있다는 것이다.

56 부시의 잘못과 케네디의 실수

자기 기만은 거짓말보다 더 강력하다.

이라크 전쟁이 시작된 지 4년이 지났다. 전쟁에 하루 2억 달러, 1년 730억 달러의 비용이 들었으며, 지금까지 거의 3000억 달러가 사용되었고, 미국인 3000명의 생명이 사라졌다. 이는 상당한 비용이다. 양 정당의 의원들과 부시 대통령이 미군은 "줄행랑"치는 것이 아니라 "계획대로 행동"하고 있다고 믿는 것도 무리는 아니다. 부시가 2006년 노스캐롤라이나의 포트브래그에서 한 연설에서 "나는 목표를 이루기 전에 물러남으로써 이라크전에서 사망한 2527명의 희생을 헛되이 하지 않을 것입니다"라고 말했다. (이 에세이는 2007년 5월 쓴 것으로, 위의 숫자들은 이후 훨씬 더 커졌다.)

우리는 누구나 이와 비슷한 비이성적 판단을 내린다. 떨어진 주식에, 이익이 나지 않는 투자에, 망해가는 사업에, 그리고 바람직하지 않은 인간관계에 미련을 놓지 못한다. 하지만 우리가 충분히 이성적이라면, 우리는 바로 지금 시점에서부터 이를 유지할 경우 앞으로 이익을 볼 가능성이 있는지 고려할 것이다. 하지만 우리는 이성적이지 않고—사랑, 전쟁, 사업 등 모든 영역에서—이 특별한 비이성적 행동을 경제학자들은 "매몰 비용의 오류sunk-cost fallacy"라고 한다.

심리학자 캐럴 태브리스Carol Tavris와 앨리엇 애런슨Elliot Aronson
이 쓴 《거짓말의 진화Mistakes Were Made(but Not by Me)》는 이런 인지적 오
류를 심리학적으로 설명한다. 이들은 "자신들이 한 행동이 가능한 최
선의 행동이었다고 스스로 확신하게 만드는" 자기정당화에 주목한
다. 과거시제 수동태로 잘못을 말하는 이 문장—"실수가 행해졌다
mistakes were made"—은 정당화가 어떻게 작동하는지를 보여준다. 헨리
키신저는 베트남, 캄보디아, 남아메리카에서 이루어진 미국의 작전
들을 고백하며 이렇게 말했다. "당시 내가 봉직하던 정부에 의해 실
수들이 행해졌을 가능성이 상당하다." 뉴욕의 추기경이었던 에드워
드 이건은 가톨릭 교회가 성직자들의 아동 성추행에 제대로 대처하
지 못했음을 인정하며 이렇게 말했다. "만약, 나중에라도, 실수들이
있었을지 모른다는 사실을 우리 또한 발견하게 된다면… 이는 너무
나 안타까운 일이다."

태브리스와 애런슨은 자기정당화가 인지부조화, 곧 "심리적으
로 모순되는 두 가지 인식(생각, 태도, 믿음, 의견)을 가지게 될 때 발생
하는 상태" 때문에 일어난다고 말한다. "부조화는 작은 양심의 가책
에서 깊은 고뇌에 이르는 정신적인 불안을 유발한다. 인간은 이러한
상태를 해소하는 방법을 찾기 전까지는 편안히 쉴 수 없다." 부조화
를 해소하는 과정에서 자기 정당화가 일어난다.

레온 페스팅거Leon Festinger(1919-1989)는 클라리온 행성에서 온
우주선이 1954년 12월 20일 도착할 것이며 다음날 지구가 멸망하고
자신들은 안전한 곳으로 옮겨질 것이라고 굳게 믿은 어느 UFO 사이
비 종교 집단을 연구하면서 인지부조화 이론을 처음 발견했다. 멸망
의 날이 아무 일 없이 지나가자(혹은 우주선이 도착하지 않자), 그들은

페스팅거가 예측한 대로 행동했다. 곧 직장을 그만두거나, 배우자와 헤어지거나, 자신의 모든 재산을 바치는 등 이 종교를 위해 크게 희생한 사람들일수록 자신의 실수를 인정하지 않았다. 실제로 이들은 자신들의 기도가 세계를 구했다고 발표했다. 이렇게 부조화는 해소되었다.

엉뚱한 사람을 유죄로 판결해 사형을 선고한 경우들에서 인지 부조화는 널리 발견된다. 1992년 이래, 이노센스프로젝트Innocence Project는 사형수 중 188명이 무죄임을 밝혀냈다. "만약 우리가 사형수에 기울인 정도의 관심을 일반 범죄자에게 기울였다면, 우리는 지난 15년간 2만 8500명의 무고한 사람을 밝혀낼 수 있었을 것이다. 그러나 실제로 무죄로 밝혀진 이들은 255명에 불과하다." 미시간대학교의 법학 교수인 새뮤얼 R. 그로스Samuel R. Gross의 말이다. 이런 부조화에는 어떤 자기 정당화가 가능할까? "사법 시스템에 들어온 이들은 매우 냉소적인 사람으로 바뀐다. 모든 이가 당신에게 거짓말을 하고, 당신은 범죄자에 대한 편견을 가지게 되며, 터널 시야tunnel vision라 불리는 편협한 시야를 가지게 된다.

시간이 흐르고, 당신이 유죄로 판단한 이가 무죄라는 수많은 증거가 발견된다. 당신은 앉아서 생각한다. '이 많은 증거들이 잘못된 것일까? 아니면 내가 틀렸던 것일까? 나는 좋은 사람이고 내가 틀렸을 리는 없을 텐데.' 이런 경우를 수도 없이 보았다."

이런 상황에서 누군가가 드물게 "내가 틀렸군요"라고 말하면 어떤 일이 벌어질까? 놀랍게도 사람들은 그를 용서하고 오히려 존경하게 된다. 만약 조지 W. 부시 대통령이 다음과 같이 말했다면 어떤 일이 벌어졌을까?

우리는 우리의 잘못을 솔직히 털어놓으려 합니다. 한 현자는 이렇게 말했습니다. "실수는 당신이 이를 고치기를 거부하지 않는 한 잘못이라 할 수 없다." 우리는 우리의 실수에 대한 모든 책임을 지려 합니다. 우리는 희생양을 찾지 않겠습니다. … 어떤 실수든 그 최종적인 책임은 내게 있으며, 오직 나 한 사람에게 있습니다."

부시의 인기는 하늘을 찌를 듯 올라갔을 것이며, 새로운 증거 앞에서 자신의 입장을 바꿀 수 있는 신중한 리더로서의 그의 능력에 많은 이들이 존경을 표했을 것이다. 위의 발언은 쿠바 피그만 침공 이후 존 F. 케네디가 했던 말이며, 정확히 위와 같은 반응이 따랐다.

후기

이라크와 아프간 전쟁의 결과 5281명의 미군과 1432명의 일반인 등 모두 6717명이 사망했다. 2013년 하버드대학교 케네디스쿨이 조사한 바에 따르면, 두 전쟁의 비용은 각각 4조 달러와 6조 달러였다. 10년 이상 이어진 전쟁으로 160만 명이 파병되었고 그중 절반 이상이 의학적 치료를 받았으며, 남은 인생 동안 연금을 받아야 하기 때문에 앞으로 8360억 달러가 더 쓰일 것으로 추정된다. 이러한 비용은 앞으로 수십 년 동안 미국인이 매몰 비용의 오류에 대한 대가를 치러야 함을 말해준다.

VIII   인간의 본성

57

호색적인,
그리고 폭력적인 존재

최근 벌어진 "인류학 전쟁"은 과학의 이해와
소통에 관한 근본적인 오류를 드러낸다.

인간의 진짜 본성을 두고 수 세기 동안 이어지고 있는 "인류학 전쟁"
에서 새로운 전투 하나가 벌어졌다. 언론인 패트릭 티어니Patrick Tier-
ney는《엘도라도의 어둠: 과학자와 언론인들은 어떻게 아마존을 폐
허로 만들었는가Darkness in El Dorado: How Scientists and Journalists Devastated the
Amazon》에서 이들이 "연구라는 이름으로 위선적이고 왜곡된 반인도
주의적 범죄를 저질렀으며, 서구의 상상 속에서만 존재하는 '폭력적
인' 이들을 찾는 외부인의 반복적인 방문이 사실상 야노마모 부족을
살육 전쟁을 일삼는 부족으로 만들었다"고 주장했다.

　　티어니의 주적은 인류학 분야의 고전에 올라선 베스트셀러
《야노마모Yano-mamö: The Fierce People》를 쓴 나폴레옹 샤농Napoleon Chag-
non(1938-2019)이다. 티어니는 샤농을 야노마모 부족에게서 그저 자
신이 보고자 한 모습만을 본 폭력적인 인류학자로 매도했기에 그의
사진조차 책에 싣지 않았다. 티어니는 샤농이 주장한, 가장 폭력적
이고 공격적인 남성이 대부분의 성교 기회를 얻으며 따라서 자신의
"폭력성"을 자손에게 남긴다는 사회생물학적 이론이 사실상 샤농 자
신의 성적 충동을 드러낸 것에 불과하다고 주장한다.

야노마모 부족은 정말 "폭력적인 사람들"일까? 아니면 티어니의 또 다른 목표인 프랑스의 인류학자 자크 리조Jacques Lizot가 묘사한 것처럼 "호색적인 사람들"일까? 그러나 이 질문들은 잘못되었다. 인간은 "폭력적" 혹은 "호색적"이라고 칼로 자르듯이 분류되지 않는 존재다. 인간은 수많은 생물학적, 사회적, 역사적 조건에 따라 이 두 가지 (그리고 더 많은) 본성과 행동 양식을 가진다. 샤농은 이 점을 이해하고 있다. 티어니는 아니다.《엘도라도의 어둠》이 틀린 이유는 이 책이 이야기를 제대로 전개하지 못할 뿐 아니라(수많은 오류와 의도적인 왜곡 외에도) 과학이 어떻게 작동하는지, 그리고 (그의 책이 근거로 삼는) 일회성 이야기와 (샤농의 책이 근거로 삼는) 통계적 흐름의 차이에 대한 몰이해를 드러내기 때문이다.

티어니는 확실히 훌륭한 이야기꾼이다. 하지만 바로 그 점 때문에 그의 과학에 대한 공격은 문제가 된다. 인간은 이야기를 선호하는 동물이며, 우리는 건조한 데이터보다 극적인 일화에 더 쉽게 설득된다. 나 역시 그가 풀어놓은 이야기를 읽으며 과학자들에게 분노를 느꼈음을 고백한다. 그의 이야기가 사실인지 내가 직접 확인해보기 전까지 말이다. 예를 들어, 나는 샤농의 책을 읽었고 4판에서 그가 원래 부제였던 "폭력적인 사람들"을 제목에서 뺐다는 것을 알았다. 샤농은 야노마모 부족이 폭력적이지 않다고 생각을 바꾼 것일까? 아니다. 그는 너무 많은 이들이, 모든 인간이 가진 복잡하고 미묘한 성격을 생각하지 못하고 그저 그 이름에만 집착한다는 사실을 발견했고, 또한 "'폭력적'이라는 특성이 연민이나 공정성, 용기와 같은 다른 감정이나 개성과 공존할 수 있다는 것을 사람들이 이해하지 못하는 것처럼 보였기" 때문이라 말한다. 그는 서문에서 야노마모 부족은 "평화를 원하는 이들인 동시에 용감한 전사"라고 말한다. 다른 모든 사람처럼, 야노마모 사람들은 사회적 관계와 맥락에 따라 다양한 종류의 행동을 하는 것이다.

티어니는 샤농이 인간 본성이 공격적이라는 사회생물학 이론을 지지하기 위해 야노마모 부족을 이용했다고 주장한다. 그러나 문제가 된 샤농의 책은 데이터에 바탕한 그의 추론이 그렇게 단순하지 않음을 보여준다. 심지어 샤농은 야노마모 부족의 전쟁을 기술한 장의 마지막 페이지에서 "인간이 역사적으로 타 부족을 약탈하는 전략을 취할지 아니면 종교적 혹은 이타적 전략으로 대할지를 그들과의 정치적 관계를 고려해 결정했을 가능성과 그 과정에서 치러야 할 대가에 대해 비용–편익 차원의 고려를 했을 가능성은 없는지"를 묻는다. 그는 "인간은 두 가지 전략을 다 취할 수 있도록 진화했다"고 결론 내린다. 이를 인간 종을 부정적으로 바라보는 이데올로기에 근거한 말이라고 보기는 힘들다.

이 사건의 주요 인물들을 모두 인터뷰하고 인류학 문헌들을 상당수 파헤친 나의 결론은 야노마모 부족에 대한 샤농의 관점이 다양한 근거에 기초하고 있다는 것이다. 다른 많은 인류학자들이 샤농의 데이터 및 해석과 일치하는 주장을 하고 있다. 사실 야노마모 부족이 가장 "폭력적"으로 행동할 때조차도 지구상의 다른 비문명 부족의 행동과 비교해 별로 다르지 않다. (블라이 선장과 쿡 선장이 경험한 여러 폴리네시안 부족과의 충돌을 생각해보라.) 또한, 최신 고고학 연구들은 야노마모 부족의 폭력성이 서로를 마음껏 무모할 정도로 살상한 것으로 보이는 구석기 시대의 조상들에 비해 전혀 극단적이지 않다는 것을 보여준다. 만약 한 종의 "폭력성"을 지난 5000년 동안의 역사만으로 판단한다 해도, 야노마모 부족의 폭력성은 조직적 폭력으로 수억 명을 살상한 서구 "문명"의 폭력성에 미치지 못할 것이다.

호모 사피엔스는 일반적으로, 그리고 야노마모 부족은 특히 더욱, 호색적이고 폭력적인 존재다. 우리는 자신의 이익을 위해 끊임없이 사랑하고 전쟁을 일으키지만 또한 그 결과인 인구 과잉과 전쟁은 우리의 존재를 위협한다. 다행히 우리는 과학이라는 도구를 가지고 있으며, 이 도구는 우리의 진정한 본성을 밝혀줄 뿐 아니라 오늘날 국가 중심의 사회에서 그다음 사회로의 전환이 일어나는 이 커다란 혼란의 시기에도 우리를 구원해줄 것이다.

후기

지난 수년 동안 티어니의 책에 소개된 샤농의 잘못에 대한 다양한 조사가 이루어졌다. 예를 들어 샤농이 재직한 미시간대학교는 그 주장들에 근거가 없다고 밝혔다. 과학사학자 앨리스 드레거Alice Dreger는 티어니의 주장이 사실이 아니며, 미국인류학회American Anthropological Association는 사실이 채 밝혀지기도 전에 티어니의 편을 들어 "근거없는, 선정적인 주장으로 부터 학자를" 보호하지 못한 무책임한 공범이 되었다고 결론내렸다.

58

야비한 야만인

과학은 인간이 가진 어둠의 심연을 보여준다.

1670년, 영국의 시인 존 드라이든John Dryden(1631-1700)은 원시 상태의 인간을 이렇게 표현했다. "나는 자연이 빚어낸 최초의 인간처럼 자유롭다 / 고상한 야만인이 거친 숲속을 뛰어다니던 때처럼." 85년 뒤인 1755년, 프랑스의 철학자 장 자크 루소Jean-Jacques Rousseau(1712-1778)는 다음과 같은 주장으로 서구 문화에 고상한 야만인noble savage이라는 개념을 새겨넣었다. "야만인의 어리석음과 문명인의 사악함의 정중앙에 위치한 원시 상태의 인간만큼 고상한 존재는 없다."

디즈니화한 포카혼타스와 케빈 코스트너의 〈늑대와 함께 춤을 Dances with Wolves〉에 나오는 환경-평화주의적 미국 원주민, 부패한 근대성에 대한 포스트모던의 고발, 그리고 미개인들이 벌이는 전쟁은 일종의 관례가 된 게임일 뿐이라는 근대 인류학 이론 등 고상한 야만인이라는 개념은 인류의 마지막 영웅 서사 신화로도 남아 있다.

그러나 과학은 인류가 자연 그대로일 때 어떤 모습이었는지를 다르게 이야기한다. 1996년 발표된 한 연구에서 미시간대학교의 생태학자 바비 로Bobbi Low는 186개의 수렵 채집 사회를 조사한 결과 그들이 환경에 미치는 영향이 적은 이유는 의식적으로 환경을 보존해서가 아니라 낮은 인구 밀도, 비효율적인 기술, 그리고 시장의 부재 때문이라는 것을 발견했다. 인류학자 세퍼드 크레치Shepard I. Krech는 《생태학으로 본 인디언The Ecological Indian》에서 다수 미국 원주민 사회가 대규모 관개로 인해 강 유역을 염류화, 황폐화시켰고 결국 생태계를 붕괴시켰음을 보인다.

미국 원주민이 대형 동물을 존중했다는 주장도 자주 이야기된다. 그러나 엘크, 사슴, 순록, 비버 그리고 특히 버펄로가 신에 의해 환생한 존재라고 그들이 믿었다는 말도 신화에 불과하다. 미국 원주민 또한 대형 동물을 멸종시킬 기회가 주어질 경우 그렇게 했다. 미국 사자, 미국 치타, 미국 낙타, 미국 말 등의 대형 동물은 말할 것도 없으며, 털매머드woolly mammoths, 자이언트마스토돈giant mastodons, 땅늘보ground sloths, 거대한 아르마딜로처럼 생긴 글립토돈glyptodonts, 곰만한 자이언트비버, 검치호sabertooth cats 등 셀 수 없이 많은 동물이 미국 원주민이 아시아에서 건너와 번성하기 시작한 때에 멸종했다. 이들의 집단 멸종에 대한 가장 그럴듯한 이론은 원주민의 과도한 사냥 때문이라는 것이다.

야비한 야만인Ignoble Savage(고상한 야만인을 셔머가 뒤집어 표현한 말로 역시 원시 상태의 인류를 의미한다―옮긴이)은 환경뿐 아니라 서로에게도 비열하게 굴었다. 폭력, 공격성, 전쟁은 대형 유인원과 인간이 공통으로 가지고 있는 행동적 특징이다. 젊은 수컷이 무리를 이루어 (인간과 침팬지 모두) 주변 환경을 돌아다니며 음식과 암컷을 얻기 위해 수색과 파괴seek-and-destroy를 일삼는 것은 우리 종species, 속genus, 과family 전체에 이러한 경향이 있음을 말해준다.

일리노이대학교의 인류학자 로런스 H. 킬리Lawrence H. Keeley는

《원시전쟁War Before Civilization》에서 원시사회와 문명사회를 조사해 선사시대의 전쟁이 인구 밀도와 전쟁 기술에서 적어도 현대의 전쟁만큼이나 잦았고(전쟁 기간과 평화 기간의 비율로 볼 때), 치명적이었으며(전체 인구와 전쟁 사망자 비율로 볼 때), 잔인했음을(비전투원, 여성, 아이를 살해하고 불구로 만든 사례로 보아) 보인다. 예를 들어, 사우스다코다에서 발견된 콜럼버스 이전 시대의 공동 무덤에는 머리 가죽이 벗겨지고 팔다리가 절단된 500명의 남녀 및 아이들의 유해가 있었다.

이 주제에 특별히 뛰어난 최근 저작인 하버드의 고고학자 스티븐 A. 르블랑Steven A. LeBlanc의《끝없는 전쟁Constant Battles》에서 그는 "인류학자들은 마치 디오게네스가 정직한 인간을 찾아 헤맸던 것처럼 평화로운 사회를 찾아왔다"고 말한다. 나일강 옆의 1만 년 된 구석기 시대 유적을 그는 이렇게 묘사한다. "무덤에는 59구의 유해가 발견되었고, 이 중 적어도 24구에는 몸 안에 다수의 돌로 된 화살촉이나 창의 자국을 포함한 폭력에 의한 죽음을 나타내는 흔적이 있었다. 여섯 개의 집단 무덤이 있었고, 거의 모든 이에게 무기로 공격받은 흔적이 있던 점으로 볼 때 이들은 동시에 사망했으며 한 번에 묻혔을 가능성이 있다."

르블랑의 조사는 또한, 우리가 우리의 그다지 고상하지 않은 조상들에 대해 가졌던 일종의 도시전설(고상한 야만인은 서로를 먹지 않았을 것이다)이 사실이 아님을 보여준다. 부러진 뼈와 불에 탄 뼈가 발견되었고, 뼈에는 칼로 썰린 자국이 있었으며, 뼈는 골수를 얻기 위해 세로로 잘렸고 또 토기 안에는 토기의 크기에 맞게 잘린 뼈가 있었다. 이런 선사시대의 식인 풍습에 대한 증거들은 멕시코, 피지, 스페인 그리고 유럽 여러 지역에서 발견되었다. 가장 확실한 (그리고

오싹한) 증거는 선사시대 아나사지 푸에블로 인디언의 화석화된 인
분에서 인간 근육의 미오글로빈 단백질이 발견된 것이다.

우리 조상은 야만인이었나? 그렇다. 고상했나? 아니다.

로마의 정치인 마르쿠스 키케로Marcus Cicero(기원전 106-기원전
43)는 이렇게 말했다. "의사는 환자가 그 병으로 죽는다는 것을 알아
도 그렇게 말하지 않는다. 불운에 대한 경고는 그 경고를 통해 이를
피할 수 있을 때만 정당화된다." 그의 말을 따라 다음 에세이에서 나
는 우리 인간이 가진 이 질병에 대해 우리가 무엇을 할 수 있는지 이
야기할 것이다.

59

길들여진 야만인

과학은 본성을 극복하는 방법을 알려준다.

올넛 씨, 우리는 자연을 극복하기 위해 존재하는 거예요. _ 영화 〈아프리카의 여왕The African Queen〉에서 캐서린 헵번이 험프리 보가트에게

캘리포니아주립대학교 로스앤젤레스캠퍼스의 진화생물학자 재레드 다이아몬드는 인간을 "제3의 침팬지"(제2의 침팬지는 보노보이다)라 명명한 적이 있다. 유전적으로 우리는 매우 비슷하며, 특히 앞 장 "야비한 야만인"에서 본 것처럼 다른 집단에 속한 이들에게 강한 공격성을 드러낸다는 면에서도 서로 닮았다. 비록 인간의 역사는 폭력으로 점철되어 있지만, 최근 발견된 몇 가지 연구 결과들은 인류가 보노보처럼 평화적인 방향으로 진화하고 있으며, 따라서 인류가 결국 소멸할 것이라 생각하는 비관주의자들의 전망대로 되지 않을 가능성을 보여준다.

1859년 찰스 다윈은 《종의 기원》에서 사람에 의한 인공적인 선택과 자연에 의한 선택을 비교했다. 이 비교를 생각해보자. 야생동물을 인위적으로 유순한 자손이 태어나도록 교배시킬 경우 공격성이 줄어드는 것과 함께 두개골과 턱, 치아의 크기가 줄어드는 몇 가지

변화가 동시에 일어난다는 놀라운 사실이 관찰된 바 있다. 유전학에서는 이를 다면발현pleiotropy이라 부른다. 어떤 특성(낮은 공격성)을 선택함으로써 이와 무관해 보이는 다른 특성(두개골과 턱, 치아의 크기가 작아지는 것)이 나타나는 것이다.

선택 교배를 통한 가축화의 가장 유명한 예는 1959년 러시아의 유전학자 드미트리 벨랴예프Dmitri K. Belyaev(1917-1985)가 시베리아의 세포학및유전학연구소에서 행한 것으로(지금은 루드밀라 N. 트루트가 이어받아 진행하고 있다) 은여우가 인간을 친밀하게 대하도록 교배시킨 것이다. 그는 인간과의 친밀성을 인간의 접근을 허용하는지, 손으로 주는 먹이를 먹는지, 쓰다듬을 수 있는지, 그리고 적극적으로 인간과의 접촉을 원하는지의 4단계로 나누었다. 이를 통해 그들은 진화의 관점에서는 놀랄 만큼 짧은 시간인 35세대 만에 꼬리를 흔들고 사람의 손을 핥는 유순한 여우를 만들어낼 수 있었다. 그 여우들은 또한 두개골과 턱, 치아가 야생의 조상보다 작아졌다. (가축화된 개와 그들의 조상인 늑대 사이에도 유사한 차이가 존재한다.)

왜 이런 현상이 생기는 것일까? 러시아의 과학자들은 유순한 성격을 위한 교배 과정이 말린 꼬리나 펄럭이는 귀(야생에서는 새끼에게는 관찰되나 성체에게는 나타나지 않는), 미지의 자극에 대해 공포 반응을 쉽게 보이지 않는 것, 낮은 수준의 공격성 등 사실상 유형보유pae-domorphism—새끼 시절의 특성을 성체가 되어도 유지하는 것 —를 선택하는 것이라고 생각한다. 이 과정을 통해 태어난 새끼들은 도피 혹은 투쟁 반응에서 부신피질에서 생성되는 코르티코스테로이드와 같은 스트레스 호르몬의 양이 크게 줄었으며, 공격성을 낮추는 주된 요인인 세로토닌의 분비량 또한 크게 늘었다. 흥미로운 것은, 그저 유순한 개체들을 계속 교배시켰을 뿐임에도 이들은 과거 어떤 인위적 교배에서도 이루지 못했던 것을 해냈다. 바로, 번식 기간이 늘어난 것이다.

무슨 뜻일까? 이는 인간은 집단 간의 공격성 측면에서는 침팬지와 비슷하지만, 한 집단 내의 구성원끼리의 공격성 측면에서는 침팬지보다 온순하고 성행위를 많이 하는 보노보와 비슷하다는 것이다. 하버드의 인류학자 리처드 랭엄Richard Wrangham은 이에 대해 그럴듯한 가설을 제시했다. 곧, 집단 내의 성관계와 유순함에 대한 선택압이 인간과 보노보로 하여금 침팬지와는 다른 진화적 경로를 걷게 했다는 것이다. 외면적으로도 이런 차이는 관찰된다. 한때 "피그미 침팬지"라 불렸던 만큼 보노보는 침팬지보다 두개골과 턱, 치아가 훨씬 작다.

랭엄은 지난 2만 년 동안 인간 또한 인구 증가와 정주 생활에 적응하면서 집단 내 공격성을 낮추는 선택압을 겪었으며, 때문에 두개골과 턱, 치아가 (우리의 바로 직계 호미니드 조상에 비해) 작아졌고, 발정기가 사라졌으며, 강력한 성욕을 가지게 되었다고 말한다. (에머리 대학교의 영장류학자 프란스 B. 드발Frans B. de Waal은 영장류의 사회적 행동에 대한 연구를 통해 보노보는 갈등 해결과 사회적 친밀감을 위해 섹스를 활용한다는 것을 보인 바 있다.) 랭엄은 또한 인간의 뇌에서 공격성을 낮추는 역할을 하는 것으로 생각되는 변연계 전두피질의 "13구역"이 침팬지보다는 보노보와 더 비슷한 크기임을 보인다.

이 그럴듯한 진화적 가설이 의미하는 바는 바로 이것이다. 제한된 자원이라는 조건은 인류가 집단 내에서는 협동을 하지만 집단 간에는 경쟁하도록 만드는 선택압을 주었다. 이 시나리오는 또한 만약 우리가, 자신이 속했다고 믿는 집단의 범위를 계속 키워나갈 수 있다면, 인류의 미래에도 희망이 있음을 말해준다. 우리는 아직 갈 길이 멀고, 특히 최근의 민족간 분쟁이나 종교 전쟁은 여전히 인류의 미래를 불안하게 만들지만, 그럼에도 우리는 진화론자의 주요 도구인 장구한 시간을 바탕으로, 지난 1000년 동안 인류가 더 많은 이들(예를 들어 여성과 소수자)을 인권을 인정하는 집단 안으로 받아들이고 있음을 알 수 있을 것이다.

60

바운티호의 과학적 진실

바운티호의 반란을 재조명하는 책이 나왔다.
하지만 반란에는 더 근본적인 이유가 있음을 과학은 말해준다.

바운티호의 반란에 대한 가장 일반적인 설명은 인간적인 플레처 크리스천Fletcher Christian이 강압적인 윌리엄 블라이William Bligh에 대항했다는 것이다. 그러나 캐럴라인 알렉산더Caroline Alexander는《바운티호 The Bounty》(2003)에서 블라이를 영웅으로, 크리스천을 겁쟁이로 묘사한다. 400페이지에 달하는 흡입력 있는 이야기 말미에, 알렉산더는 "반란이 왜 일어났는지"를 물으며 "타히티섬으로 돌아가고자 하는 유혹"과 "블라이의 독설"이 영향을 미쳤겠지만, 결정적인 이유는 "밤 새워 마신 술과 자존심 강한 남자의 오기, 새벽의 우울함, 신사가 지켜야 할 규율에 대한 순간적인 하지만 치명적인 실수"라고 말한다.

그러나 나는 회의주의자로서, 덜 낭만적일지는 몰라도 과학적 근거와 추론에 따른 더욱 지적인 설명을 제시하려 한다. 여기에는 근접인(역사적 사건이 일어난 직접적 이유)과 궁극인(숨은 진화적 동기)의 두 가지 수준에서 인과적 답이 존재한다. 1765년부터 1793년까지, 영국 군함이 태평양으로 떠난 15회의 항해에서 선원들이 맞은 채찍질을 분석한 결과는 블라이가 동시대의 함장들보다 더 폭력적이지는 않았음을 말해준다. 호주의 역사학자 그렉 드닝Greg Dening은《블라이

의 독설Mr. Bligh's Bad Language》에서 당시 한 항해에서 매질을 당한 선원
의 비율은 평균 21.5퍼센트였음을 보였다. 블라이는 평균 19퍼센트
였고, 이는 제임스 쿡James Cook의 세 번의 항해에 해당하는 20, 26, 37
퍼센트보다 낮은 수치이며, 조지 밴쿠버의 45퍼센트에는 절반도 되
지 않는다. 밴쿠버는 선원 한 명당 평균 21번의 매질을 했지만, 당시
의 평균은 5번이었고 블라이는 단 1.5번밖에 하지 않았다.

　반란의 근본적인 이유가 과도한 처벌이 아니라면, 무엇 때문이
었을까? 블라이는 다윈보다 한 세기 전의 인물이지만, 내 생각에 그
는 궁극적인 원인에 매우 근접한 답을 가지고 있던 듯하다. 그는 이
렇게 썼다. "나는 그들이 자신들은 영국에서보다 타히티에서 더 행복
한 삶을 누릴 것이라고, 특히 이 모든 사건의 가장 큰 원인인 여성들
과의 관계 때문에 그런 확신을 가졌으리라 추측할 수밖에 없다."

　실제로 당시 선원들은 가임기 여성들과 일부일처 관계를 유지
하려는 욕구를 가지도록 진화한, 가장 성욕이 활발한 나이의 젊은이
들이었다. 1765년에서 1793년 사이 태평양을 항해한 선원 중 12세에
서 30세 사이가 82.1퍼센트였으며, 30세에서 40세 사이는 14.3퍼센
트였다. 바운티호 선원들의 평균 나이는 26세였다. 진화론적 관점에
서 볼 때 남태평양에 도착한 이들에게 어떤 일이 생겼는지는 전혀 놀
라운 일이 아니다. 당시 태평양을 항해한 1556명의 선원 중 28퍼센
트에 달하는 437명이 "성병"에 걸렸다. 바운티호에서는 그 비율이 특
히 높아 무려 39퍼센트에 달했다. (제임스 쿡의 리솔루션호와 밴쿠버의
채텀호는 57퍼센트와 59퍼센트를 기록해 가장 높았다.)

　선원들이 열 달 동안 좁은 배 안에서 갇혀 지낸 후, 마침내 타히
티에 도착했을 때 블라이는 앞으로 일어날 일을 예견했다. "여성들은

아름다웠고… 존중과 사랑을 받기에 충분할 만큼 우아했다. 추장은 우리를 환대한 나머지 그들과 같이 지내게 하고, 더 많은 선물을 주겠다고 약속했다. 이런 환경과 그 외에 여러 매력적인 상황들 속에서 장교들이 이끄는 일군의 선원들이 … 일할 필요가 없는, 상상 이상의 방탕한 생활을 할 수 있는, 세상에서 가장 풍요롭고 아름다운 섬에 정착하고자 하는 … 강력한 유혹에 빠져들게 된 것은 … 전혀 놀라운 일이 아니다."

현대 뇌과학은 남성과 여성이 초기 연애 단계에 느끼는 감정이 타고난 화학 작용이며 중독적인 마약과 비슷한 방식으로 뇌의 쾌락 중추를 자극한다는 것을 보여준다. 예를 들어, 케르스틴 우브뇌스 모베리Kerstin Uvnäs Moberg는 저서《옥시토신 팩터 The Oxytocin Factor》에서 성관계 중, 특히 오르가슴 상황에서 뇌하수체에 의해 혈관으로 옥시토신 호르몬이 분비되며, 이 호르몬이 연애 감정과 모성애에 큰 역할을 한다는 것을 보였다.

열 달 동안의 항해는 고향에 대한 애착심은 감소시킨 반면, 타히티에서는 여성들과의 성관계를 통해 새롭고 더 강력한 인간관계가 맺어졌고(어떤 이들은 동거를 하기도 했으며 상대가 임신한 경우도 있었다), 결국 섬을 떠난 지 22일이 흘렀을 때, 이 새로운 연인을 잊지 못해 안절부절못하던 이들은 (크리스천은 실제로 바운티에서 뗏목을 타고 탈출할 계획을 세우고 있었다) 반란을 일으키게 된 것이다.

반란의 근접인은 아마 술과 분노였을 것이다. 하지만 궁극인은 비적응적으로 나타나버린, 돌이킬 수 없는 결과를 낳은 진화적으로 적응된 감정이다.

61

마음의 비밀을 풀다

과학은 시적 아름다움에 대한 이해를 높이고
더 깊은 정서적 경험을 가능하게 한다.

선행은 즐거움을 주지만, 왜 그런 즐거움을 주게 된 것일까? 이는 자연이 우리의 가슴에 타인에 대한 사랑, 그들에 대한 의무감, 그리고 도덕적 본능을 심어놓았기 때문이며, 이를 통해 우리는 타인의 고통을 느끼고 이를 없애기 위해 노력하게 된 것이다. _토머스 제퍼슨(1814)

19세기 영국의 시인 존 키츠John Keats(1795-1821)는 아이작 뉴턴이 "무지개가 프리즘에 불과한 것을 밝힘으로써 무지개가 가진 시적 감흥을 없앴다"고 한탄했다. 그는 자연철학이 "천사의 날개를 떼어낼 것이며 / 수학으로 모든 신비를 정복할 것이며 / 귀신과 도깨비를 없앨 것이며 / 무지개의 비밀을 풀 것이다"고 아쉬워했다. 키츠와 동시대에 살았던 새뮤얼 테일러 콜리지Samuel Taylor Coleridge(1772-1834)도 여기에 동의했다. "셰익스피어나 밀턴에 비하기 위해서는 아이작 뉴턴의 영혼이 500개는 있어야 할 것이다."

어떤 현상에 대해 과학적 설명이 주어지면 그 현상의 아름다움이나 이로 인한 시적 감흥, 그리고 정서적 경험은 사라지는 것일까? 나는 그렇게 생각하지 않는다. 과학과 미학은 반목이 아닌 보완의 관계이며, 뺄셈이 아닌 덧셈의 관계이다. 나는 내 작은 망원경으로 작고 반투명한 얼룩과 같은 안드로메다은하를 보았을 때 눈시울이 뜨거워졌다. 그 은하가 사랑스러웠기 때문만은 아니다. 나는 내 망막에 부딪힌 광자가, 저 안드로메다은하에서 290만 년 전, 우리 조상들이 아직 유인원에 불과하던 그 시절에 출발한 광자라는 사실을 알았기 때문이다. 내가 특히 더 감동한 이유는, 이 "성운"이 정말로 우리은하보다 훨씬 먼 곳에 위치하는 거대한 크기의 은하라는 사실이 밝혀진 것이 1923년 천문학자 에드윈 허블에 의한 것이며, 그가 내가 사는 로스앤젤레스 언덕 바로 옆 윌슨산에 설치한 100인치 망원경으로 이를 관측함으로써 비로소 그 사실을 밝힐 수 있었기 때문이다. 그는 이후 관측을 계속하여, 대부분의 은하에서 오는 빛의 파장이 적색으로 편이되어 있다는 사실을 발견했다(말 그대로 무지개의 색을 분해한 것이다). 이는 우주가 최초의 빅뱅 이후 계속 팽창하고 있음을 의미하는 것이다. 이는 분명 미학적인 과학이다. 리처드 파인먼은 과학과 아름다움의 보완적 관계를 이렇게 표현했다.

당신이 보는 아름다움을 나 또한 본다. 하지만 나는 다른 이들은 쉽게 파악하지 못하는 더 깊은 아름다움을 볼 수 있다. 나는 꽃의 복잡한 상호작용을 볼 수 있다. 꽃의 색깔은 붉은색이다. 식물이 색깔을 가지고 있다는 것은, 식물이 곤충을 유혹하기 위해 진화했다는 것일까? 질문들은 더 생겨난다. 곤충은 색깔을 볼 수 있을까? 곤충은 아름다움을 느낄 수 있을까? 질문은 끝이 없다. 나는 꽃을 연구하는 것이 어떻게 꽃의 아름다움을 없앤다는 것인지 모르겠다. 꽃을 연구하는 것은 더 깊은 아름다움을 느끼게 만들 뿐이다.

럿거스대학교의 인류학자 헬렌 피셔Helen E. Fisher의《연애본능Why We Love》(2004)에 소개되는, 감정의 비밀을 풀려는 최근의 시도들 또한 감동적이다. 욕망은 시상하부에서 생성되는 도파민이 성적 욕망을 자극하는 호르몬인 테스토스테론의 분비를 자극하면서 강해진다. 반면, 사랑은 시상하부에서 합성되고 뇌하수체를 통해 혈액 속으로 분비되는 호르몬인 옥시토신에 의해 강해지는 애착의 감정이다. 여성의 경우 옥시토신은 출산시 자궁의 수축을 유도하고, 젖이 나오게 하며, 아기에게 모성애를 느끼게 만든다. 옥시토신은 여성과 남성 모두 성관계 중 증가하며 오르가슴 때 최고치를 기록한다. 이는 연인에 대한 애정을 느끼게 하고 나약한 아기를 오랫동안 돌보게 만드는 진화적인 적응이다(일부일처제를 따르는 종은 일부다처제를 유지하는 동물보다 성관계 중 옥시토신의 분비량이 더 많다).

클레어몬트대학원 신경경제학연구센터의 폴 잭Paul Zak은 옥시토신과 신뢰, 경제 성장의 관계에 대한 가설을 이야기한다. "옥시토신은 기분을 좋게 만드는 호르몬이며, 우리는 피험자들이 자신이 상대를 더 신뢰하는 이유를 설명하지 못하지만 어쨌든 옥시토신의 영향을 받아 결정을 내린다는 사실을 발견했다." 그는 "다른 이가 자신을 신뢰할 때" 사람들의 옥시토신 수치가 증가한다는 것을 발견했다. 이를 통해 그는 신뢰는 경제 성장의 가장 강력한 요인이라 주장한다. 이는 사회가 그 구성원들이 서로를 신뢰할 수 있는 기반, 곧 안정적인 경제 상황과 표현, 결사, 교역의 자유를 보장하여 바람직한 사회적 관계를 최대화하는 것이 성공적인 나라를 만드는 핵심 요인이라는 것이다.

우리는 사회적 관계를 바탕으로 서로를 검증함으로써 타인을 신뢰하게 된다. 에머리대학교의 제임스 K. 릴링James K. Rilling과 그의 동료들은 fMRI를 이용해 죄수의 딜레마 게임에 참여한 피험자 36명의 뇌를 조사하였다. 죄수의 딜레마 게임은 서로의 협력과 배신에 대해 각기 다른 보상을 주는 게임이다. 그들은 협력자의 뇌에서는 디저트, 돈, 코카인, 아름다운 얼굴 등의 자극에 대해 반응하는 부위가 활성화된다는 것을 발견했다. 특히, '쾌락 중추pleasure center'로 알려진, 뇌 중앙에 위치하고 도파민(중독과 관련된 묘약)이 풍부한 앞배쪽줄무늬체가 가장 활발한 반응을 보였다. 협력적인 피험자들은 상대방에 대한 동지애와 신뢰감을 느꼈다고 보고했다.

찰스 다윈은 5년간의 세계 여행을 끝내고 돌아온 직후 진화론의 개요를 기록한 M 노트북에 이런 말을 남겼다. "개코원숭이를 이해하는 이는 철학자 존 로크보다 형이상학에 더 많은 기여를 하는 것이다." 과학은 이제 사랑은 중독적이며, 신뢰는 유쾌한 것이고, 협력은 기분을 좋게 만든다는 사실을 밝히고 있다. 진화가 이런 보상시스템을 만든 이유는 이러한 시스템이 우리 영장류 조상의 생존에 기여했기 때문이다. 다윈을 이해하는 이는 제퍼슨보다 정치철학에 더 많은 기여를 하게 될 것이다.

62

행복의 과학

행복에 대한 새로운 과학적 접근을 이해하기 위해서는
역사적 관점을 취할 필요가 있다.

다른 이들은 연봉이 2만 5000달러인데 당신은 5만 달러인 경우와 다른 이들은 25만 달러인데 당신은 10만 달러인 경우를 생각해보자. 모든 물건과 서비스의 가격은 동일하다고 가정하자. 어떤 상황이 더 좋을까? 놀랍게도 여러 연구에서 다수의 사람들은 첫 번째 상황을 골랐다. H. L. 멘켄의 이런 농담이 떠오른다. "부자란 동서보다 연봉이 100달러 더 높은 사람을 말한다."

　얼핏 보기에 비논리적인 이러한 선택은 현대 사회에서 행복을 찾기가 왜 이렇게 어려운지를 과학으로 해결하려 할 때 부딪히게 되는 여러 문제 중 하나일 뿐이다. 최근에도 행복에 대해 여러 연구자들이 책을 펴냈지만, 회의주의적 관점에서 나는 행복에 대한 역사학자의 통시적 관점이 가장 많은 것을 말해준다고 생각한다.

　런던정경대의 경제학자 리처드 레이어드Richard Layard가 쓴 《행복의 함정Happiness》(2005)을 보자. 그는 "우리는 많은 음식, 많은 옷, 많은 자동차, 큰 집, 따듯해진 중앙 난방, 많은 휴일, 짧아진 근무 시간, 나아진 근무 환경을 가졌고, 그리고 무엇보다도 더 건강해졌다"고 말하며, 우리가 1950년 이후 평균 소득이 두 배 이상 늘었음에도 더 행복해지지는 않았다고 이야기한다. 1인당 연평균 소득이 2만 달러 이상이 되면, 소득이 늘어난다고 해서 더 행복해지지는 않는다. 왜 그럴까? 첫째 이유는 우리가 행복을 느낄지 불행을 느낄지의 약 절반은 유전자에 의해 결정되기 때문이다. 둘째 이유는, 우리는 어떤 절대적 기준이 아니라 다른 이들이 무엇을 가지고 있느냐를 바탕으로 자신의 욕망을 결정하기 때문이다. 그러면 어떻게 해야 할까? 우선 정책적으로는 행복을 증진시키기보다 불행을 줄이는 것이 더 쉽다. 만약 우리가 자발적인 교환 과정 외에는 서로에게 영향을 미치지 않으며 모두가 계약을 엄수하는, 그리고 모든 정보가 잘 알려져 있는 충분히 큰 시장에서 자유롭게 재화와 서비스를 거래할 수 있다면 우리는 최대의 효율성을 달성할 것이며, 이를 통해 "누구도 덜 행복해지지 않으면서도 모든 이가 최대한 행복해질" 수 있을 것이다.

　　에머리대학교의 정신의학자 그레고리 번스Gregory Berns는《만족 Satisfaction》(2005)에서, 쾌락의 추구는 우리를 끝없는 쾌락의 쳇바퀴 hedonic treadmill 위에 올려놓아 역설적으로 우리를 비참하게 만들 뿐이며, 따라서 행복이란 쾌락이 아니라 만족감에 더 가까운 것이라 말한다. 번스는 이렇게 결론내린다. "만족감은 자신의 행동에 의미를 부여하는 유일한 감정이다." 그는 또한 이렇게 말한다. "쾌락은 자의와 상관없이 얻게 된다. 복권에 당첨되거나 쾌활한 성격의 유전자를 타고나거나, 아니면 부유한 가정에서 태어나는 등 운에 의한 것이다. 반면, 만족은 당신이 어떤 일을 의식적으로 행함으로써만 가질 수 있는 감정이다. 바로 이 점이 가장 중요한데, 당신은 오직 당신의 행동으로 책임을 지거나 명예를 얻기 때문이다."

　　하버드대학교의 심리학자 대니얼 길버트Daniel Gilbert는《행복에 걸려 비틀거리다 Stumbling on Happiness》(2006)에서 "인간은 미래를 고려하는 유일한 동물"이라고 주장한다. 때문에 우리는 실제로 지금 우리를 행복하게 하는 것보다 미래에 우리를 행복하게 하리라 기대되는 것들을 바탕으로 행복을 느낀다. 그러나 길버트는 우리 인간이 이러한 예측에 그리 뛰어나지 못하다는 사실을 다시 보인다. 예를 들어, 우리 중 대부분은 다양한 경험이 인생을 흥미롭게 한다고 생각한다. 하지만 사람들에게 다양한 종류의 간식을 선호하는지를 예상하도록 한 뒤, 실제로 몇 주 동안 간식을 주었을 때 간식을 다양하게 먹지 않은 사람들이 더 높은 만족도를 나타냈다. 길버트는 이렇게 설명한다. "놀라운 일은 처음 일어날 때 특히 더 놀라운 일이 됩니다. 하지만 그 일이 반복해서 일어날 경우 감동은 점점 줄어드는 법이죠." 또 다른 문제는, 우리가 과거 우리에게 즐거움을 주었던 일을 바탕으로 앞으로 무엇이 우리를 행복하게 만들지 예상할 때, 과거를 정확히 기억하지 못한다는 것이다. 아직 결혼하지 않은 친구 한 명은 이렇게 말한 적이 있다. "결혼한 친구들이 상상하는 싱글의 주말을 나는 지난 주말에야 드디어 보낼 수 있었다네." 기억은 녹음기보다는 편집 장치에 가까우며, 과거에 대한 잘못된 기억은 미래를 예측하는 데도 영향을 미친다. 불행으로 가는 길은 잘못된 기억으로 포장되어 있다.

길버트는 또한 놀라운 일이 반복될 때 그 효과가 줄어드는 것을 두고 경제학자는 "한계 효용 체감 declining marginal utility"이라 말하지만 결혼한 부부는 이를 인생이라 부른다고 약간의 냉소와 함께 말한다. 하지만 혹시 당신이 다양한 상대와의 관계가 인생을 즐겁게 만들어줄 것이라 생각한다면, 이는 사실이 아니다. 시카고대학교 출판부가 1994년 펴낸《성의 사회적 구조 The Social Organization of Sexuality》에 실린 대규모 연구에 따르면, 결혼한 이들은 미혼 남녀보다 성관계 횟수와 오르가슴 횟수에서 모두 앞섰다. 구체적으로, 일부일처제의 기혼자들 중 40퍼센트는 일주일에 두 번의 성관계를 가졌지만, 미혼 남녀 중 그 비율은 25퍼센트에 불과했고, 성관계 중 오르가슴을 느낄 확률도 기혼자들이 더 높았다. 그리고 기혼과 미혼 여부에 무관하게, 한 명의 성적 파트너를 가진 남성이 다수의 파트너를 가진 남성보다 더 많은 횟수의 성관계를 가졌다.

역사학자 제니퍼 마이클 헥트Jennifer Michael Hecht의《행복이란 무엇인가The Happiness Myth, Harper》(2007)는 이 점을 강조한다. 그녀는 심층적이고 치밀한 역사적 관점을 통해 행복이 얼마나 시대와 문화에 의존하는지를 보여준다. "행복에 대한 현대적 가정들은 역사적으로 볼 때 허튼소리에 불과하다"고 그녀는 말한다. 성관계의 경우를 보자. "만약 당신이 인생의 어느 시점에 스스로 성적으로 비정상이라고 느낀다면, 100년 전의 보편적이고 세속적 가치를 따르는 기혼 커플이 일주일에 세 번의 성관계를 가질 경우 죄책감과 부끄러움을 느꼈다는 점을 기억할 필요가 있다." 그녀는 오히려 "100년 전만 하더라도, 3년 동안 성관계를 가지지 않은 보통의 남자는 자신의 건강과 인내력을 자랑스러워 했고, 10년 동안 금욕한 여성은 자신이 이를 통해 얼마나 건강해졌고 행복해졌는지를 자랑했을 것이다"라고 말한다.

대부분의 행복 연구는 자기 보고self-report를 통해 이루어지며, 헥트는 100년 전의 사람들은 행복도 조사에서 오늘날의 사람들과 전혀 다르게 답했으리라는 것을 지적한 것이다. 행복을 찾기 위해 과학적인 접근법을 취하는 것은 과도한 과학주의자인 나 같은 사람에게는 아주 적절한 방법처럼 들리지만, 몇 권의 책을 읽고 그중 한 역사학

자의 통시적 관점이 가장 설득력 있다고 생각하게 되면서, 나는 결국
행복에 대한 과학은 시대에 따라 바뀔 수밖에 없다는 생각에 이르게
되었다.

　그렇다면 오늘날 내릴 수 있는 행복의 근원에 대한 최선의 결론
은 무엇일까? 사회적 관계(동료, 친구, 결혼), 인간에 대한 신뢰(친구,
가족, 타인), 사회에 대한 신뢰(경제, 정의, 정부), 종교와 영성(기도, 명
상, 긍정 심리학), 적극적인 사회적 행동(가난한 이들을 돕기, 자원봉사)
등이다. 그럼 불행의 근원은? 이혼, 실직, 지위 상실, 우울증, 가난이
다. (우디 앨런의 "돈이 가난보다 낫다. 단지 경제적인 이유로"라는 농담은
진리다.)

　행복을 이해하려면, 역사와 과학을 모두 알아야 한다.

IX   진화와 창조론

63

인간 정신의 점진적 계몽

> 창조론을 무력화하는 최선의 방책은
> 종교에 대한 비난이 아니라 과학의 발전이다.

리처드 도킨스의 이 말은 과학자의 발언 중 가장 솔직한, 그러면서도 실존주의적으로 뼈아픈 말일 것이다. "우리가 관찰하는 우주에는 그 근저에 어떤 계획도, 어떤 목적도, 어떤 선이나 악도 존재하지 않으며, 단지 맹목적이고 무자비할 정도의 무관심만이 존재할 뿐이다."

이런 냉혹한 현실 앞에서, 미국인 중 45퍼센트가 2001년 갤럽 조사에서 다음 주장을 선택한 것은 어쩌면 그리 놀라운 일이 아닐 수 있다. "약 1만 년 전, 신은 자신과 비슷한 형상으로 인간을 만들었다." 그리고 37퍼센트는 다음과 같이 한발 물러선 주장을 골랐다. "인간은 지난 수백만 년 동안 덜 진화한 형태로부터 서서히 진화했지만, 그 과정은 신의 인도 아래 이루어졌다." 반면, 오늘날 과학적으로 합의된 다음 의견에 동의하는 이들은 12퍼센트에 불과하다. "인간은 지난 수백만 년 동안 덜 진화한 형태로부터 진화했으며, 신은 그 과정에서 아무런 역할을 하지 않았다."

창조론과 진화론 중 하나를 택해야 하는 다른 조사에서는 57퍼센트가 창조론을 택했고 진화론은 33퍼센트밖에 택하지 않았다(10퍼센트는 "잘 모름"을 골랐다). 여기에 대한 한 가지 설명은 또 다른 조사에서 진화론이 "충분한 증거에 의해 뒷받침된다"고 생각하는 비율이 33퍼센트인 반면, 진화론은 "여러 이론 중 하나일 뿐"이라 생각하는 이가 그보다 좀더 많은 39퍼센트였다는 것이다. 잘 모르겠다고 답한 이들은 4분의 1 정도였고, 진화론을 "잘 안다"고 답한 비율은 34퍼센트밖에 되지 않았다.

이런 상황이 답답하기는 하지만, 다행히 과학적 진실은 다수결로 결정되는 것이 아니다. 어떤 이론을 얼마나 많은 사람이 믿는지는 중요하지 않다. 이론의 성립 유무는 증거로 결정되며, 과학 분야에서 진화론만큼 튼튼한 이론은 많지 않다. 지질학, 고생물학, 동물학, 식물학, 비교해부학, 유전학, 생물지리학 등 셀 수 없이 많은 학문 분야의 연구는 모두 동일한, 곧 진화가 실제로 일어났다는 결론에 도달한다. 19세기 과학철학자 윌리엄 휴얼William Whewell(1794-1866)은 이런 식으로 독립적인 연구가 하나의 결론에 도달하는 것을 "통섭적 귀납consilience of inductions"이라 불렀다. 나는 이를 "증거의 수렴convergence of evidence"이라 부르겠다. 무엇이라 부르든, 역사적 사실은 이렇게 증명된다.

미국인 중 진화론 부정론자(이들은 홀로코스트 부정론자와 같은 논리와 수사법을 사용한다는 점에서 그들의 도플갱어라 할 수 있다. 내가 쓴 《왜 사람들은 이상한 것을 믿는가》를 보라)가 특히 많은 이유는 소수의, 하지만 목소리가 큰 종교적 근본주의자들이 진화론을 자신들의 종교적 신념에 대한 도전으로 잘못 여기기 때문이다. 이 때문에 그들은 진화론을 공격하는 방식으로 대응한다. 거의 모든 진화론 부정론자가 기독교인이며, 신이 지구 생명체의 발달에 영향을 미치지 않았다면 신앙과 도덕의 기반, 그리고 삶의 의미가 사라진다고 이들이 믿는 것은 우연이 아니다. 그들에게는 분명 과학이 알아낸 사실들이 매우 큰 문제로 다가올 것이다.

　미국의 헌법은 학교에서 특정한 종교를 옹호하지 못하게 하고 있으며, 때문에 모순적인 조어인 "창조과학", 혹은 "지적설계Intelligent Design(ID)"를 가르쳐야 한다는 주장이 있다. 지적설계란 아직 과학이 전체 과정을 설명하지 못하는 특정한 현상에 대해 신이 기적적으로 관여했다는 주장이다. (초기 지적설계는 날씨를 설명하는 데 사용되었지만, 지금은 DNA의 기원이나 세포 생명체의 탄생과 같은 더 어려운 문제로 넘어갔다. 과학이 이 문제에 답을 제공하게 된다면, 이들은 당연히 더 어려운 문제를 찾을 것이다.) 즉 지적설계론자들은 자신들을 위협하지 않는 과학 이론은 아이들에게 가르쳐도 되지만, 생명의 기원이나 진화론의 특정한 측면에 대해서는 "지적설계자에 의해 이루어진 일"이라 가르쳐야 한다는 것이다. 나는 그 이론이 어떻게 과학이 될 수 있는지 알지 못하며, 정확히는 지적설계론자들이 학교에서 구체적으로 무엇을 가르치고 싶어 하는지도 파악할 수 없었다. 아마 "지적설계론" 덕에 한 학기의 길이가 짧아질 것이다.

　대조적으로, 과학자들은 지적설계자가 어떻게 그 일을 해냈는지를 알고 싶어 한다. 과학자들이 아직 설명되지 않은 현상에 대해 가능한 모든 자연주의적 설명을 검토하는 동안 지적설계론자들은 과학을 무시한다. 그럼에도 과학에 대한 존중은 받고 싶어 하기에, 이들은 신학을 과학이라 부른다.

　지적설계론으로 무장한 창조론자들의 악한 영향력에 대처하기 위해 우리는 더욱 적극적으로 과학 교육과 진화론 설명에 나설 필요가 있다. 창조론이 틀렸다고 주장하는 것만으로는 부족하다. 우리는 진화론이 옳다는 것 또한 보여야 한다. 진화론의 아버지 찰스 다윈 또한 이 사실을 알고 있었다. "기독교와 유신론에 대한 직접적인 반론은 그 주장의 옳고 그름과 무관하게, 사람들에게 거의 아무런 영향도 미치지 못하는 것처럼 보인다. 과학의 발전이 가져올 인간 정신의 점진적 계몽이야말로 인간이 자유롭게 사고할 수 있도록 만들어줄 것이다."

64 진화와 창조, 6가지 오해

진화론을 받아들이지 못하는 이유를
사람들은 이렇게 말한다.

프로이트는 인류가 경험한 세 가지 지적 충격을 이야기한 것으로 (그리고 자신의 업적을 거기에 포함시킨 자신감으로) 잘 알려져 있다. 첫째는 코페르니쿠스가 인류를 "상상하기 힘들 정도로 거대한 세계의 작은 점 위"에 존재하게 만든 것이고, 둘째는 다윈이 인류로부터 "인간은 특별하게 창조되었다는 특권적 위치를 빼앗고 동물 세계의 일원으로 격하"시킨 것이며, 셋째는 자신의 이론이 "우리 각자의 '자아ego'는 자신의 주인이 아닐 뿐 아니라 마음속 무의식적으로 일어나는 일들의 일부에만 만족해야 한다는" 것을 증명한 것이다.

코페르니쿠스와 프로이트는 더는 토론과 논쟁의 주제가 아니지만 (오늘날 코페르니쿠스의 지동설을 부정하는 이는 거의 없으며, 프로이트의 이론은 거의 누구도 지지하지 않는다) 다윈은 (적어도 미국에서는) 아직도 혼탁한 종교적·정치적 논쟁의 주제이다. 나는 2002년 2월, "진화와 지적설계에 대한 인간 정신의 점진적 계몽" 칼럼을 썼을 때 평소와는 비교할 수 없이 큰 반응이 나타나는 것을 보고 비로소 이를 깨달았다. 나는 보통 한 달에 여남은 통의 항의 메일을 받지만, 그 칼럼에 대해서는 134건(117건은 남자가, 4건은 여자가, 그리고 13건은 미상

의 인물이 보냈으며, 이는《사이언티픽아메리칸》을 구독하는 성비와 일치
한다)의 메일을 받았다. 대부분 창조론은 과학의 탈을 쓴 종교일 뿐
이며 진화론은 과학의 역사에서 가장 튼튼한 이론이라는 내 입장에
대한 비판이었다.

《사이언티픽아메리칸》에 칼럼을 싣기 시작한 후 받게 된 내 칼
럼에 대한 항의 메일은 처음에는 다소 불편했다. 하지만 나는 곧 이
들 메일이 사람들이 무엇을 왜 믿는지를 알 수 있는 좋은 데이터 소
스가 될 수 있다는 사실을 발견했다. 창조론을 옹호하는 134건의 메
일을 분석한 결과, 매우 다양한 의견이 혼란스럽게 존재한다는 것을
알게 되었다. 나는 이들을 빠르게 훑어 각 의견을 한 문장으로 요약
해 이들이 모두 약 20가지 의견으로 나뉨을 알게 되었다. 이를 다시
유사한 것끼리 묶어 나는 아래 여섯 항목으로 만들었다. 그리고 메일
을 자세히 읽어가며 아래 여섯 가지 중 하나 이상의 항목에(이는 자신
의 메일에 여러 의견을 펼친 이들이 있기 때문이다. 134건의 메일에는 모두
163개의 의견이 있었다.) 이들을 포함시켰다. 그 결과는 아래와 같다.

1. 진화는 참이며 창조론은 거짓이다 / 과학 〉종교─7퍼센트
2. 진화는 신이 창조를 위해 사용한 방법이다 / 과학 = 종교─
   12퍼센트
3. 진화는 거짓이며 창조론은 참이다 / 종교 〉과학─16퍼센트
4. 진화를 믿기 위해서는 믿음이 필요하다 / 과학은 종교이다.
   ─17퍼센트
5. 지적설계는 참이며 생명은 진화의 결과이기에는 너무 복잡하
   다.─23퍼센트

6. 어느 것도 참이 아니다 / 과학 ≠ 종교 / 진화와 종교에 대한
   또 다른 이론—25퍼센트

각 항목이 어떤 의미인지를 설명하기 위해 그 항목에 속한 메일의 일
부를 소개하겠다. (대부분 합리적이고 예의를 갖추었지만, 한 명은 내 칼
럼이 "1939년 나치가 쓴 듯"하다고 말했으며, 다른 한 명은 "마이클 셔머는
회의주의자일 뿐 아니라 지적설계를 이야기하는 방식으로 볼 때 일급 멍청
이임이 틀림없다"고 썼다.) 아쉬운 점은, 진화론의 우수성(과 창조론의
공허함)에 동의하는 이가 7퍼센트밖에 되지 않았다는 것으로, 그중
한 명은 이렇게 썼다. "과학의 수호자들은 너무 점잖다. 진화론 수업
을 아무리 늘려도 창조'과학'의 의도적이고 사악한, 선택적 무지에
맞서기는 어려울 것이다."

　　그 두 배만큼의 사람들이 진화는 신이 생명을 창조하는 데 사용
한 방법이라 주장했으며, 그중 한 명은 이렇게 썼다. "진화는 일어났
다. 하지만 나는 자연법칙의 질서와 생태계, 모든 생명체의 유전 현
상에서 신의 의지와 그의 정교한 손놀림을 본다. 예를 들어, 동물과
식물이 가진 보호색의 놀라운 다양성을 볼 때, 나는 누군가가 이를
만들어냈다고 생각할 수밖에 없다." 또 다른 독자는 창조론과 진화론
은 "서로 보완적이며, 간단히 말해, 우주의 모든 영역은 인간의 지혜
를 통해 해석된 지적 법칙을 따르고 있으며, 그 법칙은 어떤 원리나
원인을 따르며, 이는 우리 우주가 이를 모두 총괄하는 하나의 원칙에
의해 작동함을 알 수 있다"고 썼다.

　　셋째 항목인 진화론에 대한 비판의 주요 내용은 모든 진화생물
학자들이 지겹게 들어온 것이다. "나는 진화론은 이론에 불과하다는

점을 지적하고 싶다." 또는 "내가 아는 한 진화론은 현실에서는 한 번 도 성공하지 못한 이론에 불과하며, 결론을 내리기에는 한참 부족하 다" 등이 있었다.

　　넷째 항목인, 진화론을 믿기 위해서는 믿음이 필요하다는 주장 또한 많은 독자들이 언급했다. 예를 들어, "진화론자들의 설명에는 수많은 빈틈이 있는데도, 그들은 마치 창조론자처럼 자신의 믿음이 사실이라고 생각한다"라든지, "나는 비판적 사고와 논리를 일관적으 로 적용하는 것이야말로 이성적인 회의주의자가 되기 위한 핵심 원 칙이라 생각한다. 셔머가 진화론에 대한 믿음을 방어하기 위해 보인 열정은 이러한 원칙에 어긋난다" 등이 있었다. 이 항목에서 내가 가 장 흥미롭게 생각한 편지는 《스켑틱》 잡지에서 부적절한, 혹은 잘못 된 방식으로 회의주의를 적용했을 때 흔히 받게 되는 메일과 똑같은 형식으로 보내진 편지였다. (이 메일에는 무려 "조지 W. 부시 대통령, 딕 체니 부통령, 미국의 상하원 의원, 미국 국립과학아카데미, 미국의 의사이자 유명 라디오 진행자인 딘 에델, 미국의 유대인 어머니로 유명한 라디오 토크 쇼 진행자인 닥터 로라"가 참조자로 포함되어 있었다!) "나는 당신의 회의 주의가 창조론이나 점성술, '초능력 현상' 등을 향할 때 박수를 친다. 그런데 당신은 왜 다윈의 진화론이 가진 명백한 약점에 대해서는 그 렇게 꽉 막힌 사람처럼 구는지??? 나는 당신이 다윈의 진화론에 대 해 '세뇌된 변증론자'와 '고등학교의 치어리더'를 왔다 갔다 하는 것 처럼 보인다."

　　찰스 다윈은 우리의 영웅. 그가 아니면 누구도 못해He's our man. If he can't do it no one can! (미국에서 흔히 쓰이는 응원 구호로 셔머를 치어리더라 고 비판한 데 따른 그의 답이다—옮긴이)

다섯째 항목은 생명은 단순히 진화로만 설명하기에는 너무나 복잡하기 때문에 지적설계론이 참이라는 것이다. (내 책《우리는 어떤 식으로 믿는가How We Believe》에는 이와 관련된 종교적 믿음에 대한 내 연구를 실었다. 사람들이 신을 믿는 첫째 이유는 이 우주와 생명체가 매우 정교하게 설계된 것처럼 보이기 때문이라는 것이다.) 예를 들어, 그들은 이렇게 말한다. "지적설계론자들 또한 이 우주의 다양한 요소, 물리상수, 관계식이 물질과 생명체가 존재할 수 있도록 매우 정밀하게 조절되어 있으며, 따라서 이러한 요소가 지적인 목적으로 설계되어 있다는 사실을 부정할 수 없는 이들일 따름이다. 유물론자들 또한 같은 사실을 알고 있지만 이를 모호하게 부정하며 '인류 원리Anthropic Principles'라는 신비주의적 용어만을 되뇌고 있다. 유물론자들이 인류 원리라 부르는 것이 바로 지적설계론자들이 설계자라 부르는 것이다."

흥미롭게도 가장 많은 이들이 어느 한쪽에도 속하지 않는 의견을 펼쳤다. 이들은 때로 진화론과 창조론을 선택적으로 취할 수 있는 자신만의 이론을 이야기하며 과학과 종교의 관계에 대해 열변을 토했다. "진화론은 이론이 아니다. 단지 분석적인 접근일 뿐이다. 과학은 작용, 관찰, 모델의 세 가지 요소로 구성된다. 관찰은 작용의 결과이며, 모델은 이를 적용할 때의 단점을 고려해 그 관찰 결과를 설명하고, 예측하며, 제어할 수 있는 것으로 선택되는 것이다." 이런 의견도 있었다. "지금까지 과학자들은 신의 존재를 증명하거나 부정할 수 있는 어떤 것도 발견하거나, 적어도 발견할 가능성을 보이지 못했다. 성경은 관찰 가능한 사실을 기록한 것이 아니라 내면을 밝히는 도구일 뿐이다. 즉, 과학과 성경은 자신의 역할을 다할 때 서로 모순되지 않는다. (심지어 둘 사이에는 놀라운 시너지가 존재한다.)"

　　이 마지막 항목에 속하는 이들은 내가 여러 대학에서 강의를 마친 다음 질의응답 시간에 비슷한 주장을 펼치는 이들처럼, 사실 내 의견에 관심이 있다기보다는 자신의 생각을 다른 이들에게 펼치는 데 더 큰 관심을 가진 것처럼 보인다. 지금 우리가 직면한 생명체의 탄생과 미래라는 궁극적인 질문, 곧 우리는 어디에서 왔고 어디를 향해 가는가 하는 질문에 진화론만큼 확실한 답을 주는 것은 없다. 당신이 이 질문에 어떻게 답하든, 용기와 지적 성실성으로 이 질문에 맞설 때 당신은 그 답에 더 가까이 다가갈 수 있을 것이다.

65

끝없는 중간 단계의 함정

"단 하나의 중간 단계 화석"을 요구하는 창조론자의 모습은
그들이 과학을 얼마나 깊이 오해하는지 보여준다.

19세기 영국의 사회과학자 허버트 스펜서Herbert Spencer(1820-1903)는
선견지명이 있었다. "진화론이 충분한 증거가 없기 때문에 받아들
일 수 없다고 말하는 이들은 자신들의 이론을 지지하는 증거는 하
나도 없다는 사실은 전혀 신경 쓰지 않는 것처럼 보인다." 한 세기가
지났지만 아무것도 바뀌지 않았다. 창조론자들과의 토론에서 그들
은 창조론을 지지하는 증거를 내미는 대신 내게 진화론을 증명하는
"단 하나의 중간 단계 화석"을 요구한다. 내가 그 요구에 맞춰 증거
를 내밀면(예를 들어, 포유류인 메소니키드Mesonychids와 고래의 조상인 고
대고래속목Archaeocetes 사이의 중간 단계인 암불로케투스 나탄스Ambulocetus
natans를 제시하면) 그들은 이제 그 중간 단계 양옆을 채울 새로운 중간
단계 화석 증거를 요구한다.

  이는 영리한 토론 방식이지만, 내가 화석 오류Fossil Fallacy라 부르
는 이 인식론적 주장에 큰 문제가 있음을 보여주기도 한다. 곧, 하나
의 "화석", 즉 단 한 개의 증거가 다층적인 과정이나 역사적 사건을
증명할 수 있다는 믿음이다. 그러나 실제 과학적 증명은 다양한 연
구—복수의 데이터에 기반한 복수의 연역에 의한—결과가 하나의

결론으로 수렴하면서 비로소 더 확실한 증명으로 완성된다.

(학계의 규칙에 익숙한 홀로코스트 역사학자들을 괴롭히는 흔한 수사적 전술로, 홀로코스트 부정론자들은 쇼아의 핵심 교리[홀로코스트가 존재했다는 것―옮긴이]를 증명할 "단 하나의 증거"를 요구한다. 예를 들어, 그들은 이렇게 묻는다. 아우슈비츠-비케나우의 제2 화장터 가스실 지붕에 치클론-B 가스를 주입한 구멍이 있나? 그들은 구멍이 없다면 홀로코스트도 없었다고 주장하며, 이 주장[No Holes, no Holocaust!]을 담은 티셔츠까지 판매한다. 이들 또한, 홀로코스트는 한 번 일어난 사건이었고 그 사건은 한 가지 증거로 "증명"될 수 있다는 오류를 범하고 있다. 진화론 부정론자들이 진화가 일어났음을 증명해주는 "단 하나의 중간 단계의 화석"을 요구하는 것처럼 말이다. 홀로코스트가 수많은 장소에서 수많은 사건을 통해 일어났음이 수많은 증거로 증명된 것처럼, 진화 또한 생명체의 역사를 총체적으로 보여주는 다양한 과학 분야의 수많은 증거를 통해 증명된 과정이자 연속적으로 일어난 역사적 사건이다.)

우리가 진화를 받아들이는 것은 암불로케투스 나탄스와 같은 중간단계의 화석 때문이 아니라 지질학, 고생물학, 생물지리학, 비교해부학, 생리학, 분자생물학, 유전학 등 다양한 과학 분야의 증거들이 모두 하나의 결론으로 수렴되기 때문이다. 진화를 증명하는 단 하나의 증거 같은 것은 존재하지 않으며, 다양한 발견을 모두 고려함으로써 생명이 특별한 과정을 통해 특정한 순서로 진화했음을 보이게 되는 것이다.

화석 증거에는 세 가지 문제가 있다. (1) 대부분의 유기체는 화석이 되지 않는다. (2) 화석이 된 유기체가 발견될 가능성은 매우 낮다. (3) 종이 달라지는 종분화 과정 중 대부분을 차지하는 이소적 종분화allopatric speciation(지리적 격리에 따른 종분화—옮긴이)는 매우 빠르게 진행되며 다수의 부모 집단에서 분화된 소수의 집단에서 일어나기 때문에 화석화될 수 있는 개체의 수는 더욱 적다. 따라서 중간 단계의 화석은 매우 드물 수밖에 없다.

리처드 도킨스는 찰스 다윈의《종의 기원》이후 진화에 관한 이론과 자료를 집대성한 대작인《조상 이야기 The Ancestor's Tale》(2004)에서 과학적 사실을 간결한 문체로 정리했다. 그는 호모 사피엔스에서 출발해 40억 년 전 최초의 생명체와 진화의 시작점에 이르기까지 무수히 많은 "중간 단계의 화석"(도킨스는 이를 "공조상concestors"이라 불렀으며 이는 서로 다른 종이 마지막으로 공유하는 공통의 조상이자 "랑데부 지점"이 된다)을 정리했다. 이중 어떤 하나의 공조상도 진화를 증명하지 못한다. 하지만 이들 모두를 통해 진화의 장대한 역사가 드러나는 것이다.

개의 경우를 보자. 지난 수만 년 동안 수많은 종이 탄생했기에, 사람들은 고생물학자들이 그들의 진화를 추적할 충분한 중간 단계의 화석 데이터를 가지고 있을 것이라 생각하기 쉽다. 그러나 워싱턴 DC에 위치한 미국립자연사박물관의 제니퍼 A. 레너드Jennifer A. Leonard는 이렇게 말한다. "늑대와 개 사이의 화석 증거는 매우 드뭅니다." 그럼 우리는 개가 언제 진화했는지를 어떻게 아는 것일까? 2002년 11월 22일,《사이언스》에는 레너드와 그녀의 동료들이 초기 개 유해에서 미토콘드리아 DNA를 추출한 결과, "고대 아메리카와 유라시아의 개가 구세계의 회색 늑대와 같은 조상을 가진다는 가설을 강하게 지지한다"는 연구가 실렸다.

같은 잡지에는 스톡홀름 왕립공과대학교의 페터 사볼라이넨

Peter Savolainen과 그의 동료들이 화석 증거에는 "작은 늑대와 개를 구분
하기 어렵다는" 문제가 있는 반면, 전 세계에 위치한 654종의 개에서
드러난 미토콘드리아 DNA 변이를 조사한 결과는 개의 조상이 늑대
한 집단에서 진화한 "약 1만 5000년 전 동아시아의 개"임을 보였다
고 주장했다.

또 같은 잡지에서 하버드대학교의 브라이언 헤어Brian Hare와 그
의 동료들은 숨겨진 음식의 위치를 알려주는 인간의 신호에 대해서
는 개가 늑대보다 더 잘 이해했지만, "비사회적인 기억력 작업에서는
개와 늑대가 동일한 능력을 보였으며, 따라서 모든 인간이 지시하는
작업에서 개가 늑대보다 우월할 가능성은 없다"는 결과를 발표했다.
이는 "개가 가진 인간과의 사회적 의사소통 능력이 가축화 과정에서
얻어졌다는" 사실을 의미한다.

비록 개가 늑대에서 진화했음을 보여주는 단 하나의 화석 증거
는 존재하지 않지만, 고고학, 형태학, 유전학, 그리고 행동학적 "화
석"은 모든 개의 공조상이 동아시아의 늑대임을 보여준다. 인간의 진
화 또한 이와 비슷한 방식으로 (물론 여기에는 훨씬 더 많은 화석 증거가
있다) 밝혀질 수 있으며, 생명체의 모든 공조상에 대해서도 마찬가지
이다. 우리가 진화가 일어났다는 사실을 아는 이유는 무수한 과학 분
야의 셀 수 없이 많은 증거가 생명체의 긴 여행 과정을 총체적으로
보여주기 때문이다.

후기

2013년 퍼블릭라이브러리오브사이언스Public Library of Science(PLOS)에
는 러시아 학술원Russian Academy of Science의 안나 드루츠코바Anna S. Druz-

hkova와 올라프 탈만Olaf Thalmann이 중앙아시아 알타이 지역에서 발견한 3만 3000년 전(이는 지금까지 발견된 개의 유해 중 두 번째로 오래된 것이다) 홍적세 시대 개 뼈의 유전자 분석 결과가 발표되었다. 이들은 이 개가 "선사시대 아메리카의 개보다 오늘날의 늑대와 더 가깝다"고 말하며, 이 결과는 발견된 한 마리에 대한 것이지만, 오늘날 개의 기원이 두 배 이상 더 오래전일 수도 있다고 밝혔다.

66

아는 것과 모르는 것

지식과 미지의 경계에서 과학은 시작된다.

2002년 2월 12일, 미국 국무장관 도널드 럼스펠드Donald Rumsfeld는 기자회견 자리에서 정보 보고서의 한계를 이렇게 설명했다. "알려진 지식들이 있다. 우리가 알고 있다는 것을 아는 것들이다. 알려진 무지도 있다. 우리가 무엇을 모르는지 아는 것들이다. 그러나 세상에는 알려지지 않은 무지, 곧 우리가 무엇을 모르는지도 모르는 것들이 존재한다."

럼스펠드의 이 말은 말장난처럼 들리기도 하지만, 적어도 그의 인식 자체는 2005년 6월 에콰도르 샌프란시스코대학교의 주최로 다윈이 탐험을 처음 시작한 갈라파고스 제도 산크리스토발섬에서 열린 세계진화회의World Summit on Evolution에서 두 번이나 인용될 정도로 의미 있는 것이다. 럼스펠드를 처음 인용한 이는 캘리포니아주립대학교 로스앤젤레스캠퍼스의 고생물학자 윌리엄 쇼프William Schopf로, 그는 생명의 기원에 관한 강연 이후 이런 의견을 표했다. "우리는 무엇을 알고 있나? 어떤 문제가 아직 풀리지 않았나? 우리는 무엇을 놓치고 있나?"

창조론자 및 과학의 문외한들은 종종 뒤의 두 질문을 두고 진화론에 문제가 있다는 신호라거나, 아니면 아는 것과 모르는 것을 두고 벌어지는 논쟁이 그 이론 자체가 틀렸음을 의미하는 것이라고, 또는 과학을 그저 자기 진영의 주장을 보강하려는 회의나 여는 친목 모임 정도로 생각한다. 틀렸다. 세계진화회의는 데이터와 이론 외에도 아는 것과 모르는 것을 두고 벌어지는 토론과 논쟁에 의해 과학 이론은 더 풍부해진다는 것을 우리에게 보여준다.

예를 들어, 쇼프는 우리가 이미 아는 것을 먼저 말했다. "우리는 생명이 탄생한 전체적인 순서를 알고 있다. CHONSP(탄소carbon, 수소hydrogen, 산소oxygen, 질소nitrogen, 황sulfur, 인phosphorus), 단량체, 고분자, 세포의 순서로 생명이 탄생했다는 것을 알고 있으며, 초기에는 미생물과 단세포 생물이 있었다는 것을, 그리고 DNA-단백질 세상보다 RNA 세상이 먼저 있었다는 것을 알고 있다. 그러나 우리는 이들이 발생한 초기 지구의 환경이 정확히 어떠했는지 알지 못한다. 생명의 탄생을 이끈 몇몇 중요한 화학 반응이 정확히 어떠했는지, 그리고 RNA 세상 이전에 어떤 생명체가 존재했는지 전혀 알지 못한다." 그는 또한, 다윈의 "따뜻한 작은 연못warm little pond" 이론으로 생명체의 탄생을 과연 설명할 수 있을지 우리는 확신하지 못하며, 그가 "현재 중심 사고the pull of the present"라 부르는, 곧 우리가 오늘날의 지구 환경에 너무 익숙해져 있기 때문에 초기 지구의 대기와 생화학적 환경을 예상하기 극히 어렵다는 사실 또한 우리가 아예 고려하지 못하는 문제에 속한다고 말했다.

럼스펠드가 다시 인용된 것은 학회가 끝날 즈음 스탠퍼드대학교의 생물학자 조앤 러프가든Joan Roughgarden이 암컷은 더욱 매력적이고 준비된 짝을 고른다는 다윈의 성선택 이론은 틀렸다고 주장했을 때 조지아대학교의 진화생물학자 퍼트리샤 고와티Patricia Gowaty가 이에 답하면서이다. 러프가든은 이렇게 말했다. "사람들은 얼마나 많은 동물이 그저 사회적인 이유로 성관계를 맺는지, 그리고 얼마나 많은 종에서 수컷은 평범한 반면 암컷은 화려한 치장을 하고 수컷의 관심을 끌기 위해 경쟁하는 것과 같은 성역할의 반전이 일어나는지 알지 못한다." 고와티는 러프가든이 발견한 다윈 이론의 예외와 아직 우리가 알지 못하는 많은 사실이 있다는 말은 맞지만, 그럼에도 다윈 이후 성선택과 경쟁에 대해 우리는 많은 것을 알게 되었고, 이는 우리가 잘 아는 사실이라고 덧붙였다.

럼스펠드가 정한 양극단 사이가 과학적 회의주의가 활동하는 영역이다. 매사추세츠대학교의 생물학자 린 마굴리스Lynn Margulis (1938-2011)는 "신다윈주의는 죽었다"고 말하며 "DNA에서 발생하는 돌연변이만으로는 종의 분화가 일어나지 않는다. 공생발생symbiogenesis, 곧 공생자들의 상호작용에 의한 새로운 행동, 조직, 장기, 생리학, 종의 등장이 진핵생물, 곧 동물, 식물, 균류에 있어 새로운 종을 만드는 힘이다"라고 말했다. 캘리포니아대학교 버클리캠퍼스의 고인류학자 티머시 화이트Timothy White는 고인류학 분야의 학자들이 호미니드 화석의 종을 분류하는 데 너무 많은 에너지를 쏟고 있다고 비판했다. 미국 자연사박물관의 고생물학자 나일스 엘드리지Niles Eldredge는 단속평형설—종은 오랫동안 안정된 상태로 존재하다가 짧은 시간에 급격하게 분화한다는 이론—이 진화는 서서히 일어난다는 점진론보다 화석 증거를 더 잘 설명한다고 말했다.

나는 지적설계론을 설명하기 위해 참석했기에, 혹시나 진화생물학자들이 가득 모여 구체적인 주제를 두고 논쟁하는 곳에 창조론자들이 돌아다니며 맥락과 관계없이 자신들의 구호를 외치지나 않을까 하는 악몽 같은 생각을 했다. 그러나 실제 논쟁은 모두 진화론의 범위 안에서 이루어졌으며, 진화론과 다른 이론 사이의 논쟁은 아니었다. 이런 지식과 미지의 것의 경계에서 과학은 꽃을 피운다.

67 다윈의 끈기와 집요함

갈라파고스에서 보인 다윈의 행적은 과학에서의 혁명이
실제로 어떻게 일어나는지를 보여준다.

찰스 다윈을 과학의 역사에서 가장 위대한 인물로 만든 여러 특징 중에는 그의 끈질긴 성격이 있다. 다윈은 어려운 문제에 부딪힐 때마다 그 문제가 해결될 때까지 집요하게 매달렸다. 1867년 발표된 앤서니 트롤럽Anthony Trollope(1815-1882)의 소설에는 다윈의 이러한 성격에 알맞은 묘사가 등장한다. "버티기만 한다면, 인간이 참을 수 없는 일은 없다…. 끈기는 반드시 보상을 준다." 다윈의 아들 프랜시스는 아버지의 성격을 이렇게 표현했다. "인내보다는 집요함이 아버지의 성격을 더 잘 표현한다. 인내는 자연의 진실을 밝히고야 말겠다는 그의 불같은 열정을 표현하기에는 부족한 말이다."

캘리포니아대학교 버클리캠퍼스의 과학사학자 프랭크 J. 설로웨이는 다윈이 어떻게 진화론을 생각해낼 수 있었는지를 파악하기 위한 끈질긴 노력 끝에 다윈의 천재적인 "집요함"이 그 비결이라고 답한다. 일반적으로 알려진 신화는 다윈이 갈라파고스에서 핀치의 부리와 거북이의 등껍질이 각각 먹이의 종류나 섬의 환경에 맞게 적응한 것을 본 뒤 자연선택을 발견하고 진화론을 생각해냈다는 것이다. 이 신화는 생물학 교과서에서부터 여행 안내서에까지 널리 퍼져 있으며, 특히 후자는 사람들로 하여금 진화론의 성지를 방문해 성 다 윈의 행적을 따라 순례하게 만든다.

2004년 6월, 설로웨이와 나는 다윈의 전설적인 행적을 좇으며 한 달을 보냈다. 설로웨이는 뛰어난 과학자 중 한 명이지만, 나는 다 윈의 탐험을 재구성하기 위해 산크리스토발의 용암에 도달할 때까 지 그가 그렇게 집요한 현장 탐험가일 것이라고는 생각하지 못했다. 여기서 주의해야 할 단어는 그가 집요했다는 것이다. 우리는 찌는 듯 한 적도의 태양과 마실 물을 거의 구할 수 없는 환경 때문에 어깨를 짓누르는 70파운드의 물통을 짊어진 채로 다녀야 했다. 게다가 건조 하고 피부에 상처를 내는 빽빽한 초목 사이로 하루 몇 시간이나 덤불 을 해치다 보니 야생 탐사의 낭만은 금세 사라져버렸다.

하지만 상황이 힘들어질수록 프랭크는 더 집요해졌다. 그는 실 로 힘든 상황을 즐기는 것 같았고, 이는 내게 다윈의 집요함이 어떤 것이었을지를 얼핏 느끼게 해주었다. 다윈이 "크레이터 지역"이라 부른, 산크리스토발의 달 표면 같은 지역을 지나갈 때는 특별히 더 힘들었기 때문에 우리는 근육을 덜덜 떨며 손과 얼굴에서 비처럼 땀 을 흘리며 완전히 탈진했다. 다윈은 이 코스를 "긴 산책길 a long walk" 이라 불렀다.

이 섬에는 죽음이 스며 있다. 동물의 사체는 여기저기 흩어져 있 고 앙상한 초목은 드문드문 자라나 있다. 가장자리가 면도날처럼 날 카롭게 잘린 황량한 용암석이 빙하처럼 천천히 움직였고, 바짝 마르 고 쪼그라든 선인장이 점점이 서 있다. 수백 년 전 조난당한 선원들 부터 근래의 열정적인 여행자들에 이르는 많은 이가 이곳에서 죽었 다. 그곳에 머무르는 며칠 사이에 나는 심한 외로움과 두려움을 느꼈다. 문명이라는 보호막이 없다면 우리는 모두 죽음과 멀지 않다. 약간의 소중한 물과 더 드물게 발견되는 먹을 수 있는 식물에 기대어 생명체는 그 위태로운 삶을, 지난 수백만 년 동안 이루어진 이 험한 환경에 적응하며 영위해왔다. 이들은 환경에 대한 적응 능력 덕분에 가까스로 생존하고 있는 것이다. 평생을 창조론-진화론 논쟁을 관찰하고 참여하는 데 보낸 나는 이 섬이 지적설계론의 허구성을 너무나 명백하게 보여준다는 데 충격을 받았다. 그렇다면, 다윈은 왜 갈라파고스 제도를 떠날 때도 여전히 창조론자였을까?

다윈이 갈라파고스 제도에서 진화론을 떠올렸다는 전설은 과학의 발전에 관해 사람들이 널리 가지고 있는 잘못된 신화의 대표적인 예라 할 수 있다. 그 신화는 바로, 아르키메데스의 유레카와 같은 어떤 특별한 발견에 의해 혁명적인 진실이 갑자기 밝혀지며, 이를 통해 과거의 이론은 새로운 사실 앞에 무릎 꿇게 된다는 것이다. 그러나 이는 전혀 사실이 아니다. 갈라파고스를 떠나고 아홉 달이 지난 시점에도 다윈은 자신의 흉내지빠귀mockingbird 수집물에 대한 기록에 여전히 다음과 같은 메모를 남겼음을 설로웨이는 발견했다. "이 섬들 각각을 관찰한 결과, 이 새들을 포함한 적은 수의 동물들은 서로 조금씩 구조는 다르지만, 생태계에서 같은 위치를 차지하는 것으로 볼 때 나는 이들이 그저 변종에 불과하다고 추측한다." 같은 종의 유사한 변종일 뿐, 서로 다른 종이 진화한 것이 아니라는 것이다. 즉, 이때까지도 다윈은 여전히 창조론자였다! 이는 다윈이 왜 자신이 수집한 몇 마리 핀치의 발견 위치를 굳이 기록하지 않았는지 설명한다. (게다가 몇몇에는 이름을 잘못 붙였다.) 또한, 설로웨이가 지적한 것처럼 왜 지금은 너무나 유명해진 이 새가《종의 기원》에는 한 번도 언급되지 않는지도 설명이 된다.

다윈은 이 섬의 거북이를 관찰할 때도 같은 실수를 저질렀다. 그
는 후일 갈라파고스 제도를 방문할 당시 부총독인 니콜라스 O. 로손
Nicholas O. Lawson(1790-1851)과 거북이에 관해 나눈 대화를 이렇게 회상
했다. "그는 사람들이 가져온 거북이가 어느 섬의 거북이인지 확실히
구별할 수 있다고 말했다. 나는 한동안 이 말에 충분한 주의를 기울
이지 않았고, 그때는 이미 두 섬에서 수집한 것들을 어느 정도 섞어
놓은 상태였다." 설로웨이는 약간의 유머와 함께 다윈의 더 큰 실수
를 이야기한다. 다윈과 그의 동료들은 집으로 돌아오는 길에 남아 있
던 거북이를 잡아먹은 것이다. 다윈은 이렇게 고백했다. "나는 겨우
50-60마일 떨어져 종종 시야에 들어오는, 정확히 같은 종류의 바위
로 이루어지고, 거의 유사한 기후에, 비슷한 높이로 솟아 있는 그 섬
들에 서로 다른 종들이 살고 있으리라고는 꿈에도 생각하지 못했다."

다윈은 1835년 10월 갈라파고스 제도를 떠나지만 진화론자가
된 것은 1837년 3월이었고, 이 이론을 1859년《종의 기원》으로 발표
할 때까지 계속 가다듬었다. 설로웨이는 다윈의 행적뿐 아니라 다윈
의 생각 또한 계속 추적했고, 이를 통해 다윈이 진화론을 떠올린 것
은 갈라파고스 제도에서의 갑작스러운 발견 때문이 아니라 영국에
서 자신이 수집한 데이터를 철저하게 분석한 이후라는 결론을 내렸
다. 설로웨이는 다윈의 노트와 일기장을 분석해 다윈이 진화론을 받
아들인 것은 1837년 3월 둘째 주로, 당시 갈라파고스 제도의 조류를
연구하던 저명한 조류학자인 존 굴드와 만난 뒤로 추정한다. 이때 다
윈은 자신이 방문하지 않은 남아메리카 지역의 조류 수집 목록을 볼
수 있었고, 굴드는 다윈의 몇 가지 분류학적 실수(예를 들어 두 핀치 종

을 "렌Wren"과 "익테루스Icterus"로 표기한 것)를 수정해주었으며 갈라파
고스의 육지 새들이 섬의 고유종이긴 하지만 기본적으로 남아메리
카 대륙의 육지 새들의 특성을 띠고 있음을 말해주었다.

　설로웨이는 다윈이 굴드와의 만남 이후 진화에 대한 확신을 가
지게 되었다고 결론내린다. "갈라파고스 제도의 다른 섬들에서 유
사하지만 분명히 구별되는 종들이 존재하는 이유는 분명 변이trans-
mutation 때문이라는 의심을 극복하게 되었다." 1837년 7월, 다윈은 이
주제에 대한 첫 번째 노트북인 "종의 변이Transmutation of Species"를 쓰기
시작했고 이렇게 기록했다.

　"지난 3월 한 달 동안 알게 된 남아메리카의 화석과 갈라파고스
제도의 종들에 드러난 특징은 내게 커다란 충격이었다. 그 충격이 내
모든 관점(특히 후자가)을 결정했다." 1845년, 다윈은 갈라파고스섬의
데이터가 가진 더욱 심오한 의미를 이론화하는 데 충분한 자신감을
가지게 되었고, 자신의 《연구 일지Journal of Researches》 2판에 과학의 역
사에서 가장 훌륭한 한 문장을 써넣었다. "갈라파고스 제도는 하나의
작은 세상, 또는 아메리카 대륙에 딸린 섬으로, 몇몇 동식물이 흘러
들어와 이곳 고유의 특성을 가지게 되었다. … 이제 시간적으로 그리
고 공간적으로, 우리는 신비 중의 신비인 저 위대한 사실, 곧 지구에
최초의 생명체가 어떻게 등장했는가라는 질문에 대략적인 답을 말
할 수 있게 되었다."

　150년 동안 다윈의 이론은 생물학의 역사에서 그 어떤 이론보다
더 집요하게 자연의 여러 다른 사실들을 설명해왔다. 다윈의 다음과
같은 설명처럼, 진화의 과정 또한 그 자체로 집요하게 진행된다. "자
연선택은 매 순간 꼼꼼하게, 전 세계에서, 모든 변종을 대상으로, 가

장 작은 대상들에 대해서도, 불리한 특성을 거부하고 유리한 특성을 보존하고 향상시키는 방향으로, 소리 없이 저절로, 시간과 장소를 가리지 않고 기회가 있을 때마다 작동한다."

　아주 집요하게 말이다.

보수주의자를 위한 다원주의

기독교인과 보수주의자가 진화를 받아들여야만 하는 이유

2005년 퓨리서치센터 Pew Research Center의 연구는 복음주의 기독교인의 70퍼센트가 모든 생명체는 처음부터 그 모습 그대로 존재했다고 믿는다는 사실을 보였다. 이는 개신교의 32퍼센트, 천주교의 31퍼센트와 상당히 대조되는 숫자다. 정치적 성향 또한 큰 영향을 미쳤다. 공화당 지지자의 경우 60퍼센트가 창조론자이고 11퍼센트만이 진화론을 받아들이는 반면, 민주당 지지자 중에는 29퍼센트가 창조론자이고 44퍼센트가 진화론을 받아들인다. 2005년 해리스 조사는 인간과 영장류의 조상이 같다는 사실을 믿는 비율이 진보주의자 중에는 63퍼센트지만, 보수주의자 중에는 37퍼센트뿐이라는 사실을 보였으며, 대학 교육을 받은 이들, 18세에서 55세 사이, 북동부와 서부 지역이 진화론을 받아들이는 경향이 더 있었고, 대학을 가지 못한 이들, 55세 이상, 남부 지역이 창조론을 믿는 경향이 더 있었다.

이러한 수치들은 진화론을 거부하는 이유에는 종교적인 이유와 정치적인 이유가 있음을 말해준다. 그럼 누군가가 보수적인 기독교인인 동시에 진화론자일 수 있을까? 물론이다. 그 이유를 알아보자.

1 진화론은 좋은 신학 이론과 잘 맞아 떨어진다 _ 기독교인은 신의 전지와 전능을 믿는다. 신이 우주를 창조했다면, 그게 1만 년 전이든 100억 년 전이든 무슨 상관이 있는가? 창조 명령의 영광에 대한 숭배는 그 시기가 얼마나 오래되었느냐와 무관해야 할 것이다. 그리고 신이 생명을 말씀으로 창조한 것과 자연의 힘을 이용한 것에 어떤 차이가 있을까? 생태계의 장엄한 복잡성은 어떤 창조의 과정이 있었느냐와 무관하게 경이를 불러일으킨다. 기독교인과 모든 신앙인은 고대의 경전과 비교할 수 없는 깊이와 상세함으로 신성의 위대함을 밝힌 현대 과학을 받아들여야 한다.

2 창조론은 나쁜 신학 이론이다 _ 지적설계론이 말하는 시계공 신은 그저 생명체에 필요한 부품을 조립하는 창고의 땜장이에 불과하다. 이 신은 인간보다 조금 더 뛰어난 유전자 기술자일 뿐이다. 전지하고 전능한 신은 인간의 제약을 훨씬 뛰어넘는 존재여야 한다. 개신교 신학자인 랭던 길키Langdon Gilkey는 이렇게 말했다. "기독교는 단지 우주를 인간의 입장에서 해석하는 원시적인 의인관에 그치는 것이 아니라 인간에 대한 모든 직접적인 유추를 체계적으로 거부하게 만든다." 신을 시계공이라 부르는 것은 신에 대한 모욕이다.

3 진화론은 인간의 본성에 관한 기독교적 관점과 원죄를 설명한다 _ 우리는 사회적 영장류로 집단 내 우호성within-group amity과 집단 간 증오성between-group enmity을 가지도록 진화했다. 즉 우리는 본능적으로 협력적인 동시에 경쟁적이며, 이타적인 동시에 이기적이며, 탐욕적인 동시에 관대하며, 평화적인 동시에 호전적이다. 짧게 말하면, 우리는 선

과 악을 모두 가지고 있다. 도덕과 법은 이런 인간 본성의 선한 측면을 강화하고 악한 특성을 약화하기 위해 필요하다.

4 진화론은 가족의 가치를 설명한다 _ 다음 특성들은 인간을 비롯한 사회적 포유류들이 공유하는 가족과 사회의 기반이 되는 특성들이다. 애착과 유대, 협력과 상호주의, 연민과 공감, 갈등 해결과 중재, 공동체에 대한 관심과 평판에 대한 불안, 사회적 규범에 대한 순응 등이 그렇다. 우리는 사회적 영장류로 가족과 공동체의 생존 가능성을 높이는 도덕성을 가지도록 진화했고, 종교는 그러한 우리의 도덕적 본성에 맞는 도덕률을 만들었다.

5 진화론은 기독교의 도덕률을 구체적으로 설명한다 _ 기독교 도덕률의 상당 부분은 인간관계, 특히 거짓말과 부부간의 정절에 대한 것이다. 이를 어길 경우 가족과 공동체의 기반이 되는 신뢰가 무너지기 때문이다. 진화론은 이를 이렇게 설명한다. 우리는 짝을 짓는 영장류로 진화했고 간통은 일부일처제를 깨는 행위이다. 또, 진실을 말하는 것은 사회적 관계에서 신뢰를 유지하는 핵심 조건이며, 따라서 거짓말은 죄가 된다.

6 진화론은 보수적인 자유시장경제를 설명한다 _ 찰스 다윈의 자연선택은 애덤 스미스Adam Smith의 보이지 않는 손과 정확하게 대응한다. 다윈은 복잡한 설계와 생태학적 균형이 유기체 사이의 의도치 않은 경쟁에 의해 발생한다는 것을 보였다. 스미스는 국가의 부와 사회적 조화가 사람들 사이의 의도치 않은 경쟁에 의해 달성된다는 것을 보였

다. 자연의 경제학은 사회경제학의 거울과 같다. 두 시스템은 모두 하향식top down이 아닌 상향식bottom up으로 동작한다.

다수의 기독교인과 보수주의자가 가진 핵심 가치에 대한 과학적 설명을 제시한다면, 그들은 진화론을 받아들이게 될 것이다. 과학과 종교의 무의미한 반목은 이제 종식되어야 한다. 〈잠언〉 11장 29절은 이렇게 말한다. "자기 집을 해롭게 하는 자의 소득은 바람이라."

X 과학, 종교, 기적,
그리고 신

69 우주에 우리뿐일까?

우리 우주는 생명체가 탄생하도록
정교하게 조절되어 있을까?

트리니티 출신의 젊은 학자가 있었다
[무한대의 제곱근을] 계산하려 한
하지만 숫자가 너무 많아
조바심을 내다가
수학을 접고 신학을 시작했다

이 시에서 물리학자 조지 가모프George Gamow(1904-1968)는 유한한 세
계에서 무한대를 생각하는 어려움 때문에 결국 신학자에게 그 짐을
떠넘기는 상황을 이야기한다.

　우주가 지적으로 설계되었음을 증명하기 위해 종교계는 최근
우주 상수가 "미세 조정"되어 있다는 주장에 관심을 가지고 있다. "우
주에 적응한 것은 인간만이 아니다." 이는 물리학자 존 배로John Bar-
row와 프랭크 티플러Frank Tipler가 1986년 출판한《우주론적 인간 원리
The Anthropic Cosmological Principle》에서 한 주장이다. "우주 또한 인간에게
맞추어져 있다. 근본 물리상수 중 하나가 단 몇 퍼센트만 작거나 큰
우주를 상상해보자. 그런 우주에는 인간이 존재할 수 없다."

템플턴재단The Templeton Foundation은 이런 "종교적 연구"에 상금을 수여한다. 2002년에는 수리물리학자이자 영국 성공회 사제인 존 폴킹혼John Polkinghorne이 "신학에 대한 자연과학적 접근"과 "과학과 종교 사이의 접점을 찾으려는 열의"를 인정받아 100만 달러의 상금을 받았다. 1997년에는 물리학자 프리먼 다이슨이 1979년 출판한《프리먼 다이슨 20세기를 말하다Disturbing the Universe》등의 저작을 인정받아 96만 4000달러의 상금을 받았다. 그는 책에서 이렇게 말한 바 있다. "이 우주를 관찰하고 우리에게 유익을 안겨준 물리학과 천문학의 여러 현상을 자세히 알아갈수록, 마치 이 우주가 인류가 탄생하게 되리라는 것을 어떤 의미에서 미리 알고 있던 것이 아닐까 하는 생각을 하게 된다."

수리물리학자인 폴 데이비스Paul Davies 또한 1999년 출판한《다섯 번째 기적The Fifth Miracle》에서 비슷한 이야기를 했고, 2000년 템플턴상을 받았다. "만약 생명이 [태초의] 수프에서 인과적으로 탄생한 것이라면, 자연의 법칙은 '생명을 탄생시켜라!'라는 우주적 명령을 법칙 안에 숨겨놓은 셈이라 할 수 있을 것이다. 또한 생명은 마음, 지식, 이해라는 부산물을 만들어낸다. 이는 우주의 법칙이 자신에 대한 이해를 만들어냈음을 의미한다. 우주가 이런 장대한 시공간의 계획을 따라 움직인다는 것은 참으로 놀라운 일이다. 나는 이것이 사실이길 바란다. 만약 이것이 사실이라면, 실로 경이로운 일이 아닐 수 없을 것이다." 물론 분명 경이로운 일일 것이다. 하지만 그것이 사실이 아니라 하더라도 그 경이가 사라지는 것은 아니다.

무신론자인 스티븐 호킹마저도 다음과 같은 말을 할 때는 지적 설계론을 지지하는 것처럼 보인다. "어떻게 우주는 팽창 후 다시 붕괴하거나 아니면 무한히 팽창하는 두 경우 사이의 경계에 절묘하게 존재하는 것일까? 빅뱅 이후 팽창 계수가 10^{10}분의 1만 작았다면, 우주는 수백만 년 후에 붕괴했을 것이다. 그 계수가 10^{10}분의 1만 컸더라면, 우주는 수백만 년 뒤 거의 텅 비었을 것이다. 두 경우 모두 생명체가 탄생할 만큼 오래 지속될 수 없다. 따라서 우리는 인류 원리에 호소하거나, 아니면 우주가 왜 이렇게 만들어졌는지에 대한 어떤 물리적 설명을 찾아야만 할 것이다."

한 가지 설명은 우리 우주가 유일한 우주가 아니라는 것이다. 우리는 어쩌면 모두 다른 자연법칙을 가진 수많은 거품 우주로 구성된 다중우주 중 하나에 사는 것일지 모른다. 이들 거품 우주 중 생명체가 탄생할 수 있는 우주는 때로 복잡한 생명체를 만들어내며, 그 생명체에게는 의식을 가지고 신과 우주론, 그리고 왜 이 우주는 이렇게 생겼는지 물을 수 있는 커다란 뇌가 있을 것이다.

다른 설명은 자기조직화와 창발이다. 물은 수소와 산소 분자가 특정한 형태로 결합했을 때 나타나는 창발적 특성이며, 의식 또한 수십억 개의 신경세포에 의해 자기조직화된 창발적 특성이다. 복잡한 생명체의 진화는 단순한 생명체가 가진 창발적 특성이다. 곧, 원핵세포는 자기조직화를 통해 진핵세포로 바뀌며, 다시 자기조직화를 통해 다세포 유기체로, 다시 자기조직화를 통해 … 이렇게 인간은 탄생한 것이다.

자기조직화와 창발은 변화를 통해 성장과 학습을 하는 복잡적응계complex adaptive systems의 특성이다. 우주는 복잡적응계로 생명이라는 창발적 특성을 만들어내는 하나의 거대한 자기촉매적(자가발전하는) 되먹임 구조를 가지고 있다. 우리는 심지어 이런 자기조직화를 창발적 특성의 하나로 생각할 수 있으며, 또 창발을 자기조직화가 이루어지는 형태의 하나로 생각할 수 있다. 이 표현의 재귀성에 주목하라. 이런 복잡성은 한편으로 자동차 범퍼에 스티커로 붙일 수 있을 정도로 극히 단순하게 표현할 수도 있다. 바로, "일어날 일은 일어난다LIFE HAPPENS"이다.

만약 지구에서 탄생한 생명이 이 우주에서 유일한, 혹은 적어도 극히 드문 것이라면 (두 경우 모두 생명의 탄생은 필연적이지 않을 것이다) 우리의 이 하루살이같이 덧없는 존재는 얼마나 특별한 것일까? 우리가 삶과 사랑을 위해 최선을 다하는 것은 얼마나 중요한 일일까? 이 지구에서 인류를 넘어 모든 생태계와 종들을 보존하기 위해 노력하는 것이 얼마나 필요한 일일까? 분명한 것은, 이 우주가 생명체로 가득 차 있든 아니면 우리가 유일한 생명체든, 우리의 존재가 자연법칙의 필연적인 결과든 아니면 극히 우연적이고 우발적인 사건이든, 앞으로 생명체가 더 진화하고 발전하게 되든 아니면 여기까지가 전부든, 이와는 전혀 무관하게, 우리는 이 거대한 시공간을 가로지르는 경이롭고 장엄한 우주를 지금 마주하고 있다는 것이다.

불멸? 지금을 즐겨라!

수천 년 동안 인류는 죽음을 피하기 위해 투쟁해왔다.
과학이 우리를 죽음에서 구해줄 수 있을까?

지금(2015년)부터 2123년 사이에 인류는 60억 명 이상이 사망하는 최악의 비극을 맞이하게 될 것이다. 진심이다.

워싱턴 DC에 위치한 미국인구통계국 인구조회센터의 인구통계학자인 칼 호브Carl Haub에 따르면, 기원전 5만 년에서 2002년 사이에 태어난 사람은 1064억 5636만 7669명에 달한다. 2015년, 지구의 인구는 72억 9028만 9811명이다. 우리보다 먼저 태어난 1000억 명은 한 명도 남김없이 모두 죽었다. 과거는 현재와 미래의 거울이며, 따라서 앞으로 120년(인간의 최대 수명) 안에 적어도 60억 명 이상이 같은 운명을 맞을 것이다. 이것은 우리가 피할 수 없는 운명이다. 혹시 피할 방법이 있을까?

20세기 후반 과학이 사회적 이상으로 자리 잡기 전까지, 죽음이라는 현실에 대항하는 유일한 무기는 기도와 시였다. 예를 들어, 17세기 영국의 시인 존 던John Donne(1572-1632)은 누구를 위해 종이 울리는지 너무나 잘 알았고 (그의 아내는 33세에 열두째 아이를 낳다가 죽었고, 열두 명의 자식 중 다섯 명이 일찍 죽었다) 이렇게 슬퍼했다. "죽음이여 자만하지 마라, 몇몇 사람은 그대를 강하고 두렵다고 하지만,

그대는 사실 그렇지 않다."

오늘날 우리는 불멸, 혹은 성서에 기록된 정도의 장수(성경은 노아의 홍수 이전에는 사람들이 900세까지 살았다고 말한다―옮긴이)를 위해 과학이라는 대안을 찾는다. 아래 제시한 여러 대안들은 각각 나름의 과학적 근거를 가지고 있지만, 이중 어떤 것도 과학적 입증의 수준에 이르지 못했으며 따라서 과학과 유사과학 사이의 경계에 여전히 머무르고 있다.

가상의 불멸 _ 툴레인대학교의 물리학자 프랭크 티플러Frank Tipler에 따르면, 가까운 미래에 우리는 메모리 용량이 10의 10^{123}(1 다음에 10^{123}개의 0이 오는)에 달하는 메모리를 가진 가상현실에서 모두 되살아나게 될 것이다. 가상현실이 충분히 진짜 현실 같다면, 우리는 이를 진짜 현실과 구별할 수 없을 것이다.

유전적 불멸 _ 염색체 말단의 짜증 나는 텔로미어는 세포가 무한정 분열하는 것을 막는다. 만약 유전자를 조작해 세포가 암세포처럼 무한정 분열하게 할 수 있다면 노화를 막을 수 있을 것이다. 하지만 안타깝게도 한 군데를 건드려 노화와 관련된 다른 모든 기전이 바뀌기에는 생명체는 너무 복잡하며, 따라서 이는 답이 아니다.

냉동을 통한 불멸 _ 얼리고 기다렸다가 다시 살리기. 이론적으로는 그럴듯하지만, 당신은 어쨌든 냉동된 시체일 뿐이다. 그리고 해동될 때까지의 전기요금도 잊어서는 안 된다.

대체를 통한 불멸 _ 우선 장기를 하나씩 인공장기로 바꾸자. 그다음은 세포, 그다음은 분자, 그리고 나노 단위로 가서 몸을 구성하는 단백 질을 더 튼튼한 실리콘 같은 것으로 바꾸자. 당신은 그 차이를 구별 할 수 없을 것이다. 그럴까?

생활습관을 통한 장수 _ 이 방법은 지금 당장 실천할 수 있는 것이다. 수명을 연장한다고 주장하는 묘약을 파는 업자들이 널려 있기 때문 이다. 참고로 노화에 관한 최고의 전문가인 제이 올샨스키Jay Olshansky, 레너드 헤이플릭Leonard Hayflick, 브루스 A. 카네스Bruce A. Carnes는 2002 년 6월,《사이언티픽아메리칸》에 실린 〈젊음의 묘약은 없다〉에서 이 구동성으로 이렇게 말했다. "지금 시장에서 판매되는 약 중에는 인 간의 노화를 늦추거나 멈추는, 아니면 인간을 더 젊게 만드는 것으로 증명된 것이 하나도 없으며, 어떤 약은 심지어 위험하다."
예를 들어 세포에 작용하는 활성 산소의 유해한 효과를 막는 보조제 로 사용되는 항산화제의 경우, 이 제품이 실제로 노화를 늦추는지는 한 번도 증명되지 않았다. 사실 활성 산소는 세포의 활동에 꼭 필요 한 존재이다. 또 다른 인기 있는 항노화 비법인 호르몬 대체 요법은 노인과 폐경 후의 여성에게 단기적으로 근육량을 줄이고 근력을 약 화시키는 것으로 알려져 있다. 하지만 장기적으로 어떤 부작용이 있 는지는 알려지지 않았으며 노화를 늦춘다는 것은 증명되지 않았다.

평생 사이클 선수의 생활 습관을 유지한 이로서 다이어트와 운동 이 수명을 늘린다는 확실한 사실을 말하게 되어 기쁘다. 여기에 현 대적 의료 기술과 위생적인 습관은 지난 100년 동안 인류의 평균 수명을 거의 두 배로 늘렸다. 그러나 안타깝게도 이 방법들은 모든 육체가 굴복해야만 하는 120세라는 인류 수명의 벽에 우리 중 좀더 많은 이들이 가깝게 다가갈 수 있게 만들었을 뿐이다. 이는 아무리 당신이 이제는 서구 문학의 정신으로 자리 잡은 딜런 토머스Dylan Thomas(1914-1953)의 아래와 같은 시구를 개인적으로 다짐하더라도 어쩔 수 없는 일이다.

> 그냥 순순히 작별인사하지 마세요
> 빛의 소멸에 대항해 분노, 분노하십시오

죽음에 대항하기 위해 원하는 만큼 분노해도 좋다. 하지만 60억 명—그리고 과거의 1000억 명—을 기억하라. 과학이 건강한 삶을 연장하는 새로운 방법을 찾기 전까지는, 우리에게 주어진 지금 이 시간을, 그것이 아무리 덧없는 것이라 할지라도 최선을 다해 즐겨야 할 것이다.

71 신은 수명을 다했다

과학이 신의 존재를 증명했다고 주장하는 여러 책 가운데
한 권은 그 확률을 67퍼센트라고 말한다.

윌리엄 버틀러 예이츠William Butler Yeats(1865-1939)는 1916년에 〈외투A
Coat〉라는 시를 지었다.

> 나는 내 노래에 외투를 입혔네
>
> 옛 신화들로 수를 놓아
>
> 발끝에서 목 끝까지

이 시에서 노래에 종교를, 외투에 과학을 대입하고 후반부를 보면 최
근 과학과 종교 운동이 내포한 근본적인 문제를 대략 알 수 있다.

> 그런데 바보들은 그것을 가져다
>
> 세상 사람들의 눈앞에서 입고 있네
>
> 그걸 마치 자신들이 만든 것인 양
>
> 노래여, 그들이 입게 놔두게
>
> 벌거벗고 걸어갈 때
>
> 씩씩함이 더할 터이니

과학이 자연을 설명하는 가장 확실한 체계로 자리 잡기 전까지, 벌거
벗은 신앙은 종교가 초자연적 믿음을 바탕으로 신자들을 유혹해온
가장 확실한 무기였다. 종교에 과학의 옷을 입히려는 노력 중 대부분
은 과학적 위선이나 종교적 헛소리에 불과하지만, 몇몇 시도는 과학
의 교권이 답하기를, 최소한 종교의 교권을 보호하기 위해서라도—
신앙이 과학에 종속된다면, 과학적 사실이 수정될 때 어떤 일이 벌어
질까?—필요로 한다. 이 분야에서 가장 참신한 작업 중에는 젊은 시
절 양자중력을 연구해 우주가 확률적이라는 사실을 발견했고, 이후
위험 분석 분야에서 일하며 이 궁극의 계산을 해낸 물리학자 스티븐
D. 언윈Stephen D. Unwin의 《신의 확률The Probability of God》이 있다.

　　언윈은 인류 원리나 지적설계론 같은 신을 증명하려는 대부분
의 과학적 접근을 거부하고, 자신의 계산은 "신의 존재를 옹호하거나
거부하려는 그런 종류의 시도가 아니"라고 말한다. 그는 18세기 영국
의 장로교 목사이자 수학자였던 토머스 베이즈Thomas Bayes(1701-1761)
의 통계 기법인 "베이즈의 확률"을 이용한다. 언윈은 우선 신의 존재
에 50퍼센트의 초기 확률(이는 50/50이 "무지의 최댓값"에 해당하기 때문
이다)을 두고 다음과 같은 변형된 베이즈의 정리를 사용한다.

$$P_{after} = \frac{P_{before} \times D}{P_{before} \times D + 100\% - P_{before}}$$

신의 존재 확률은 사전 확률P_before에 D라는 "신성 척도"를 곱한 값
의 함수로 주어진다. D가 10일 경우 그 증거는 신의 존재를 부재보다
10배 더 옹호함을 의미한다. 2는 두 배 더, 1은 존재와 부재가 동일한

가능성을 가진다는 뜻이며 0.5는 부재일 가능성이 두 배 더, 0.1은 10 배 더 크다는 뜻이다. 언윈은 다음과 같은 여섯 가지 증거에 대해 다음과 같은 신성 척도를 부여했다. 선악의 구별 (D=10), 도덕적 악의 존재 (D=0.5), 자연적 악의 존재 (D=0.1), 자연적 기적(기도) (D=2), 초자연적 기적(부활) (D=1), 종교적 체험 (D=2).

이 값들을 위 공식에 순서대로 집어넣어 (6개의 D에 대해 사후 확률 P_{after}을 다음 계산에서 사전 확률로 사용하는 방식으로) 계산한 후 언윈은 "신의 존재 확률은 67퍼센트"라고 했다. 물론 언윈은 이렇게 고백한다. "각각의 증거에 대한 나의 판단을 반영하였기에 이 결과에는 주관적인 요소가 있다. 이는 나의 계산이 원주율의 값을 최초로 계산한 것과는 다른 종류의 계산이라는 뜻이다."

실제로 도덕성의 진화적 기원과 신에 대한 믿음 및 종교의 사회 문화적 기반에 나름의 이론이 있는 나는 언윈처럼 초기 사전 확률을 50퍼센트에서 시작했을 때도 다른 결과가 나왔다. 나는 선악의 구별 (D=0.5), 도덕적 악의 존재 (D=0.1), 자연적 악의 존재 (D=0.1), 자연적 기적 (D=1), 초자연적 기적 (D=0.5), 종교적 체험 (D=0.1)과 같은 값을 부여했고, 그 결과 신의 존재 확률은 2퍼센트로 나왔다.

어쨌든, 이 공식의 이런 주관적 요소는 이 문제를 그저 수학 퍼즐 비슷한 흥미로운 연습 문제 정도로 만든다. 나는 신의 존재는 과학적으로 해결할 수 없는 문제라고 생각한다. 과학적 기반에서 출발하는 신학은 신을 믿는 이들에게만 호소력을 가질 뿐이다. 신앙은 확률, 증거, 논리와 거의 무관한 사회적, 심리적, 감정적 요소들에 의지하는 것이다. 이 점이 신앙의 필연적인 약점이다. 또한, 신앙의 가장 강력한 힘이기도 하다.

72

우리는 한 달에 한 번
기적을 경험한다

대수의 법칙은 100만 분의 1의 사건이
미국에서 매일 321번 일어난다는 것을 말해준다.

나는 종종 "전문적인 회의주의자"로 소개되기 때문에 사람들은 거의 일어날 법하지 않은 사건을 가지고 내게 도전하고픈 충동을 느낀다. 이는 내가 만약 그들이 말하는 특정한 사건에 대해 만족할 만한 자연주의적 설명을 제시하지 못한다면, 이로부터 초자연적 현상은 존재한다는 결론을 내리고 자신의 믿음을 계속 유지할 수 있다고 생각하기 때문일 것이다. 내게 말하는 흔한 이야기 중에는, 자신의 친구나 친척이 죽는 꿈을 꾸거나 죽을지도 모른다는 생각을 하고 5분도 지나지 않아 바로 그 사람이 갑자기 죽었다는 전화를 받았다는 이야기가 있다.

물론 내가 그 모든 구체적인 사건들을 일일이 다 설명할 수는 없다. 하지만, 대수의 법칙이라는 확률 분야의 정리는 조금만 시행했을 때는 매우 작은 확률을 가지는 사건이 시행 횟수를 늘리면 확률이 커진다는 것을 보여준다. 이는 곧, 확률이 100만 분의 1인 사건이 미국에서만 매일 321번 일어난다는 뜻이다(이 글을 쓸 당시 미국의 인구는 3억 2100만 명이었다—옮긴이).

유럽입자물리연구소Conseil Européenne pour la Recherche Nucléaire(CERN)

의 물리학자 조르주 샤르파크Georges Charpak(1924-2010)와 니스대학교의 물리학자인 앙리 브로슈Henri Broch는 2004년 출판한《디벙크De-bunked》라는 유쾌한 책에서 이런 사건에 어떻게 확률 이론을 적용할 수 있는지를 보여준다. 위의 사망 예감과 같은 경우, 당신이 아는 사람 중 1년에 10명이 사망하며 당신은 이들을 1년에 한 번 생각한다고 가정하자. 1년은 10만 5120개의 5분 길이의 구간으로 나눌 수 있으며 위와 같은 경험을 할 확률은 10,512분의 1이 된다(당신이 그해 사망한 그 사람을 105,120개의 5분 길이의 구간 중 한 구간에서 생각했을 때, 그 사람이 마침 같은 5분 구간에 죽었을 혹은 그 구간에 당신이 그 연락을 받을 확률은 105,120분의 1이다. 모두 10명에 대해 이와 동일한 확률이 있으므로, 그 10명에 대한 전체 확률은 대략 연 10,512분의 1이 된다—옮긴이). 물론 이는 매우 낮은 확률이지만, 2015년 시점에서 미국에는 3억 2100만 명이 살고 있으며, 이는 1/10,512 × 321,000,000 = 30.537, 곧 매년 30,537명 혹은 매일 84명이 이런 거의 불가능해 보이는 현상을 경험한다는 것을 의미한다. 여기에 확증편향(자신의 원래 생각과 일치하는 증거에만 주목하는 인지 오류)과, 이들 중 단 몇몇이라도 자신의 놀라운 경험을 공개적으로 이야기할 경우(〈오프라윈프리쇼〉 같은 곳에서!) 이제 초자연적 현상은 실제로 존재하는 것이 된다. 그러나 실제로는 그저 확률 법칙을 따르는 것에 지나지 않는다.

고등과학원의 프리먼 다이슨은 2004년 3월 25일《뉴욕리뷰오브북스》에 실은《디벙크》에 대한 리뷰에서 "리틀우드의 기적의 법칙"이라는 이와 비슷한 다른 원칙을 설명했다. (존 리틀우드John Littlewood는 케임브리지대학교의 수학자였다.) "보통 사람은 평균 한 달에 한 번 기적을 경험한다." 다이슨은 이렇게 설명한다. "하루 8시간 동안 활

동하는 보통 사람이 무언가를 1초에 하나꼴로 보거나 듣는다면, 그
는 하루에 3만 건, 한 달에 100만 건의 사건을 경험하는 셈이다. 이
사건들은 대부분 별로 중요하지 않은 것이며 기적이 아니다. 기적의
확률을 약 100만 분의 1로 보자. 그 경우 우리는 평균적으로 매달, 한
건의 기적을 보게 된다."

그러나 다이슨은 이런 설득력 있는 설명을 제시하면서도 "나는
환원주의자가 아니다"라고 말하며 "과학의 한계 바깥에서 초현실적
인 현상은 실재한다는 수많은 증거가" 있으며 따라서 "초현실적 현
상은 어쩌면 실재할 것이다"라는 가정이 "설득력이 있다"고 결론 내
린다. 그러나 그가 인정하듯 그 모든 증거는 어떤 하나의 사례들에
불과하다. 예를 들어, 그는 자신의 할머니가 신앙 치료사였고 사촌은
《저널오브사이키칼리뷰Journal of Psychical Review》의 편집자이며, 심령현
상학회Society for Psychical Research와 다른 기관들이 수집한 일화들이 특
정한 조건(예를 들어 스트레스 같은) 아래서 어떤 이들은 초현실적인
힘(공교롭게도 통제 실험 조건하에서는 사라지는)을 낸다는 것을 바탕으
로 "나는 거추장스러운 과학의 도구들이 포착하기에는 너무 유동적
이고 일시적인 영적 현상의 세계가 존재한다는 주장이 그럴듯하다
고 생각한다"고 말한다.

프리먼 다이슨은 우리 시대 위대한 지성 중의 한 명이며 나는
그를 더할 나위 없이 존경한다. 하지만 이런 뛰어난 인물조차 일화적
사고에 흔들리는 인지적 편향을 이기지 못한다. 어떤 일화가 실제 현
상인지를 확인하는 방법은 통제된 실험밖에 없다. 사람들이 다른 사
람의 마음을, 혹은 ESP 카드를 읽을 수 있을까? 과학적 실험은 그들
이 읽을 수 없다는 것을 분명히 보였다. 이것이 사실이다. 환원주의

자가 아닌 전일주의자holist가 되거나, 심령 현상에 관심을 가지거나 사람들을 홀리는 이상한 이야기들을 읽는다고 해서 이 사실이 바뀌지는 않는다.

73

육체와 영혼의 관계

육체와 영혼을 별개의 존재로 간주하는 이원론은 자연스럽고,
직관적이다. 갓 태어난 아기들도 이런 생각을 가지고 있다.
그러나 이 사고방식은 틀렸을 가능성이 매우 크다.

열일곱 살 때 나는 내가 꿈꾸던 차를 구매했다. 하얀 소프트톱에 버
킷시트, 강력한 8기통 289세제곱인치 엔진을 단 푸른 1966년식 무스
탕으로 시속 140마일로 달릴 수 있었다. 테스토스테론이 넘치는 젊
은이가 흔히 그렇듯, 이후 15년 동안 나는 그 차의 거의 모든 부품을
주기적으로 분해하고 교체했다. 그 결과 1986년 그 차를 되팔 때는
원래의 부품이 거의 하나도 남아 있지 않았다. 그럼에도 1966년식 무
스탕은 자동차 수집광들의 목록에 있었기에 상당한 이익을 남길 수
있었다. 부품 자체는 원래의 것이 하나도 남아 있지 않았지만, "무스
탕스러움"의 핵심은 이 모델이 가진 패턴이었기 때문이다. 이 무스탕
의 핵심―"영혼"―은 부품들이 아니다. 특정한 방식으로 정리된 정
보의 패턴이 바로 핵심이다.

　　인간의 영혼에도 이런 생각을 적용할 수 있다. 지금 내 뇌와 몸
을 구성하는 원자와 분자는 60여 년 전 1954년 9월 8일 내가 태어났
을 때와 같지 않다. 하지만 나는 여전히 내 유전자와 기억 세포에 새
겨진 정보의 패턴에 의해 "마이클 셔머"다. 내 몸과 뇌를 구성하는 원
자와 분자는 매 순간 대체되고 있지만, 내 친구와 가족들은 그 기본

적인 패턴이 바뀌지 않기 때문에 나를 다른 사람으로 대하지 않는다. 내 영혼은 바로 정보의 패턴이다.

이원론자들은 육체와 영혼이 별개이며 영혼은 육체와 무관하게 계속 존재할 것이라 생각한다. 일원론자들은 육체와 영혼이 같은 것이며 따라서 육체의 죽음, 곧 정보의 패턴을 저장하고 있는 유전자와 신경세포의 분해는 영혼의 죽음을 불러올 것이라 생각한다. 탄소 기반의 단백질로 이루어진 우리의 전기를 띤 살덩이(뇌를 의미한다—옮긴이)에 기록된 우리의 패턴을 더 튼튼한 매질(실리콘칩이 한 가지 대안이 될 것이다)로 다운로드 받는 기술이 개발되기 전까지는, 우리의 패턴은 육체와 함께 죽을 수밖에 없을 것이다.

사람들이 일원론의 주장을 받아들이기 가장 어려운 이유는 이 주장이 비직관적이라는 것이다. 예일대학교의 심리학자 폴 블룸Paul Bloom은 자신의 흥미로운 책《데카르트의 아기Descartes' Baby》(2004)에서 우리는 이원론자로 타고난다고 주장한다. 아이든 어른이든, "나의 몸"이라고 말할 때 "나"와 "몸"이 서로 다른 것처럼 이야기한다. 예를 들어, 블룸이 제시하는 여러 실험 중에는 어린아이들에게 악어에게 먹힌 쥐에 관한 이야기를 들려준 실험이 있다. 아이들은 쥐의 몸이 죽었다는 사실에는 동의했다. 곧 더는 화장실에 가지 않을 것이며, 들을 수 없고, 뇌는 동작하지 않을 것이다. 그러나 아이들은 여전히 쥐가 배고플 것이고, 악어를 무서워할 것이며, 집에 가고 싶어 할 것이라 말했다. 블룸은 이렇게 설명한다. "이는 더 큰 아이들과 성인들에게서 흔히 발견되는 사후 세계에 대한 구체적인 생각의 초기 형태이다. 생각이 뇌에서 이루어진다는 것을 배운 뒤에도 이들은 여전히 뇌를 정신적인 삶의 기반으로 여기지 않으며 유물론자가 되지도 않는다. 오히려, '생각'을 좁은 범위로 해석해 뇌를 그저 영혼이 계산 능력을 얻을 수 있는 인지적 도구 정도로 간주한다."

이원론이 직관적으로 느껴지는 이유는 뇌는 자기 자신을 지각하지 못하며, 따라서 정신적인 활동이 다른 원인을 가지는 것처럼 느끼기 때문이다. 유령, 천사, 외계인과 같은 초자연적 존재에 대한 환각은 실제처럼 느껴지며, 유체이탈과 임사체험 또한 진짜 경험처럼 느낀다. 자신의 기억, 성격, "자아"와 같은 정보의 패턴이 영혼처럼 느껴지는 것도 이와 같다.

과학적 일원론은 종교적 이원론과 충돌할까? 물론이다. 육체의 죽음 이후 영혼은 살아남거나 살아남지 않거나 둘 중 하나이다. 영혼이 살아남는다는 과학적 증거는 전혀 없다. 일원주의는 인생의 모든 의미를 사라지게 만들까? 나는 그렇지 않다고 생각한다. 사후 세계가 없을 때, 우리 인류는 유한한 시간과 공간을 함께하는, 장대한 우주의 드라마에 찰나와 같은 무대를 함께 장식하는 동반자로서 더 높은 수준의 겸손과 인류애를 느낄 수 있으며 이를 통해 이 모든 순간, 모든 관계, 모든 인간에게 더 가치를 부여할 수 있을 것이다.

74 기도의 힘을 믿어야 할까?

원거리의 중재 기도가 효과가 있었다는
과학적 실험에는 커다란 오류가 있다.

1944년 말, 조지 S. 패튼 장군은 벌지 전투를 앞두고 병사들의 사기를 진작시키기 위해 자신의 3군단 군종감인 H. 오닐에게 이런 부탁을 했다.

> 패튼: 오닐, 날씨가 좋도록 기도를 해주면 좋겠소. 병사들이 독일군 말고도 펄과 진창으로 고생하는 게 아주 진절머리가 나오. 신이 우리를 좀 도와줄 수 있는지 봅시다.
>
> 오닐: 장군님, 그런 기도를 하기 위해서는 엄청나게 편안한 방석이 필요합니다.
>
> 패튼: 하늘을 나는 카펫이라도 상관없소. 기도가 이루어지게만 하시오.

패튼의 연속된 승전이 신의 기적 덕분이라 여기는 이들은 거의 없을 것이다. 하지만 최근 몇 년 사이에 원거리 중재 기도가 건강과 치유에 효과가 있다는 논문이 동료 평가를 받는 과학 저널에 발표되고 있다. 이 연구들에는 심각한 방법론적 문제가 있다.

1 부정행위 _ 2001년《생식의학저널Journal of Reproductive Medicine》에는 컬럼비아대학교의 세 연구자가 기도가 체외수정이 임신으로 이어질 확률을 일반적인 경우의 두 배인 50퍼센트로 높였다는 연구를 발표했다. 많은 언론이 이를 보도했다. 예를 들어 ABC 뉴스의 의학 기자인 티머시 존슨Timothy Johnson 박사는 "기도가 임신에 미치는 영향에 관한 놀라운 연구. 그러나 많은 의사들은 결과에 회의적이다"라고 보도했다. 캘리포니아주립대학교의 산부인과 교수인 브루스 플람Bruce Flamm 또한 이 결과에 의문을 가진 이들 중 한 명으로, 그는 이 실험이 가진 수많은 방법론적 오류를 찾았을 뿐 아니라, 공저자 중 한 명인 대니얼 워스Daniel Wirth("존 웨인 트루러브John Wayne Truelove"라는 가명을 사용하는)가 의사가 아닌 초심리학 석사를 가진 사람이며 더구나 스스로도 유죄를 인정한 통신 사기와 절도라는 중죄로 기소되어 있다는 것을 발견했다. 다른 두 저자들은 답변을 거부했으며, 플람이 문제를 제기하고 3년 후, 저널은 이 논문을 웹사이트에서 삭제했고 컬럼비아대학교는 조사를 시작했다.

2 통제군의 결여 _ 유사한 많은 연구가 연령, 성별, 교육 수준, 인종, 사회경제적 조건, 기혼 여부, 신앙의 유무 등의 매개 변수를 통제하지 않았다. 특히 종교인들은 난잡한 성관계, 술과 마약의 남용, 흡연 등의 건강에 해로운 행동을 잘 하지 않는다는 사실을 고려하지 않았다. 이러한 변수를 고려하면, 앞서 통계적으로 유의미해 보인 효과는 사라진다. 나이 든 여성들의 골반 수술에 대한 어느 연구는 연령을 통제하지 않았고, 교회 참석률과 질병의 예후에 대한 연구는 상태가 좋지 않은 환자일수록 교회에 가기 어렵다는 점을 고려하지 않았으며,

관련 연구 중에는 운동의 강도를 통제하지 않은 연구도 있다.

3 결과 변수의 차이 _ 복음주의자들이 심장병 환자들을 위해 기도한 유명한 어느 연구는 29개의 변수를 측정했지만 그중 6개의 변수에서 만 효과가 나타났음을 보였다. 다른 연구에서는 앞의 연구와 다른 변 수가 통계적으로 유의미한 효과를 보였다. 이 연구들이 의미를 가지 기 위해서는 같은 결과 변수를 사용해야 한다. 결과 변수를 다수 측 정할 경우, 우연에 의해 몇몇 변수는 통계적으로 유의미한 효과를 보 일 수 있다.

4 서랍 문제 _ 신앙심과 사망률(신앙인들은 장수한다고 이야기된다) 에 관한 몇몇 연구는 신앙심을 측정하는 여러 변수들을 사용했지만, 이 중 통계적으로 유의미한 변수만을 발표했다. 같은 변수들을 사용 한 다른 연구들에서는 또 다른 상관관계가 발견되었고, 이들 또한 자 신의 연구에서 효과가 나타난 변수만을 발표했다. 통계적으로 유의 미하지 않은 결과들은 그저 서랍 속에서 잠자고 있을 것이다. 모든 변수를 고려했을 때 신앙과 사망률에는 아무런 상관관계가 없었다.

5 조작적 정의 _ 기도의 효과를 확인하는 실험은 정확히 무엇을 연구 하는 것인가? 예를 들어, 어떤 종류의 기도를 대상으로 하는가? (기 독교, 유대교, 이슬람, 불교, 위카wicca, 샤머니즘의 기도는 모두 같은 가?) 그 기도는 누구에게 하는 것인가? (신, 예수, 우주적 생명의 힘은 모두 같은 대상인가?) 기도의 길이와 주기는 어떠해야 하는가? (두 번의 10분간의 기도는 한 번의 20분간의 기도와 같은가?) 얼마나 많

은 사람이 기도하는지는 중요한가? 그들의 신분이나 지위는 관계가 있는가? (성직자 한 명의 기도와 교민 10명의 기도 중 어떤 것이 효과가 있는가?) 기도에 대한 대부분의 연구는 기도에 대한 이런 조작적 정의를 내리지 않거나, 혹은 일관성 있는 정의를 사용하지 않는다.

무엇보다, 신학적으로 궁극적인 오류를 말할 수 있다. 만약 신이 정말로 전지전능하다면, 그는 누군가가 치료가 필요하다는 사실을 굳이 신자들에게 듣거나 요청 받아야 할 이유가 없다. 기도를 과학적으로 분석하는 것은 신을 신성한 실험실 쥐로 만드는 것이며, 과학의 오용인 동시에 종교에 대한 모독이다.

종교의 쓸모

> 종교는 사회에 유익한가? 과학적으로 정확한 답은
> 경우에 따라 다르다이다.

종교와 신에 대한 믿음은 건강한 사회에 필수 요소일까? 그 대답은 무엇을 기준으로 하느냐에 따라 다르다.

독립연구자인 그레고리 S. 폴Gregory S. Paul은 2005년《종교와 사회 저널Journal of Religion and Society》에 발표한 〈선진 민주 국가에서 국민의 세속주의와 종교성이 사회적 건강도에 미치는 영향에 대한 국가 간 양적 비교 연구Cross-National Correlations of Quantifiable Societal Health with Popular Religiosity and Secularism in the Prosperous Democracies〉라는 논문을 통해 18개 국가의 종교성(신과 성경문자주의에 대한 믿음, 기도의 빈도, 교회 참석률을 바탕으로 측정한)과 사회적 건강도(살인 범죄율, 자살률, 아동 사망률, 평균 수명, 성병 감염률, 낙태율, 10대 임신율로 측정한)를 비교해 역의 상관관계가 있다는 것을 보였다. "일반적으로 선진 민주 국가에서는 창조자에 대한 신앙과 예배의 비율이 높을 경우 살인 범죄율과 청소년 및 젊은이들의 사망률, 성병 감염률, 10대 임신과 낙태율이 모두 높아졌다." "미국은 선진 민주 국가 중 가장 문제가 많았고, 몇몇 경우에는 그 문제가 매우 심각했다." 실제로 미국은 종교성에서 최상위를 차지했으며, 살인 범죄율, 성병 감염률, 낙태율, 10대 임신율에

서 또한 최상위를 차지했다. 즉 가장 종교적인 국가임에도 (경제적으
로 가장 풍요로운 국가임은 말할 것도 없이) 미국은 모든 사회적 건강도
기준에서 거의 최하위를 기록했다.

　　한편 시러큐스대학교의 아서 C. 브룩스Arthur C. Brooks는 2006년
출판한 《누가 진정 남을 돌보는가Who Really Cares》에서 기부와 자원봉
사, 그리고 여러 다양한 기준을 이용해 "동정심 많은 진보주의자bleed-
ing heart liberals"와 "무자비한 보수주의자heartless conservatives"라는 신화가
사실이 아님을 보인다. 보수주의자들은 진보주의자보다 30퍼센트
더 기부를 많이 하며(소득을 통제했을 때도), 헌혈을 더 많이 하며, 자
원봉사에 더 많은 시간을 썼다. 대체로, 종교적인 사람들은 세속적인
이들에 비해 모든 기부에서 4배 더 관대했으며, 비종교적인 기부에
도 10퍼센트 더 많은 돈을 냈고, 노숙자를 돕는 비율 또한 57퍼센트
더 높았다. 종교적이고 온전한 가족에서 자란 이는 그렇지 않은 이보
다 기부를 더 많이 했다. 사회적 건강도의 측면에서 볼 경우, 기부하
는 이들은 그렇지 않은 이들보다 "매우 행복하다"고 답할 가능성이
43퍼센트 높았으며, 건강이 "완벽" 또는 "매우 좋다"고 답할 가능성
이 25퍼센트 높았다. 또한, 노동 빈곤층은 다른 소득 계층보다 자신
의 소득 중 훨씬 더 높은 비율을 기부에 사용했으며, 비슷한 소득을
올리는 공공 지원 대상자들보다 세 배 이상을 기부에 썼다. 곧, 가난
은 기부의 장벽이 아니며, 오히려 복지가 기부의 장벽이다. 이를 설
명하는 한 가지 방법은 큰 정부에 부정적인 이들은 정부가 가난한 이
들을 돌보아야 한다고 믿는 이들보다 기부를 더 많이 한다는 것이다.
브룩스는 이렇게 설명한다. "많은 이들에게, 남의 돈으로 하는 기부
가 자신의 기부 행위를 대체한 것이다."

그러나 상관관계는 인과관계가 아니다. 좌파와 우파의 종교성이 완전히 다른 것도 아니며, 국가 간의 데이터를 국가 내의 데이터와 비교하는 것도 바르지 않다. 그럼에도 하버드대학교의 피파 노리스Pippa Norris 교수와 미시간대학교의 로널드 잉글하트Ronald Inglehart가 저술한《종교와 대중Sacred and Secular》(2004)에 따르면, 대통령제를 채택한 37개 국가와 의원내각제를 채택한 32개 국가에 대한 선거구 제도에 대한 비교 연구는 종교 행사에 전혀 참여하지 않는 세속적인 이들의 45퍼센트가 우파에 투표하는 반면, 종교 행사에 주 1회 이상 참여하는 독실한 신자의 70퍼센트가 우파에 투표한다는 사실을 말해준다. 미국에서 그 차이는 더욱 두드러진다. 예를 들어, 2000년 미국 대통령 선거에서 "종교는 사회 계층, 직업, 지역과는 비교할 수 없을 정도로 확실하게 부시와 고어 중 누구에게 투표했을지를 말해준다."

"사회적 자본" 이론은 이러한 이분화된 결과가 왜 나타났는지를 설명한다. 로버트 퍼트넘Robert Putnam은 저서《나 홀로 볼링Bowling Alone》에서 사회적 자본을 "개인들 사이의 연계, 이로부터 발생하는 사회적 네트워크, 호혜성reciprocity과 신뢰의 규범"이라 정의한다. 예를 들어, 노리스와 잉글하트는 세계가치관조사World Values Survey의 자료를 분석해 "종교적 활동에 참여하는 것"과 여성, 청소년, 평화, 사회적 복지, 인권, 환경 보존 모임(물론 볼링 동호회도 포함된다) 등의 "비종교적 활동 모임"의 회원이 되는 것 사이에 상관관계가 있음을 보였다. "이는 규칙적인 종교 행사에 참여함으로써 형성된 사회적 네트워크와 인간관계가 종교단체 내의 활동에만 도움이 되는 것이 아니라 다른 일반적인 사회적 활동에도 중요한 역할을 한다는 사회적 자본 이론을 확인해준다. 모임의 장소를 제공하고, 이웃을 친밀하게 만들며, 이타성을 함양하는 등 많은 종교가 (그러나 전부는 아니다) 공동체적 삶의 요소들을 강화하는 것으로 보인다."

　　종교에 관련된 사회적 자본은 기부로 이어지는 관대함과 공동체 정신에는 도움이 되지만 살인 범죄율, 성병 감염률, 낙태율, 10대 임신율에는 세속적인 사회적 자본보다 못하다. 세 가지 이유가 있을 수 있다. (1) 여기에는 전혀 다른 원인이 존재한다. (2) 세속적인 사회적 자본이 이러한 문제들의 해결에 효과가 있다. (3) 이 문제들은 우리가 도덕적 자본이라 부를 수 있는, 곧 종교나 정부보다 훨씬 오래전 진화의 역사에서 탄생한 더 근본적인 사회적 요소인, 가족 내에서 가장 잘 길러질 수 있는 도덕성과 행동 사이의 개인적 특성과 관계가 있다. 만약 그렇다면, 공격적이고 성적인 행동에 대한 도덕적 억제력은 가족에 의해 가장 잘 길러질 수 있을 것이다. 그것이 신성하든 세속적이든 말이다.

감사의 글

이 책이 나오도록 도와준 출판사 헨리 홀트의 세레나 존스, 앨리슨 아들러, 리타 퀸타스, 캐롤린 오키프, 매기 리차드, 폴 골롭에게, 그리고 저작권 대행사인 브록만의 카틴카 맷슨, 존 브록만, 맥스 브록만, 러셀 와인버거와 다른 직원들에게도 감사한다.

스켑틱 협회와 잡지《스켑틱》의 동료들과 직원들에게 감사하며 니콜 맥클러, 앤 에드워즈, 다니엘 록스톤, 윌리암 불, 제리 프리드만, 그리고 특히 파트너인 팻 린스에게 감사한다. 이 협회가 원활하게 운영될 수 있도록 도와주는 많은 자원봉사자들에게도 감사한다. 선임 편집자인 프랭크 밀레, 선임 과학자인 데이비드 나이치, 버나드 레이킨드, 리암 맥데이드, 클라우디오 맥콘, 토마스 맥더너, 도날드 프로세로가 있다. 객원 편집자인 팀 칼라한, 해리엇 홀, 캐를 타브리스, 그리고 편집자인 사라 메릭, 케시 모이드, 사진을 맡은 데이비드 패턴, 동영상 촬영을 책임진 브래드 데이비스가 있고 자원봉사자인 제이미 보테로, 보니 칼라한, 팀 칼라한, 클리프 카플란, 마이클 길모어, 다이앤 크눗슨, 테레사 라벨이 있다. 스켑틱 협회를 지원해주는 칼텍의 에릭 우드, 홀 데일리, 로렐 오캠퍼에게도 감사한다. 나는 내 강연 대리인이자 지금은 나의 친구이기도 한 스콧 울프만과 울프만 프로덕션의 팀원인 다이앤 톰슨, 미리함 파치니억에게 그들이 과학과 회의주의를 많은 이들에게 전달할 수 있게 해준 데 감사한다.

내가 쓴 모든 글들 중에 2001년 4월에 시작한《사이언티픽아메리칸》의 월간 칼럼만큼 의미있는 것은 없다. 나의 편집자인 마리엣 디크리스티나는 미국 역사상 가장 오랜 잡지(175년을 넘어 계속되고 있다)의 최초의 여성 편집장이된 영예를 안았다. 그녀와 프레드 구털, 그리고 전임 편집자였고 나에게 명성을 안겨준 존 레니에게 나는 깊은 감사를 느낀다.

마지막으로, 내 가족, 딸 데빈 셔머, 아내 제니퍼 셔머, 그리고 내가 이 책을 헌정한 여동생 티나 셔머의 사랑과 지지에 감사한다. 언제나 함께하기를.

나는 회의주의자다

번역자에게 자신이 존경하고 그 길을 따르고 싶어 하는 이의 저작을 번역하게 되는 일은 첫손에 꼽히는 행운일 것이다. 글을 읽는다는 것은 자신의 내면을 저자의 내면과 일치시키는 훈련이며, 따라서 존경하는 이의 글을 수십 번 읽어가며 나와 그의 생각을 일치시킬 기회를 가지는 것은 참으로 고마운 일이 아닐 수 없다. 또한, 생물학적 존재와 달리 가히 불멸성을 가진다고 할 수 있을 생각과 글이 가진 힘과, 아이디어의 형태로 전달되지만 사람의 행동을 바꾸는 힘을 가지고 있으며 스스로 진화하는 밈Meme이라는 개념을 생각할 때, 그의 생각이 나의 표현이라는 옷을 걸치고 한국어 독자들을 자극하며 어떤 가상의 공간에서 오랜 시간 머물게 될 것이라는 사실은 진정 마음을 들뜨게 하는 면이 있다.

　　마이클 셔머의 대표작인 이 책을 번역해달라는 바다출판사의 제안이 내게 특별한 의미로 다가온 것은 이런 이유 때문이다. 셔머는 회의주의자로 번역되는 '스켑틱'을 대표하는 이로 동명의 잡지를 1992년부터 발간하고 있으며, 회의주의를 알리는 다수의 저서를 포함한 다양한 활동을 펼치고 있다. 회의주의는 확신을 미루고 의문을

품게 하는 과학의 기본 자세로, 나는 과학자의 길을 처음 걷기 시작
한 20년 전부터 그의 글을 즐겨 읽었고, 2012년 시작한 뉴스페퍼민
트를 통해 우리나라에도 자주 소개해왔다.

　이 책은 그가 서문에 이야기한 것처럼, 150년 이상의 역사를 가
진 미국의 대표적인 과학 잡지《사이언티픽아메리칸》에 2001년부
터 6년 3개월 동안 써온 75편의 에세이를 열 가지 주제로 나누어 책
으로 엮은 것이다. 그는 매달 쓰는 이 에세이가 자신이 가장 정성을
기울인 일이라고 말하며, 실제로 그 에세이들을 엮은 이 책의 제목을
자신을 상징하는《스켑틱》으로 정했다. 한국어판의 제목이 잡지와
같은《스켑틱》으로 정해진 것도 그 때문이다. 그런 점에서, 이 책이
회의주의에 대한 가장 훌륭한 소개서이자 필독서로 자리 잡기를 바
라는 마음이다.

　《스켑틱》이라는 제목에 걸맞게, 이 책에서 다루는 다양한 주제
는 결국 '회의주의란 무엇인가?'라는 하나의 질문으로 연결된다. 그
가 거듭 강조하는 것은 회의주의는 무조건적인 의심이 아니라 합리
적인 수준의 의심과 충분한 근거에 대한 신뢰 사이의 열린 마음이라
는 것이다. 그의 표현을 빌리면, "극단적으로 새로운 아이디어라도
충분히 받아들일 수 있을 정도의 열린 마음과 너무 쉽게 새로운 아
이디어를 받아들임으로써 자신을 잃을 정도로 열린 마음이 되는 것"
사이의 균형이다.

　이 책을 읽는 또 다른 즐거움은 다양한 비과학적, 혹은 과학의
경계에 있는 주장에 대한 회의주의자의 의견을 보는 것이다. 그는 달
착륙 음모론이나 9/11과 같은 잘 알려진 음모론에서부터 세탁볼이나
위조지폐 감별펜과 같은 일상의 속임수, 그리고 텔레파시와 같은 초

능력에 이르기까지 매우 다양한 주제를 다룬다. 또, 냉동보존술이나 영양제의 효과, 침술 등 다소 애매해 보이는 주제들에 대해서도 합리적인 의견을 제시한다.

과학에 대한 설명 또한 이 책의 백미로, 그는 왜 회의주의가 과학의 또 다른 이름인지를 거듭 이야기한다. 회의주의와 열린 마음은 과학을 대하는 기본적인 태도이며, 이는 과학이 본질적으로 미완성의 지식이라는 것을 말해준다. 뉴턴의 물리학이 아인슈타인의 물리학으로 대체된 것처럼, 과학은 완결된 지식의 집합이 아니라 지금까지 밝혀진 사실에 근거해 가장 그럴듯한 가설을 정설로 받아들이면서도 동시에 언제든 지금의 정설을 뒤집을 수 있는 새로운 가설을 끊임없이 탐구하는 하나의 태도에 가까운 것이다.

이 책이 내게, 그리고 이 책에 동감하는 독자들에게 주는 가장 큰 선물이 여기에서 나온다. 불확실성에 기반한 과학적 태도를 체화한 이들은 자신을 규정하는 일에도 조심하게 되며, 쉽게 어떤 철학이나 사상에 투신하지 못한다. 이 책은 바로 그런 이들에게 자신을 규정할 수 있는 이름을 주는 역할을 하며, 여기에 해당하는 이들은 분명 자부심을 가지고 자신이 여기에 속한다고 말할 수 있을 것이다. 그것이 바로 회의주의자라는 이름이다.

마지막으로 본문과 관련된 짧은 이야기 하나를 남긴다. 아서왕의 이야기 중에는 여자가 진정으로 원하는 것이 무엇인지에 관한 이야기가 있다. 아서는 그 답을 알아야 했고 그의 기사 중 가장 용맹한 이가 자신과 결혼해야만 그 답을 알려주겠다는 늙은 마녀의 청을 들어준 뒤 그 답이 '스스로 결정하는 자유'라는 것을 알게 된다. 마녀와 결혼한 기사는 첫날 밤 그 마녀가 미녀로 변해 있는 것을 보게 되고,

미녀는 자신은 마법에 걸린 상태이며 낮과 밤 중 한쪽은 미녀로 다른 쪽은 마녀로 살 수 있다고 말하고는 어느 쪽이 더 좋은지를 기사에게 묻는다. 기사는 고민 끝에 당신이 스스로 결정하라고 이야기한다.

이 이야기를 꺼낸 것은, 이 책의 내용 중에 이와 비슷한 구조의 일화가 나오기 때문이다. 셔머는 회의주의자이며 의심의 가치를 이야기하는 이다. 그는 대학에서 학생들이 받아들이는 여러 사실에 의문을 제기하는 강의를 한 뒤 이런 질문을 받는다고 한다. "왜 우리가 당신을 믿어야 하죠?" 그는 무엇이라고 답할까? 위의 이야기가 힌트가 될 것이다. 이미 책을 읽은 이는 답이 기억날 것이고, 아직 책을 읽지 않은 이는 그의 기발한 답을 기대하며 이 책을 읽어보기 바란다.

2020년 11월

이효석

찾아보기

옮긴이 **이효석**

인공지능 전문가이자 비영리 뉴스 서비스 〈뉴스페퍼민트〉의 대표다. 한국과학기술원(KAIST) 물리학과를 졸업했으며 동 대학원 석사를 거쳐 양자정보이론으로 박사 학위를 받았다. 한국전자통신연구원(ETRI) 이동통신연구단의 선임연구원으로 LTE 표준화에 참여했으며, 미국 하버드대학교 공학 및 응용과학대학(SEAS)의 전임 연구원으로 정보이론과 사물인터넷(IoT) 기술을 연구했다. 2012년 외신을 국내에 소개할 필요를 느껴 〈뉴스페퍼민트〉를 시작했으며 지금도 운영하고 있다. 2015년 국내 재활의료기기 업체에서 의료기기에 인공지능 기술을 접목하는 일을 했으며 지금은 새로운 사업을 준비하고 있다. 마이클 셔머의 오랜 팬으로 바다출판사가 그의 대표작이 될 이 책의 번역을 제안했을 때 떨 듯이 기뻤고 최선을 다해 번역했다.

스켑틱

초판 1쇄 발행 2020년 11월 11일
초판 4쇄 발행 2022년 5월 16일

지은이   마이클 셔머
옮긴이   이효석
책임편집   정일웅, 박소현
디자인   김슬기

펴낸곳   ㈜바다출판사
주소   서울시 종로구 자하문로 287
전화   322-3675(편집), 322-3575(마케팅)
팩스   322-3858
E-mail   badabooks@daum.net
홈페이지   www.badabooks.co.kr

ISBN   979-11-89932-78-7   03400